Gérard BELTRANDO

LES CLIMATS

Processus, variabilité et risques

ARMAND COLIN

COLLECTION U • Géographie

Ilustration de couverture :
La steppe Serengeti en Tanzanie
Ph © N. Parfitt/TPL

ISBN 2-200-26238-8

ARMAND COLIN Éditeur • 21, RUE DU MONTPARNASSE • 75006 Paris

Introduction

Le temps (du latin *tempestas*, qui correspond à l'ambiance perçue par l'homme, à un instant donné) et le climat (du grec *klima*, qui désigne l'inclinaison du Soleil au-dessus d'un point terrestre et sous-entend l'idée de durée) intéressent l'homme depuis l'Antiquité. Celui-ci a su, plus ou moins facilement, en tirer profit pour son développement, mais de tout temps, il a aussi subi les effets néfastes des variations du temps et du climat : si la mousson est moins active, ce sont plusieurs centaines de millions de personnes qui sont rapidement affectées, si une inondation arrive brutalement, elle peut entraîner des dommages importants... Depuis quelques décennies des moyens importants sont consacrés pour l'observation du temps et pour la prévision météorologique, cependant, les dégâts imputables aux aléas atmosphériques restent souvent aussi importants que dans le passé.

Aujourd'hui, grâce à l'information en temps quasi réel, l'individu qui s'informe peut avoir une idée des conséquences des événements atmosphériques extrêmes qui affectent la planète. Même si la couverture médiatique est loin d'être proportionnelle à l'importance des phénomènes dommageables (une tornade qui affecte une commune française peut mobiliser autant les médias qu'une sécheresse qui anéantit des milliers de personnes en Afrique ou en Asie), la profusion d'images marque les esprits, invite à la discussion, au commentaire : « on n'a jamais vu cela..., c'est un phénomène exceptionnel..., c'est la faute du réchauffement de la planète... ». Autant de formules qui déresponsabilisent un peu vite tous ceux qui n'ont pas pris de mesures de précautions efficaces pouvant limiter les risques, les souffrances humaines et le gâchis financier.

Pourtant, l'analyse des événements passés montre que la plupart des phénomènes atmosphériques dommageables pour l'homme se sont déjà produits et, plus d'une fois, ils ont eu des intensités aussi fortes que ceux qui affectent l'homme aujourd'hui. Si malgré les progrès de la prévision météorologique (quelques heures à quelques jours) les conséquences restent souvent dramatiques, c'est avant tout parce que nos sociétés modernes sont bien différentes de celles qui les ont précédées : il y a plus de personnes âgées, souvent isolées et vulnérables, qui ont du mal à supporter les vagues de chaleur ; l'homme occupe beaucoup plus que dans le passé les zones inondables, où les terrains sont certes souvent plus faciles à aménager et parfois moins chers ; les cultures à haute valeur ajoutée, concentrée dans des bassins de production, peuvent être vulnérables face au gel printanier ou à la grêle estivale…

Les aléas du temps sont mal vécus, les catastrophes paraissent plus fréquentes et la peur de l'avenir préoccupe l'homme. Les scientifiques qui prévoient des scénarios catastrophiques de changement climatique en relation avec l'augmentation de la teneur en gaz à effet de serre ont beaucoup de succès. En prenant le devant de la scène, pour expliquer ce possible changement, leurs discours ont pu créer la confusion dans l'esprit de la population oubliant parfois que les phénomènes extrêmes sont tout à fait naturels, qu'ils ont toujours existé et que l'homme moderne doit apprendre, comme ces ancêtres, à mieux gérer ces activités ou à aménager son espace en tenant compte de la nature.

Si certains gaz et aérosols, rejetés par l'homme, menacent l'équilibre climatique du futur, il faudra s'adapter à ce changement climatique et/ou prendre des mesures diverses qui auront des répercussions économiques sur la société (limitation de la circulation automobile ou de l'activité de certains secteurs industriels, évolution des pratiques agricoles…). La prévision du climat pour les décennies à venir, permet aujourd'hui de mieux comprendre les nombreux processus qui régissent le fonctionnement de l'atmosphère, cependant, les incertitudes sur l'avenir des climats restent de taille, ce qui ne facilite pas la prise de décisions efficaces. Dans ce contexte, les politiques et les acteurs économiques se contentent trop souvent de mesures mineures sans grandes conséquences sur l'activité économique ou de tractations diverses entre pays pollueurs du Nord et pays du Sud qui, pour le moment, sont moins responsables des modifications de la chimie de l'air. Le principe de précaution, en se heurtant à l'intérêt immédiat de certains, est loin d'être la règle générale.

Cet ouvrage s'organise en trois parties :

– la première décrit les principaux mécanismes de base qui régissent le climat en montrant que ceux-ci interviennent à diverses échelles de temps et d'espace ;

– la deuxième, après quelques considérations sur l'évolution de la climatologie et sur ces relations avec la météorologie, décrit les caractéristiques et la répartition des grands ensembles climatiques du globe ;

– la dernière est consacrée aux risques et aux catastrophes pour l'homme des excès du temps et du climat en prenant soin de distinguer ceux qui affectent l'humanité depuis ses origines de ceux qui pourraient être liés à un possible changement climatique.

PREMIÈRE PARTIE

Les mécanismes climatiques

Le fonctionnement de l'atmosphère s'explique par la combinaison de nombreux processus de natures diverses (thermodynamiques, physico-chimiques, radiatifs...) qui sont liés entre eux. Si certains ne sont pas encore suffisamment compris, d'autres sont bien identifiés et ils jouent un rôle prépondérant dans l'explication de la variabilité du temps et par conséquent du climat (le climat est défini comme la synthèse sur le long terme des conditions météorologiques, voir partie II).

L'inclinaison des rayons du Soleil, variable suivant la latitude et la saison en fonction de la rotation de la Terre, explique l'inégale répartition des bilans thermiques à la surface des terres et des mers ainsi que dans l'atmosphère (chap. 1). Sur des périodes plus longues, les variations de la rotation de la Terre autour du Soleil contribuent aussi à l'explication d'une partie de la variabilité climatique. L'analyse des échanges d'énergie dans le système Terre-Océan-Atmosphère constitue le point de départ de toute explication de la répartition des climats dans l'espace.

L'enveloppe fluide de la planète – l'océan et l'atmosphère – par ces mouvements tend à rétablir l'équilibre énergétique entre les régions « excédentaires » en énergie par rapport à la moyenne planétaire et celles qui sont « déficitaires » (chap. 2). L'atmosphère et l'océan interagissent l'un par rapport à l'autre, mais les propriétés et la mémoire de ces deux fluides sont différentes. Cela conditionne le fonctionnement du système couplé qu'ils constituent et permet d'expliquer d'autres modes de variabilité du climat.

L'atmosphère est en mouvement perpétuel, la composante horizontale de ce mouvement permet le transfert d'énergie et de vapeur ; la composante verticale permet la condensation de la vapeur au sein de perturbations caractérisées par des systèmes nuageux pouvant aboutir à des précipitations (chap. 3). Le cycle de l'eau permet une redistribution de l'eau douce et par conséquent de la vie sur les continents.

Sans être exhaustive, cette première partie présente donc les principaux facteurs naturels qui permettent de comprendre la variabilité spatiale et temporelle du climat à diverses échelles.

Chapitre 1

Énergie solaire et température dans le système Terre-Océan-Atmosphère

Le Soleil perd de la chaleur en émettant un rayonnement dont une infime partie entre dans l'atmosphère de la Terre. L'atmosphère ainsi que la surface de la planète (océan et continent) absorbent une partie de ce rayonnement incident qui arrive dans les courtes longueurs d'onde, puis elles émettent à leur tour un rayonnement vers l'espace mais celui-ci est émis dans des longueurs beaucoup plus grandes. La différence entre les deux explique l'effet de serre naturel sans lequel la vie, telle que nous la connaissons, n'aurait jamais existé. À l'échelle annuelle moyenne, le bilan global entre le rayonnement solaire incident et le rayonnement infrarouge tellurique (émis par la planète) est quasi nul ; la température moyenne de la Terre est en équilibre. À des échelles de temps beaucoup plus longues, des facteurs externes à la planète contribuent à l'explication de la variabilité climatique qui est aussi tributaire d'autres facteurs qui sont, eux, internes à la planète (chap. 2).

Rayonnement solaire et rayonnement infrarouge tellurique

Tout corps dont la température absolue n'est pas nulle (0 °K) et qui n'est pas un miroir parfait, émet un rayonnement électromagnétique. Ce rayonnement permet la transmission de l'énergie, dans le vide ou dans un milieu matériel, sous forme d'ondes caractérisées par leur longueur (l), leur fréquence (f) et leur vitesse (c, cette dernière est une constante fixée à 300 000 $km.s^{-1}$) de sorte que l = c/f.

Les molécules d'air, d'eau et les poussières diffusent et absorbent des pourcentages importants de certaines radiations. Pour d'autres, la traversée de l'atmosphère est plus facile : c'est ce que l'on appelle des « *fenêtres* ». Les deux principales sont autour de 0,3 à 2 µm, avec un maximum vers 0,5 µm (500 nm) pour la lumière du Soleil et autour de 8 à 12 µm pour l'infrarouge tellurique.

Le Soleil, à une distance moyenne d'environ 149,6 millions de kilomètres de la Terre, est un corps noir (corps absorbant totalement les radiations qu'il reçoit) dont la température d'émission est d'environ 5 500-6 000 °K. Sa puissance de rayonnement par unité de surface (E) est fonction de sa température absolue à la puissance quatre. C'est la loi de Stefan-Boltzmann :

$E = \sigma T^4$

Avec :

E = puissance solaire moyenne, en $W.m^{-2}$

σ = constante dont la valeur est $5{,}67\ 10^{-8}\ W.m^{-2}$

Le Soleil émet un flux d'énergie dont environ un demi-milliardième arrive dans l'atmosphère terrestre. Environ 99 % de ce flux entrant dans le système terrestre est de courtes longueurs d'onde. Son spectre va de l'ultraviolet au proche infrarouge, soit des valeurs comprises entre 0,3 et 2 µm pour l'essentiel. La Terre a une température moyenne globale nettement plus faible que celle du Soleil (la température de la surface est d'environ 288 °K, soit environ 15 °C), elle émet un rayonnement dans les grandes longueurs d'onde (4 à 100 µm) ce qui correspond à l'infrarouge, avec un maximum de puissance émise entre 8 et 12 µm : l'infrarouge tellurique (IRT).

Le rayonnement solaire incident

La planète reçoit donc une infime partie du flux d'énergie que le Soleil envoie dans l'espace. Ce flux, arrivant dans les courtes longueurs d'onde, est réfléchi ou absorbé pour une part par l'atmosphère, pour l'autre par la surface des terres et des mers. Il constitue la quasi-totalité de l'énergie reçue par la Terre. La puissance totale moyenne de toutes les ondes solaires (entre 0,13 et 25 µm), à la limite supérieure de l'atmosphère sur une surface perpendiculaire au rayonnement, est voisine de 1 370 $W.m^{-2}$ (environ 2 $cal.cm^{-2}.mn^{-1}$), alors que l'énergie interne de la Terre n'est que de 0,06 $W.m^{-2}$ (ce flux ne représente qu'environ le dix millième de celui venant du Soleil). Cette valeur de 1 370 $W.m^{-2}$ correspond à ce qu'appelle la constante solaire (S). L'observation de la surface du Soleil, montre l'existence de tâches qui périodiquement peuvent modifier la quantité d'énergie reçue au sommet de l'atmosphère ; la valeur de la constante solaire n'est donc pas rigoureusement identique à l'échelle pluriannuelle. Sur des échelles de temps plus longues, d'autres cycles apparaissent, ils sont liés à la rotation de la Terre et sont responsables de variations plus importantes des apports énergétiques.

La puissance moyenne (E) reçue par unité de surface est donc d'environ 340 à 342 $W.m^{-2}$ suivant les estimations puisque la surface de la sphère ($4\pi R^2$) est quatre fois plus grande que sa section (πR^2). En moyenne, 70 % de cette énergie est *absorbée* par la planète (atmosphère, océan et continent) ; le reste, environ 30 % (102 $W.m^{-2}$ pour les évaluations par satellite), repart directement vers l'espace par réflexion ou après diffusion. La puissance absorbée, toujours en moyenne pour l'ensemble de la planète, est finalement d'environ 240 $W.m^{-2}$ (70 % de 340).

La réflexion

Une partie du rayonnement solaire ne peut être absorbée par la planète car elle est réfléchie vers l'espace par les nuages et la surface terrestre. On appelle « Albédo » (α), le rapport de l'énergie réfléchie (E_r) à l'énergie incidente (E_i).

Soit : $\alpha = E_r/E_i$

L'albédo dépend de l'angle des rayons solaires par rapport à la surface réceptrice : sur une surface plane, l'angle d'incidence des rayons diminue lorsque la latitude augmente et plus l'angle est faible plus la réflexion est importante. Il dépend aussi de la longueur d'onde du rayonnement solaire et surtout de la nature de la surface réceptrice : pour un même angle d'incidence, la craie renvoie plus de rayonnement par réflexion que le granite, et ce dernier en renvoie plus qu'une forêt verte par exemple. L'albédo peut varier de moins de 10 % (mer calme soleil au zénith, végétation équatoriale) à plus de 70 % (neige fraîche des régions polaires, sommet de certains genres de nuages). La neige fraîche a une réflexion particulièrement élevée, surtout pour les plus courtes longueurs d'onde (inférieures à 1,4 µm).

La figure 1A montre l'albédo planétaire estimé à partir de mesures satellitales. L'albédo varie fortement d'un point à l'autre du globe, il augmente avec la latitude et varie en fonction de la nature de la surface qui reçoit le rayonnement : en particulier, les nuages, en fonction de l'altitude de leur sommet, de la densité des gouttelettes d'eau ou des cristaux de glace interviennent fortement dans la réflexion. Aux latitudes intertropicales, la carte fait bien ressortir les différences entre les régions continentales où la réflexion est relativement forte au-dessus des nuages ou des déserts ($\alpha > 28$ %) et les régions océaniques où il est plus faible, notamment aux latitudes tropicales moins nuageuses ($\alpha < 20$ %). Au-delà du cercle polaire, l'albédo dépasse généralement 60 % car l'angle d'incidence est faible et la surface, couverte de neige ou de glace, est très réfléchissante.

D'une saison à l'autre, indépendamment de l'angle d'incidence, l'albédo varie en fonction de la nébulosité (déplacement des masses d'air) ou de la couverture neigeuse (montagne, zones subpolaires). Il peut aussi varier sensiblement sur les régions continentales en fonction de leur humidité (qui a des répercussions sur la végétation) : dans une savane, il passe de 0,25-0,30 en saison sèche à 0,15 en saison des pluies.

L'absorption

Pendant sa traversée de l'atmosphère, environ 20 % de l'énergie électromagnétique du soleil est absorbée, c'est-à-dire transformée en chaleur. Ce phénomène est inverse de la réflexion : plus une surface réfléchie, moins elle absorbe de rayonnement solaire. Dans la thermosphère (au-delà de 80 kilomètres d'altitude), l'azote (N_2) et l'oxygène (O_2) absorbent les photons de courtes

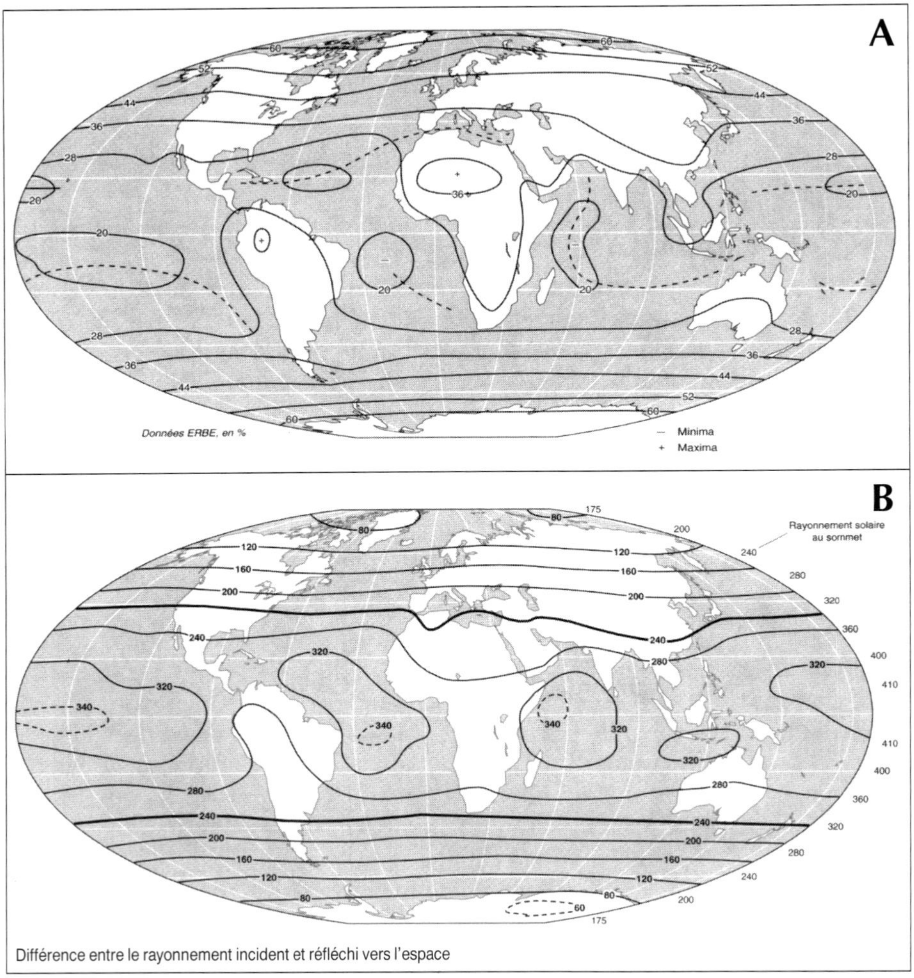

Figure 1 : **Répartition spatiale de l'albédo (A) en % (données ERBE) et du rayonnement solaire annuel absorbé (B) par la planète, en W.m^{-2}**
D'après Esbensen, Kusmir, 1981 et Henning, 1989 *in* A. Hufty, 2001

longueurs d'onde (inférieurs à 0,24 µm), chauffant ainsi cette couche d'atmosphère (voir chap. 2). Plus bas, dans la stratosphère, la cœxistence de molécules et d'atomes libres d'oxygène conduit à la formation d'ozone (O_3) qui absorbe une grande partie du rayonnement solaire ultraviolet (0,15 à 0,36 µm), d'où la présence d'une couche chaude dans la stratosphère entre 20 et 50 kilomètres de haut. C'est la diminution de la concentration d'ozone dans la stratosphère – en particulier sous l'action des chlorofluocarbures (CFC) rejetés par les activités humaines – qui pourrait entraîner un réchauffement de la planète et l'altération des molécules du vivant (voir chap. 7). Dans la troposphère, la vapeur d'eau ainsi que certains gaz et les aérosols absorbent aussi une fraction du rayonnement solaire. Le rayonnement qui n'est pas réfléchi est absorbé par la surface de la planète (terre et mer). L'essentiel du rayonnement absorbé par l'atmosphère et réémit vers la surface, il s'ajoute à celui absorbé dans les grandes longueurs d'onde pour constituer le rayonnement atmosphérique (R_a ; voir équation p. 16).

Le rayonnement solaire absorbé par le système TOA (différence entre le rayonnement incident et le rayonnement réfléchi au sommet de l'atmosphère), varie principalement avec la latitude, il est supérieur à la moyenne (340 $W.m^{-2}$) dans la bande comprise entre les latitudes 35-40e nord et sud, et inférieur à la moyenne au-delà (fig. 1B). Les régions qui absorbent le plus de rayonnement solaire (plus de 340 $W.m^{-2}$) sont celles où l'on enregistre la plus faible réflexion (régions océaniques peu nuageuses des basses latitudes où l'angle d'incidence est proche de la verticale) et inversement les régions qui en absorbent le moins (moins de 80 $W.m^{-2}$) sont celles où la réflexion est la plus élevée (régions polaires englacées où l'angle d'incidence est faible).

Le flux incident est absorbé, soit directement, soit après diffusion par les molécules d'air. C'est donc seulement une partie du rayonnement solaire incident qui est absorbée par la surface des terres et des mers, le reste est soit réfléchi vers l'espace, soit absorbé par l'atmosphère.

La diffusion atmosphérique

Sous l'action des molécules de gaz, des aérosols et des nuages, une autre partie du rayonnement solaire (mais aussi du rayonnement infrarouge) est diffusée dans toutes les directions. Après diffusion, l'essentiel du rayonnement solaire est absorbé, soit par l'atmosphère, soit par la surface de la planète ; le reste (5 %) repart vers l'espace. Les molécules d'air – l'azote et l'oxygène en particulier – diffusent surtout les radiations de courtes longueurs d'onde – les ultraviolets – d'où la couleur bleue du ciel. Quand le Soleil n'est plus visible, seul le rayonnement diffus parvient à la surface. C'est pour cela que la visibilité reste importante dans les régions à l'ombre d'un obstacle (rue étroite, versant à l'ubac...), ou lorsque le ciel est très nuageux. C'est aussi pour cela que la visibilité est possible quelques minutes avant le lever et après le coucher du Soleil.

Rotation de la Terre et rayonnement solaire en surface

À la limite supérieure de l'atmosphère, la puissance moyenne (E) reçue par an varie dans un rapport de un sur deux entre l'équateur et le pôle. Cette différence s'explique avant tout par l'angle d'incidence du rayonnement qui varie avec la saison. L'énergie arrivant en surface est aussi fonction de l'humidité atmosphérique et de la diffusion moléculaire, il est donc tributaire de la nature de l'air et de l'épaisseur de la couche d'atmosphère traversée par le rayonnement solaire.

Durée du jour : solstice et équinoxe

L'axe de la Terre (ligne qui passe par les deux pôles) est incliné de 23°26' par rapport à son plan de révolution autour du Soleil : le plan de l'écliptique. Au cours de l'année, cette inclinaison, par rapport au plan de l'écliptique, garde une direction fixe dans l'espace. On distingue, au cours de la révolution annuelle, quatre positions remarquables : les deux solstices et les deux équinoxes (fig. 2). Au solstice d'été (21 ou 22 juin), le Soleil passe à la verticale (au zénith) du tropique du Cancer. L'hémisphère Nord connaît le jour le plus long de l'année, l'hémisphère Sud, le jour le plus court. Le Soleil n'apparaît pas au-delà du cercle polaire austral et ne se couche pas au-delà du cercle polaire boréal. Au solstice d'hiver (22 ou 23 décembre), le phénomène inverse se produit : l'été règne dans l'hémisphère Sud.

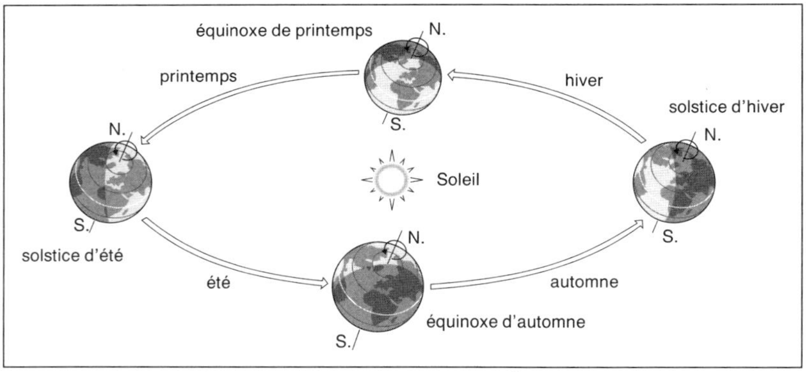

Figure 2 : **Révolution annuelle de la Terre autour du Soleil**
Source : G. Beltrando, L. Chémery, 1995

À l'équinoxe de printemps (20 ou 21 mars) et d'automne (22 ou 23 septembre), les rayons tombent à la verticale de l'équateur ; le jour et la nuit ont partout une durée de 12 heures. Seule la bande équatoriale a constamment un peu plus de 12 heures d'ensoleillement théorique par jour (durée qui sépare le lever du coucher du Soleil). La durée du jour augmente dans l'hémisphère Nord du solstice d'hiver jusqu'au solstice d'été, puis elle diminue jusqu'au solstice d'hiver suivant. Le phénomène inverse se produit dans l'hémisphère Sud.

Lors du solstice d'été boréal, la durée du jour dans l'hémisphère Nord est de :
- 12 heures à l'équateur ;
- 13 heures au 17e parallèle ;
- 14 heures au 31e parallèle ;

– 15 heures au 41e parallèle ;
– 16 heures au 49e parallèle ;
– 18 heures au 58e parallèle ;
– 24 heures au cercle polaire boréal (66°33').

Le jour du solstice d'été, à partir du cercle polaire, le Soleil ne se couche pas. Chacun des pôles est éclairé pendant six mois avant d'être plongé dans l'obscurité pendant les six autres mois de l'année (fig. 3). Dans la zone équatoriale, le rayonnement net présente deux maxima aux équinoxes (mars et septembre) et deux minima aux solstices, mais la variation au cours de l'année reste faible. Sous les latitudes moyennes, le rayonnement net est minimum au solstice d'hiver (décembre dans l'hémisphère Nord, juin dans l'hémisphère Sud) et il atteint son maximum au solstice d'été (juin dans l'hémisphère Nord, décembre dans l'hémisphère Sud).

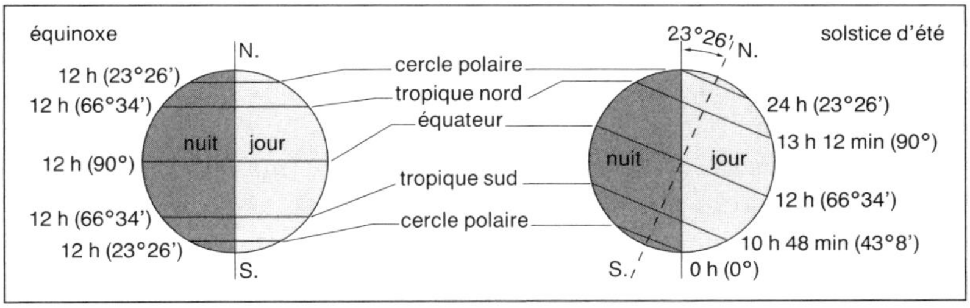

Figure 3 : **Durée du jour et angle d'incidence des rayons solaires (entre parenthèses), à l'équateur, aux tropiques et aux cercles polaires, pour l'équinoxe et le solstice d'été de l'hémisphère Nord**
Source : G. Beltrando, L. Chémery, 1995

Au fur et à mesure que l'on se rapproche des pôles l'angle d'incidence des rayons solaires diminue. La quantité maximale de chaleur est reçue lorsque les rayons sont perpendiculaires à la surface continentale ou océanique (Soleil au zénith). Cette quantité diminue proportionnellement à l'angle d'incidence car un même rayonnement doit réchauffer une surface plus grande. L'angle d'incidence varie avec l'exposition des surfaces : par exemple, lorsque les rayons ont une inclinaison de 55° par rapport à une surface horizontale, un versant à l'adret, avec une pente de 35° reçoit un rayonnement à la verticale, alors que sur un versant à l'ubac, avec une pente équivalente, l'angle n'est que de 20°. La quantité d'énergie arrivant sur ces deux versants est donc nettement plus faible d'autant plus que la réflexion augmente lorsque l'angle d'incidence diminue. Dans ces conditions, l'énergie solaire reçue directement par unité de surface, peut varier dans un rapport de 1 à 10 entre les deux versants. Mais le brassage de l'air et le rayonnement arrivant après diffusion atténuent fortement les contrastes thermiques qui en découlent. Lorsque l'angle d'incidence n'est pas perpendiculaire à la surface de réception, le flux reçu par unité de surface (Q_s) est égal au produit du flux solaire (E_s) par le sinus de l'angle d'incidence (α) entre le rayonnement et la surface réceptrice. Soit $Q_s = E_s.\sin \alpha$.

L'intensité du rayonnement solaire reçu à la surface varie aussi dans l'espace sous l'action de facteurs internes au système TOA. Ces facteurs sont d'origine naturelle (physico-géographiques : nébulosité, humidité de l'air, poussières, nature des surfaces...) ou anthropique (gaz à effet de serre liés à la combustion des énergies fossiles, aérosols, fumées industrielles...).

Rayonnement solaire et latitude

Le rayonnement arrivant à la surface des continents et des océans varie, d'une part en fonction de la latitude et des saisons (plus l'angle d'incidence est faible plus la réflexion est importante...) ; d'autre part en fonction de la nature des surfaces (les nuages et les calottes glaciaires amplifient fortement la réflexion). Il varie aussi en fonction de l'épaisseur de la couche d'atmosphère traversée. En admettant que l'épaisseur de l'atmosphère soit identique autour de la Terre, un rayon doit traverser une couche plus importante lorsque l'angle d'incidence augmente.

Les régions intertropicales reçoivent plus d'énergie par unité de surface car, d'une part, les rayons sont hauts sur l'horizon – deux passages au zénith à l'équateur, un à chaque tropique –, d'autre part, la couche d'atmosphère à traverser est plus importante. Enfin, l'albédo des surfaces est relativement faible : la réflexion relativement forte des déserts et partiellement compensée par un faible taux de nébulosité et par un angle d'incidence proche de la verticale. À l'opposé, les hautes latitudes sont désavantagées car, d'une part, l'angle d'incidence y est beaucoup plus faible (maximum 46°54' au cercle polaire et 23°26' au pôle le jour du solstice d'été) ; d'autre part, la réflexion est très forte sur la neige et les glaces des calottes glaciaires. Enfin, ces régions reçoivent beaucoup moins d'énergie que les autres car la couche d'atmosphère à traverser est maximale.

Les variations d'intensité du rayonnement solaire créent des déséquilibres entre les régions excédentaires et déficitaires en énergie que la circulation atmosphérique et océanique tend à rétablir (voir chap. 2).

Le rayonnement infrarouge tellurique et l'effet de serre

En moyenne, à l'échelle annuelle, la planète se réchauffe en absorbant 240 $W.m^{-2}$, mais elle se refroidit en émettant un rayonnement en direction de l'espace et, compte tenu des températures de l'atmosphère, ce rayonnement se fait dans l'infrarouge. En considérant le fait que l'humidité de l'air, la pression et les températures ne dépendent que de l'altitude, alors le rayonnement tellurique (IRT) ne peut effectuer que des transports verticaux d'énergie, soit vers le bas, soit vers haut.

– vers le bas, le flux est constitué d'une part, du rayonnement de courte longueur d'onde arrivant du Soleil (R_g), soit directement (R_D) soit après diffusion par les molécules d'air (R_d), d'autre part, du rayonnement IRT émis par certains gaz, les nuages et les aérosols (R_A) ;

– vers le haut, le flux ascendant correspond au rayonnement de courte longueur d'onde réfléchi par les substrats océaniques et continentaux (R_g $(1 - \alpha)$) et au rayonnement IRT émis par la surface (R_T).

Le rayonnement IRT émis par la surface de la planète (R_T) est fortement absorbé par les gaz contenant trois atomes en plus, dont les principaux sont : la vapeur d'eau (H_2O), le dioxyde de carbone (CO_2), l'ozone (O_3), le méthane (CH_4) et l'oxyde nitreux (N_2O). D'autres gaz, en quantité encore plus faible dans l'atmosphère tels les CFC, ainsi que certains éléments solides en suspension (aérosols) contribuent aussi à l'effet de serre. Ces gaz représentent une petite quantité par rapport à l'ensemble des autres gaz de l'atmosphère (chap. 2) mais, comme les aérosols, ils ont la propriété d'absorber assez fortement dans l'infrarouge. L'atmosphère joue donc un rôle comparable à celui de la serre en laissant passer une part importante du rayonnement solaire (courtes longueurs d'onde) et en piégeant une part plus grande de rayonnement IRT (grandes longueurs d'onde). L'effet de serre peut-être considéré comme la différence entre le rayonnement émis par la surface de la planète par rapport à celui qui quitte la planète. Sans la serre atmosphérique, la terre serait un vaste désert de glace inhabitable car l'énergie s'échapperait directement vers l'espace. La température moyenne de la surface serait d'environ – 18 °C (environ 33 °C de moins que la température actuelle).

L'émission infrarouge qui finit par s'échapper de l'atmosphère terrestre dépend de la température de la surface d'émission : une surface froide (ex. : sommet de certains nuages, calottes glaciaires) émet un rayonnement plus faible qu'une surface chaude (ex. : déserts et océans chauds en l'absence de nuage). L'émission moyenne pour l'ensemble de la planète est d'environ 240 $W.m^{-2}$. Les valeurs sont supérieures à cette moyenne sous les basses latitudes, jusqu'au 35e-40e parallèle nord et sud, sauf sur les régions fréquemment couvertes de puissants nuages à fort développement vertical (Asie du Sud-Est et archipels, Afrique et Amérique équatoriale). Au-delà du 40e parallèle, les valeurs, partout inférieures à la moyenne, diminuent vers les pôles. Dans les régions polaires, les minima apparaissent sur les masses continentales constamment couvertes de glace, les apports d'énergie sont peu importants (faible angle d'incidence, forte réflexion, peu de transfert depuis les latitudes plus basses) et par conséquent le rayonnement infrarouge est faible.

Bilan radiatif, transferts de chaleur et températures de surface

Les océans accumulent une partie de l'énergie solaire. Cette énergie est en partie transportée par les courants marins vers les mers plus froides et elle est transférée à l'atmosphère pour permettre l'évaporation de l'eau. En hiver, entre le 35e et le 50e parallèle, les masses d'air circulant de l'ouest vers l'est véhiculent ainsi de grandes quantités d'énergie qui limitent le refroidissement hivernal surtout à l'ouest des continents. Une part nettement moins importante de l'énergie est également stockée par les masses continentales, pendant la saison chaude puis elle est restituée à l'atmosphère au début de la saison froide. Mais les continents ont une capacité de stockage beaucoup plus faible que les océans. Le bilan radiatif (différence entre les entrées et les sorties d'énergie) varie dans l'espace, mais des transferts entre zones excédentaires et déficitaires tendent, par l'intermédiaire des masses fluides (océan et atmosphère), à rétablir cet équilibre à différentes échelles spatiales et temporelles.

Le bilan radiatif de la surface et de l'atmosphère

L'équation du bilan radiatif en surface, ou rayonnement net (R_N), peut se noter ainsi :

$$R_N = R_g (1 - \alpha) - (R_T - R_A)$$

où :

R_g = Rayonnement solaire global (ondes courtes) = somme du R_D (rayonnement direct) et du R_d (rayonnement diffus),

α = albédo,

R_T = rayonnement terrestre (infrarouge),

R_A = rayonnement atmosphérique (infrarouge).

Le flux solaire entrant est de 342 W.m^{-2} en moyenne globale (fig. 4). Nous avons vu qu'environ un tiers était réfléchi par l'atmosphère et la surface de la planète (environ 102 W.m^{-2}) et qu'environ 67 W.m^{-2} était absorbé par les constituants de l'atmosphère, la vapeur d'eau en premier lieu [les valeurs indiquées ici correspondent aux évaluations à partir des données mesurées par les satellites. Ces valeurs publiées par Kiehl et Trenberth (1997) sont légèrement différentes de celles évaluées à partir des mesures en surface].

Dans le domaine de l'IRT, l'ensemble des GES, les nuages et les aérosols rayonnement environ 324 W.m^{-2} vers la surface et 195 W.m^{-2} vers le haut. La surface rayonne 390 W.m^{-2} vers l'atmosphère, qui en absorbe 361 W.m^{-2}.

La puissance radiative totale qui quitte la planète (30 + 77 + 195 + 40 = 342 W.m^{-2}, si l'on prend les évaluations par satellite) est, en moyenne, égale à celle qui arrive du Soleil. Mais, l'atmosphère rayonne plus qu'elle n'absorbe (elle rayonne 195 + 40 W.m^{-2} vers le haut et 324 W.m^{-2} vers le bas, soit 559 W.m^{-2}; elle absorbe 67 + 361 = 428 W.m^{-2}), soit une différence de

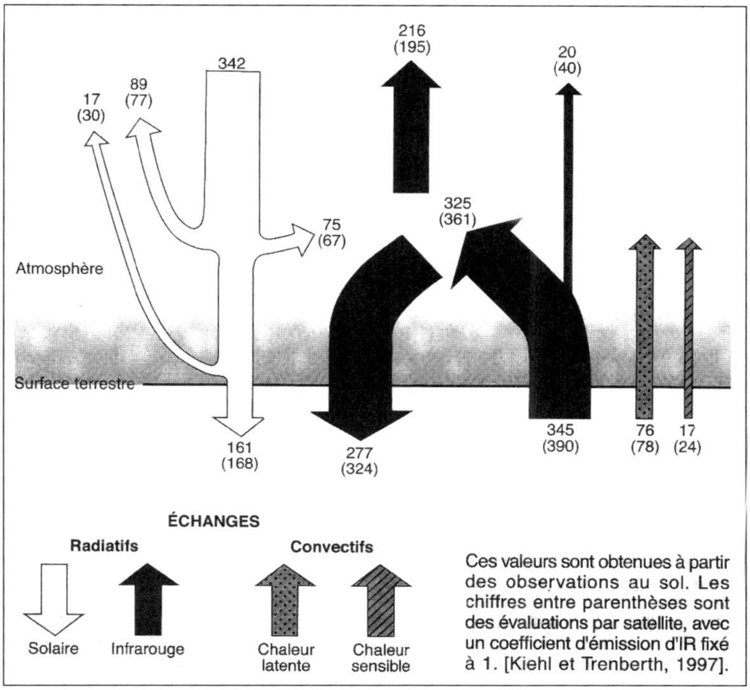

Figure 4 : **Le bilan radiatif annuel, en W.m^{-2}**
Source : D'après Kiehl et Trenberth, 1997, *in* A. Hufty, 2001

131 W.m^{-2} à l'opposé la surface de la planète gagne plus d'énergie qu'elle n'en perd dans des proportions strictement équivalentes. Cette différence est compensée par des processus convectifs (non radiatifs) qui transportent la chaleur excédentaire de la surface vers l'atmosphère. Ce transfert se fait par l'intermédiaire de l'humidité (chaleur latente) et de l'air qui est chauffé sur les substrats continentaux ou océaniques (chaleur sensible) et cette chaleur est ensuite restituée à l'atmosphère (voir chap. 3).

D'après l'équation du bilan radiatif, le bilan radiatif à la surface de la planète est globalement positif le jour ($R_g > 0$, $R_T < R_A$) et négatif la nuit (R_g nul, $R_T > R_A$). Lorsque le ciel est nuageux, l'effet de serre est relativement important (R_d et R_A forts, R_D faible), les amplitudes thermiques quotidiennes sont relativement faibles et inversement lorsque le ciel est « limpide » (R_d et R_A faibles, R_D fort). Les nuages jouent donc un rôle important dans l'effet de serre, ils diminuent le rayonnement solaire reçu en surface, les températures diurnes sont donc moins élevées, et le refroidissement nocturne est aussi sensiblement amoindri, car l'atmosphère absorbe fortement le rayonnement terrestre (R_T) dont une grande partie est ensuite ré-émise vers la surface (R_A). À l'opposé, lorsque le ciel est clair (R_A relativement faible), les températures sont plus élevées dans la journée et plus froides la nuit. Par temps nuageux, les amplitudes thermiques quotidiennes sont donc plus faibles que par ciel clair. À l'échelle locale, les aérosols et les poussières rejetés par les activités industrielles et domestiques forment un voile polluant qui, par temps calme (en particulier par vent faible ou nul), stagne au-dessus des grandes villes et accentue l'effet de serre local. Mais ce n'est pas le facteur essentiel qui permet d'expliquer l'îlot de chaleur urbain (voir chap. 4).

À l'échelle zonale, dans les régions polaires, seulement $1/4$ du rayonnement annuel arrivant au sommet est absorbé par la surface et le bilan radiatif total est quasi nul. Les contrastes saisonniers sont forts : la radiation solaire est nulle en hiver. L'été, les rayons sont plus hauts sur l'horizon et la durée du jour est plus longue. La radiation solaire absorbée est relativement importante surtout dans les zones dépourvues de neige ou de glace.

Dans les régions tempérées, vers les 50-70° de latitude, les différences saisonnières restent élevées, les bilans sont négatifs en hiver, positifs en été. Dans les régions industrielles, la pollution limite un peu le rayonnement solaire direct arrivant en surface, mais le rayonnement de l'atmosphère vers la surface est plus élevé. Le bilan entre les deux est peu différent de celui des régions moins polluées. Plus au sud, vers les 30-50e, le rayonnement solaire reçu augmente sensiblement. Les différences saisonnières restent importantes et elles sont d'autant plus marquées que le couvert nuageux est peu présent.

Dans les régions tropicales (10-30°), le rayonnement solaire absorbé par la surface est important toute l'année, mais il diminue en période de mousson. Les zones arides ont généralement un fort albédo un faible rayonnement atmosphérique.

Dans les régions équatoriales, le rayonnement solaire reçu en surface diminue en moyenne d'environ 15 % par rapport aux régions tropicales car le ciel est plus souvent nuageux. Le rayonnement diffus est important à cause de la masse nuageuse et de l'humidité de l'air. Les contrastes thermiques saisonniers sont très faibles, sauf dans les régions caractérisées par l'alternance de saisons sèches et humides.

À l'échelle annuelle, le bilan moyen entre l'énergie absorbée par la planète et l'énergie émise vers l'espace, est nul. Sans cela, la température de la Terre n'aurait cessé de croître ou de décroître depuis sa formation. Le bilan radiatif est positif sous les basses latitudes (plus d'entrée que de sortie d'énergie), jusqu'au 40e parallèle sauf sur une vaste zone peu nuageuse où le flux d'énergie sortant peut dépasser 270 $W.m^{-2}$ (au cœur de cette zone, sur le désert du Sahara, le bilan devient inférieur à – 20 $W.m^{-2}$). Au-delà du 40e parallèle, le bilan est partout négatif (plus de sortie que d'entrée d'énergie). Le rayonnement émit vers l'espace est supérieur à celui qui est absorbé dans le système TOA. Ces différences sont dues aux transferts d'énergie qui se font par l'intermédiaire de l'enveloppe fluide de la planète : l'océan et l'atmosphère.

Les échanges convectifs : chaleur latente et chaleur sensible

Près de la moitié (47 %) du flux d'énergie solaire entrant dans le système TOA est donc absorbée par la surface de la Terre, mais celle-ci se refroidit en émettant un rayonnement dans les grandes longueurs d'onde. Une partie de l'énergie absorbée est transférée vers l'atmosphère par l'intermédiaire de flux non radiatifs : les flux de chaleur latente et sensible (fig. 4). Un flux de chaleur, latente ou sensible, correspond à une quantité d'énergie par unité de surface, on l'exprime généralement en Watts ou en Joules par mètre. Globalement, pour l'ensemble des surfaces du globe (continents et océans) le flux de chaleur latente (LE) est le plus important : environ 76 à 88 $W.m^{-2}$ contre 17 à 25 $W.m^{-2}$ pour le flux de chaleur sensible [Remarque : Ces chiffres varient en fonction des méthodes d'estimation, surtout pour la chaleur latente, dont les valeurs correspondent à la moyenne de l'évaporation. La fourchette reste large, Kiehl et Trenberth (1997) estime LE à 78 $W.m^{-2}$, Budyko (1982), la situe autour 88 $W.m^{-2}$].

La chaleur latente (LE) correspond à l'énergie consommée ou dégagée par une substance lors d'un changement de phase (voir chap. 3) :

– la fusion (glace ⇒ eau), la vaporisation (eau ⇒ vapeur) et la sublimation (glace ⇒ vapeur) nécessitent un apport d'énergie ;

– la solidification (eau ⇒ glace) et la condensation liquide (vapeur ⇒ eau) ou solide (vapeur ⇒ glace) libèrent de l'énergie.

L'eau joue un rôle capital dans les transferts de chaleur latente, son évaporation (ou vaporisation) consomme de l'énergie potentielle. Cette énergie est stockée dans la vapeur d'eau sous forme de chaleur « latente » et elle est récupérée aux divers niveaux de l'atmosphère lors de la condensation (transformation inverse). À l'opposé, le passage de l'état liquide à l'état solide génère un dégagement de chaleur latente.

Le flux annuel moyen de chaleur latente est élevé à l'interface océan-atmosphère, surtout lorsqu'un air continental sec circule sur une masse d'eau relativement chaude : par exemple sur l'Atlantique à l'est du continent nord-américain, là où circule un courant marin chaud, le Gulf Stream (plus de 160 $W.m^{-2}$). À l'inverse, il est très faible dans les zones arides où il y a très peu d'eau à évaporer : par exemple sur le désert du Sahara ou de la péninsule arabique (moins de 20 $W.m^{-2}$).

La chaleur sensible (H) est la chaleur qui modifie la température des corps, à l'exclusion de toute quantité d'énergie correspondant à un changement de phase. C'est la chaleur sensible qui réchauffe l'air au contact des surfaces océaniques ou continentales.

Le flux moyen de chaleur sensible est plus fort sur les vastes régions tropicales arides (plus de 80 $W.m^{-2}$) que sur les régions équatoriales où sur les régions continentales des moyennes latitudes (moins de 30 $W.m^{-2}$). Dans les régions polaires, les deux flux sont relativement faibles car il y a peu d'énergie disponible.

Indépendamment de la quantité d'énergie disponible par unité de surface, le flux de chaleur latente est étroitement dépendant du pouvoir évaporant de l'air (fonction de la vitesse de déplacement, de l'humidité relative et de température de la masse d'air) et le flux de chaleur sensible est tributaire de la présence ou de l'absence d'eau à évaporer. C'est en partie pour cela que, sous les moyennes latitudes en été, les températures sont moins élevées sur les régions littorales que sur les régions plus continentales :

– au-dessus des régions littorales, les masses d'air arrivant de l'océan sont relativement fraîches et une part importante de l'énergie solaire est utilisée pour l'évaporation de l'eau advectée depuis les océans par la circulation atmosphérique. Les températures estivales sont modérées (LE relativement fort, H relativement faible) ;

– au-dessus des régions plus continentales, le substrat et l'air peuvent être moins humides et plus chauds, une plus grande part de l'énergie solaire est disponible pour réchauffer l'air (LE relativement faible, H relativement fort). Mais les facteurs géographiques modulent parfois sensiblement la distribution des flux de chaleur.

Les transferts d'énergie

Les apports d'énergie varient dans l'espace et dans le temps. Les déséquilibres énergétiques qui en découlent sont à l'origine de transferts verticaux et horizontaux depuis les zones excédentaires vers les zones déficitaires. Pour illustrer ce phénomène, on peut prendre le cas de l'atmosphère, dont le bilan énergétique peut s'écrire sous la forme :

$$R = LE + H + D$$

Avec :

R = bilan de rayonnement de l'atmosphère ;

LE = chaleur latente ;

H = chaleur sensible ;

D = différence entre les autres termes (advection).

C'est par l'intermédiaire de ces échanges verticaux (LE et H) et horizontaux (D) que l'atmosphère compense ces pertes radiatives vers l'espace.

À l'échelle locale : l'exemple des brises thermiques

Le flux d'énergie solaire varie d'un maximum de quelques centaines de Watts par mètre carré à midi à zéro la nuit. Cette variation d'apport énergétique se répercute sur la température qui est, surtout en l'absence d'advection d'air et de nuage, plus faible la nuit que le jour. La nature de la surface intervient également dans l'explication de sa température. L'eau accumule plus d'énergie que le continent, sa surface se réchauffe et se refroidit moins vite que ce dernier indépendamment d'autres facteurs (nébulosité, advection d'air…).

Les brises thermiques, vents à caractère local et à alternance quotidienne, résultent des différences de températures dans la couche inférieure de l'atmosphère.

Ainsi, les brises littorales résultent du réchauffement et du refroidissement inégal, entre le jour et la nuit, des eaux et des continents à l'interface terre-mer. D'une part, il faut plus d'énergie pour élever la température de l'eau qu'il n'en faut pour élever celle du sol ou de la roche et inversement pour les refroidir ; d'autre part, l'eau se réchauffe moins vite car son évaporation consomme une partie de l'énergie solaire et occasionne ainsi une sensation de « rafraîchissement ». Au fur et à mesure que l'angle d'incidence des rayons solaires augmente après le lever du Soleil, la surface du sol se réchauffe plus vite que la surface de la mer. L'air au-dessus du continent s'échauffe plus fortement que sur la mer. Il devient plus léger et s'élève, créant une dépression que tend à équilibrer un vent local soufflant depuis la terre vers la mer : c'est la brise de mer (fig. 5). Relativement frais, l'air marin vient prendre la place de l'air continental plus léger qui s'élève. Lors de son ascension, celui-ci se refroidit, il ne peut plus contenir la même quantité d'eau et de petits nuages éphémères peuvent se former. La nuit, l'air devient relativement plus froid sur la terre que sur la mer, et le courant atmosphérique des basses couches se dirige en sens inverse : c'est la brise de terre dont on ressent particulièrement la fraîcheur en fin de nuit.

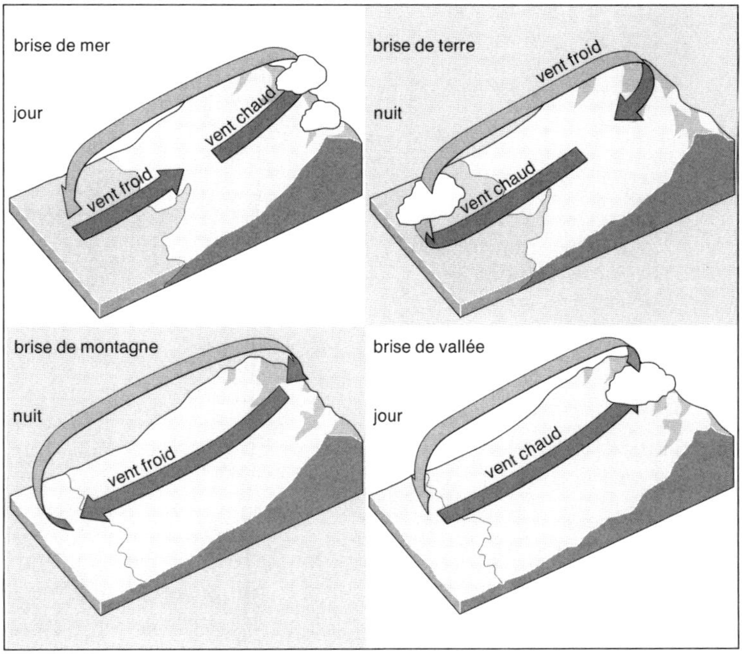

Figure 5 : **Le modèle des brises thermiques**

Source : G. Beltrando, L. Chémery, 1995

À l'échelle zonale : les courants océaniques et atmosphériques

Nous avons vu que, à quelques exceptions près, la bande comprise entre les 40e nord et sud absorbait plus d'énergie solaire qu'elle n'en émettait dans l'infrarouge et inversement pour les latitudes plus élevées. L'équilibre global est assuré par les transferts d'énergie qui se font par l'intermédiaire de l'océan et de l'atmosphère. La figure 6 montre le transfert annuel d'énergie (exprimé en petawatt, soit 1 015 W) en fonction de la latitude : les valeurs correspondent à la différence entre le flux vers le pôle et le flux vers l'équateur.

Un peu plus de la moitié de ce transfert se fait par l'intermédiaire des courants atmosphériques, sous forme de chaleur latente et sensible, le reste du transfert se fait par les courants océaniques. Le flux total est maximal sous les moyennes latitudes où plus de 4 Petawatts traversent le 40e parallèle nord en direction du nord et près de 3 Petawatts traversent le 40e parallèle sud en direction du sud.

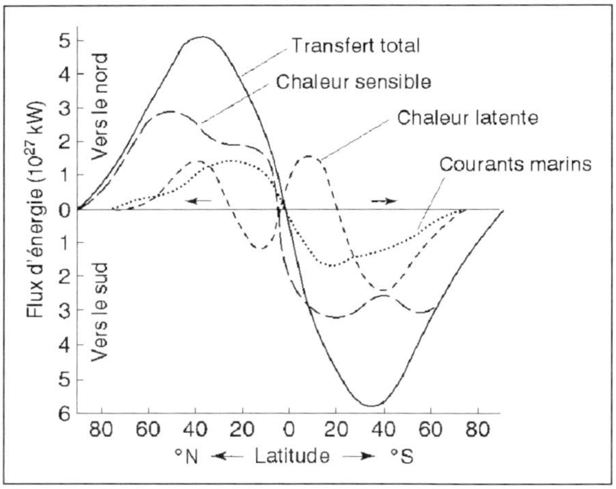

Figure 6 : **Transport méridien de chaleur par l'atmosphère et l'océan : valeurs annuelles pour l'ensemble de la planète**
Source : O. Slaymaker et T. Spencer, 1998

Le transport de chaleur par l'intermédiaire de l'océan est maximal vers les tropiques. Vers le 50e, les transferts sont moins importants dans l'hémisphère Nord plus continental que l'hémisphère Sud. Cependant, vers le cercle polaire boréal, l'océan transfère toujours de l'énergie vers le nord (dérive nord-atlantique, dérive du Pacifique nord). Alors que les transferts ne sont plus possibles dans l'hémisphère Sud (Antarctique).

Les quantités d'énergie transférées par l'atmosphère sont maximales vers le 40ᵉ parallèle, zone où les perturbations d'ouest sont dominantes. Ces perturbations sont le siège d'importants échanges d'air chaud et froid (chaleur latente et sensible). Sous les basses latitudes sud, le transfert de chaleur latente est négatif dans la zone intertropicale : l'atmosphère transporte plus d'énergie en direction des basses que des hautes latitudes. Dans cette zone, les flux d'alizés et de mousson de chaque hémisphère, déplacent de grandes quantités de vapeur d'eau vers la zone de convergence intertropicale (voir chap. 2).

Les données fournies sur cette figure ont été évaluées à partir de mesures des flux d'énergie solaire et terrestre estimés à partir de mesures par satellites. Ces estimations sont aujourd'hui acceptées dans leurs grandes lignes, elles donnent plus d'importance à la part de la circulation océanique, que ne le donnait les mesures faites en surface (travaux de Sellers, 1965).

La température de l'air

La température mesurée est un indicateur de l'ensemble des échanges thermiques qui existent en un lieu et à un instant donné. Sa répartition spatiale est en grande partie tributaire des apports énergétiques et des transferts par les fluides, mais d'autres facteurs interviennent notamment la disposition des masses continentales et océaniques et bien évidemment l'altitude.

La température : un indicateur du niveau énergétique

Les températures ont fluctué irrégulièrement au court du temps et les amplitudes sont plus grandes sous les hautes que sous les basses latitudes. L'alternance de périodes glaciaires et interglaciaires s'explique en grande partie par des variations de la rotation de la Terre autour du Soleil qui ont des incidences sur les apports énergétiques. À une échelle de l'ordre du siècle ou du millénaire, la température connaît aussi des fluctuations de quelques degrés. Ainsi les derniers siècles ont été caractérisés par une succession irrégulière d'années relativement froides entre le milieu du XVIᵉ et le milieu du XIXᵉ (le Petit Âge glaciaire) qui ont précédé la période actuelle caractérisée par une hausse moyenne d'environ 0,6 °C dans l'hémisphère Nord et 0,2 °C dans l'autre hémisphère en une centaine d'années. Des facteurs externes (activité solaire) et internes (circulation océanique…) à la planète expliquent ces variations qui, pour le dernier siècle, sont aussi liées, au moins en partie, aux activités humaines entraînant un rejet massif de carbone dans l'atmosphère (voir chap. 7).

À l'échelle quotidienne, la température varie parallèlement au bilan énergétique mais avec un décalage temporel : le maximum est atteint en début d'après-midi, le minimum quelques minutes après le lever du jour. Ce cycle quotidien peut-être perturbé par les advections d'air (froid ou chaud) et le bilan radiatif est aussi tributaire de la transparence du ciel.

Près de la surface, la morphologie et la nature du substrat interviennent aussi dans la répartition des températures de l'air. La nuit, en situation météorologique stable (pas ou peu d'advection), avec un ciel clair (faible rayonnement atmosphérique...), la répartition spatiale des températures au-dessus de la surface est fortement influencée par les aspérités. Les parties en creux, où l'air froid (relativement dense) converge par l'intermédiaire des brises de versant sont plus froides, à altitude égale, que sur les dorsales et les points hauts où l'air diverge. De faibles aspérités naturelles (cuvettes...) ou artificielles (remblai, immeubles...) peuvent suffire à expliquer des différences de plusieurs degrés C entre deux points de mesures distants de quelques mètres.

Les facteurs de la température de surface du globe

La figure 7 montre la distribution de la température moyenne, réduite à 0 m, en janvier et en juillet. Cette valeur est obtenue en soustrayant une valeur de 0,65 °C/100 m, à la moyenne d'une station [exemple, si la température d'une station à 400 mètres d'altitude est de 22 °C, la température réduite sera de 22 – (0,65 × 4/100), soit 19,4 °C]. La réduction des valeurs à 0 mètre permet de s'affranchir de l'altitude afin de faire ressortir les autres facteurs géographiques, dont les deux principaux sont la latitude et la distribution des terres et des mers. Les données calculées pour chaque station sont ensuite interpolées, par des méthodes diverses, afin d'obtenir des lignes d'égale valeur de température moyenne : les isothermes.

Le premier facteur d'explication est la latitude. Quelle que soit la saison, les températures moyennes sont plus élevées sous les basses latitudes que sous les hautes. Mais cette influence est perturbée par la répartition des continents et des océans au comportement radiatif différent. C'est ce que l'on appelle « l'effet de continentalité ». Cet effet de continentalité accentue le caractère thermique saisonnier : à latitude égale, les écarts thermiques moyens entre le mois le plus froid et le mois le plus chaud sont plus marqués au cœur des continents que sur les façades océaniques.

En fonction de la répartition des grandes masses continentales et océaniques, sur un fuseau donné, l'équateur thermique (ligne imaginaire où les températures sont maximales) est décalé par rapport à l'équateur géographique (latitude 0°). Au niveau de l'équateur thermique, proche du tropique en juillet et en janvier, les températures sont autour de 30 °C et les records mensuels moyens apparaissent au cœur des grandes masses continentales africaines, asiatiques et américaines. Les régions équatoriales sont un peu moins chaudes le jour et un peu moins fraîches la nuit, car la couverture nuageuse épaisse et quasi permanente limite les apports énergétiques en surface ce qui n'est pas le cas dans les déserts où le ciel étant plus limpide, les températures diurnes sont plus élevées et celles de la nuit sont plus fraîches. Dans ces régions arides, l'absence de nébulosité compense largement l'effet de la latitude. La continentalité intervient aussi pour les très basses températures : le pôle austral du froid se situe au cœur de l'Antarctique (températures inférieures à – 60 °C en hiver austral) et le pôle boréal, est dans le nord de la Sibérie orientale et hiver de l'hémisphère Nord.

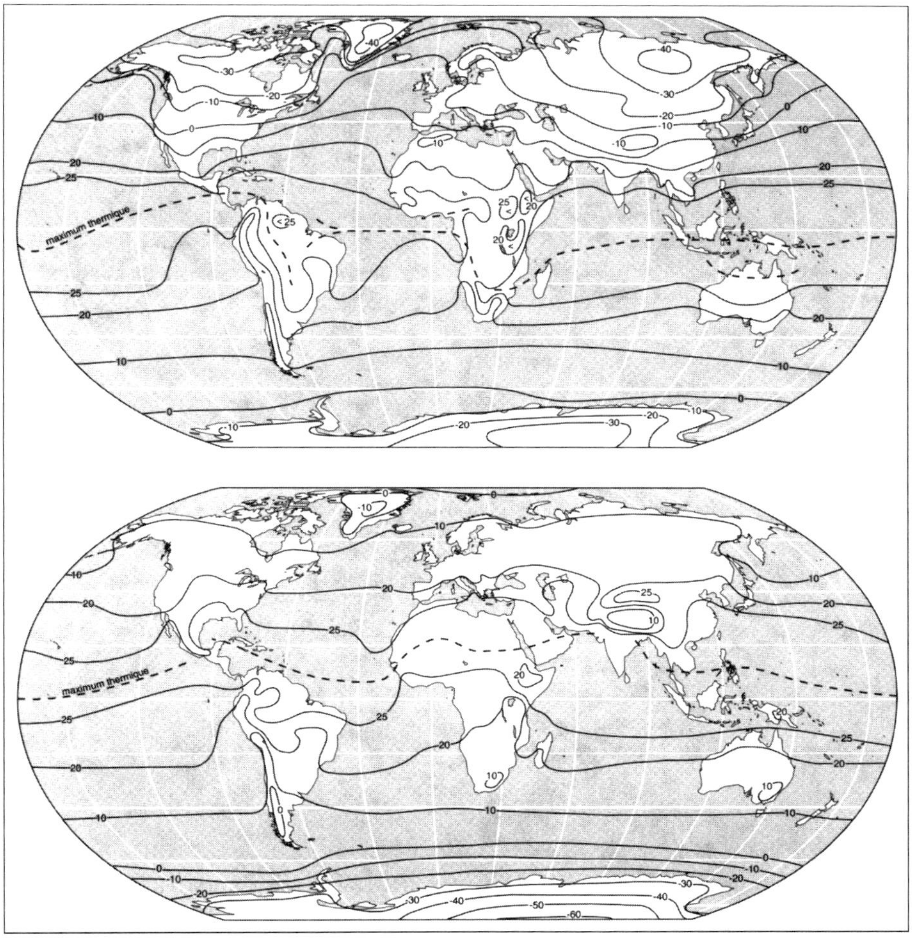

Figure 7 : **Répartition de la température moyenne (en °C) en janvier et en juillet**
Source : A. Hufty, 2001

La figure 7 montre aussi que d'une saison à l'autre le tracé des isothermes change beaucoup moins sur les océans que sur les continents. Les océans ont une plus grande inertie thermique que les continents et les courants marins (voir chap. 2) apportent des eaux relativement chaudes près des côtes occidentales des moyennes latitudes (Dérive nord Atlantique à l'ouest de la Scandinavie, Dérive nord Pacifique à l'ouest de l'Alaska...) alors que, à la même latitude, des courants relativement froids circulent à l'est des continents (Labrador à l'est du Québec, Oya Chivo, à l'est du Japon...).

Dans la zone intertropicale, les écarts thermiques saisonniers sont à peine marqués (souvent inférieurs à 5 ou 6 °C). À l'opposé, c'est dans les régions continentales des hautes latitudes que les écarts saisonniers sont les plus marqués : au nord de la Sibérie ou en Alaska, les amplitudes mensuelles moyennes peuvent dépasser les 50 °C, entre le mois le plus froid et le mois le plus chaud.

Bien évidemment, ces valeurs moyennes ne donnent qu'une idée globale de la répartition des températures qui varie dans l'espace et dans le temps. Ainsi, la fin du XXe siècle a été une période relativement chaude, par rapport aux siècles précédents et cette tendance pourrait partiellement s'expliquer par les activités humaines qui perturbent la chimie de l'air et modifient ainsi l'effet de serre. Sur des périodes de temps plus longues, la température fluctue aussi de manière plus ou moins cyclique, pour des raisons naturelles.

Les variations pluriannuelles des apports énergétiques : les réponses forcées du système climatique

Le climat global de la planète est continuellement dans un état transitoire. D'un point de vue théorique, il n'est donc jamais en équilibre. À court terme, la complexité des relations internes au système climatique est insuffisamment connue pour établir des prévisions météorologiques fines même avec une bonne connaissance d'un état initial. Aux échelles climatologiques, le problème est encore plus complexe car au-delà du manque de connaissances actuelles sur certaines des interactions internes au système TOA, il faut ajouter les phénomènes externes qui modulent les apports énergétiques. Nous avons déjà vu que le flux d'énergie solaire arrivant dans l'atmosphère est modulé selon des cycles quotidiens et annuels, en fonction de la latitude, mais d'autres périodicités, plus longues, contribuent à l'explication de certaines variations climatiques. Ainsi, plusieurs cycles, liés aux changements cycliques des paramètres de l'orbite de la Terre ont été mis en évidence. Ils constituent ce que l'on appelle la théorie astronomique des climats. Les variations de l'activité solaire ont aussi été détectées et plusieurs cycles sont parfois évoqués mais leur amplitude est très faible : par exemple ± 0,1 % pour un cycle de 11 ans. Ce cycle de 11 ans, lié au nombre de tâches visibles à la surface du Soleil est le plus souvent mis en évidence mais, en l'état actuel des connaissances, son éventuelle relation avec le climat est loin d'être évidente.

Ces fluctuations sont dues à des causes externes à la planète, on dit qu'il y a réponse forcée (ou forçage externe) du système climatique. D'autres facteurs, internes au système TOA (tectonique des plaques, composition chimique de l'air, salinité des eaux…), entrent aussi en compte dans l'explication d'autres modes de variabilités plus ou moins rapides du climat (voir chap. 2).

La théorie astronomique des climats

S'appuyant sur les travaux de L. Agassiz (naturaliste suisse du milieu du XIXe) qui a démontré l'existence de cycles glaciaires et interglaciaires dans les

Alpes, quelques astrophysiciens de la fin du XIXe et du début du XXe siècle, ont élaboré la théorie astronomique des climats. La synthèse de ces recherches a été établie, en 1941, par M. Milanković (astronome serbe). Selon cette théorie, trois paramètres orbitaux de la Terre ont des incidences sur les variations, à l'échelle géologique, de l'apport d'énergie solaire, global ou en fonction de la latitude. La combinaison des deux paramètres résultant de ces modifications orbitales – hauteur du Soleil sur l'horizon et distance Terre-Soleil – entraîne une légère modification du rayonnement solaire contribuant de la sorte à l'explication des phases alternativement froides (les périodes glaciaires) et tempérées (les interglaciaires).

– *L'excentricité de l'orbite terrestre*. La Terre tourne autour du Soleil en se déplaçant sur une ellipse qui s'inscrit sur une surface appelée plan de l'écliptique. Le degré d'aplatissement de l'ellipse, paramètre que l'on appelle excentricité varie d'une pseudo-périodicité principale de l'ordre de 400 000 ans associée à une autre d'environ 100 000 ans (fig. 8). Lorsque l'ellipse est plus allongée, la distance moyenne séparant la Terre du Soleil diminue et la planète reçoit un peu plus d'énergie. Actuellement, l'excentricité est de 0,016 et elle diminue lentement : dans 24 000 ans, l'orbite sera à nouveau circulaire.

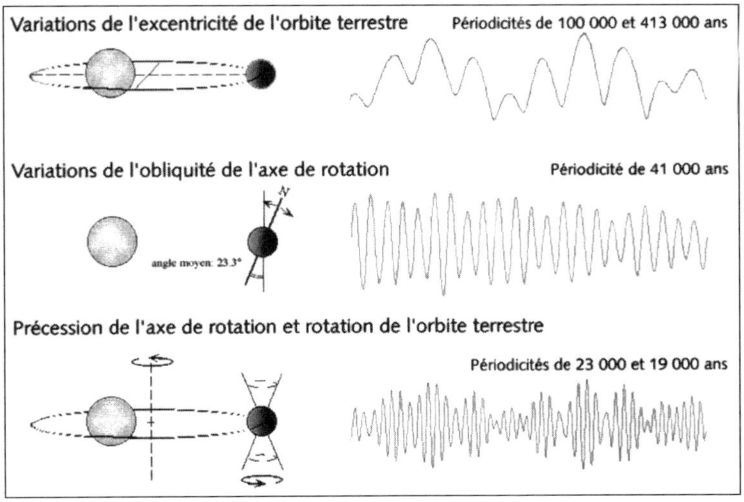

Figure 8 : **Les trois paramètres orbitaux de la Terre**
Source : Cortijo, 1998 in *La Météorologie, n° 21*

– *L'obliquité de l'axe des pôles*. En même temps l'inclinaison de l'axe de rotation de la Terre par rapport à son plan de translation autour du Soleil est actuellement de 23°26'. Apparemment, immuable, cet angle varie de plus ou moins 1°30' (mimi 21,84°, maxi 24,46°) avec une quasi-périodicité de

41 000 ans. Quand l'inclinaison de l'axe des pôles est forte, le contraste entre les saisons s'accroît (les étés sont plus chauds et les hivers sont plus froids). La circulation des fluides est modifiée en particulier dans le sens méridien : c'est par exemple le cas pour la mousson indienne qui devient plus active. Ce schéma correspond aux périodes interglaciaires. Inversement, une diminution de l'inclinaison de l'axe des pôles correspond à des étés moins chauds et des hivers moins froids.

– *La précession des équinoxes*. La Terre n'est pas une sphère parfaite, elle est renflée à l'équateur et aplatie aux pôles. Cette dissymétrie introduit des inégalités dans l'attraction qu'exercent le Soleil et la Lune sur elle. Leur action tend à ramener le plan de l'équateur sur celui de l'écliptique et la Terre transforme cet effet en un mouvement de rotation autour de l'axe des pôles : c'est l'effet toupie. Les cycles principaux associés à ce phénomène sont d'environ 19 000 et 23 000 ans. Actuellement, les dates des deux solstices sont voisines de celles du passage de la Terre aux deux extrémités du grand axe de l'ellipse : l'aphélie (4 juillet) et le périhélie (3 janvier). Pour ces deux points particuliers, la distance au Soleil est respectivement de 152,1 millions de kilomètres et de 147,1 millions de kilomètres (fig. 9). Cette différence de distance d'environ ± 3 % par rapport à la moyenne (149,6 millions de kilomètres) se traduit par une différence de rayonnement estimée à environ 6 % au bénéfice de l'été austral. À cause du phénomène de précession et de variation de l'excentricité de l'orbite terrestre, la position des équinoxes et des solstices se déplace sur l'orbite de la Terre autour du soleil. D'après les calculs de Berger (1992) un cycle complet prend environ 21 000 ans en moyenne. Le solstice d'hiver, qui est actuellement très poche du périhélie, l'était aussi de l'aphélie il y a 11 000 ans. La distance Terre-Soleil au solstice d'hiver a varié de plus de 5 millions de kilomètres entre ces deux dates (Berger, 1992). Cela se traduit par une augmentation de quelques dixièmes de degré de la température du globe lorsque cette distance est minimale.

D'après A. Berger (Berger *et al.* 1988), en l'absence de toute autre perturbation naturelle ou anthropique, le refroidissement de la Terre, commencé il y a 6 000 ans, se poursuivra encore pendant 5 000 ans avant que le climat ne se réchauffe légèrement pour plonger ensuite vers des conditions glaciaires d'ici à 60 000 ans. La théorie astronomique des climats a été validée grâce à l'étude de divers marqueurs paléoclimatiques mais elle n'est pas suffisante pour expliquer toutes les variations climatiques sur des échelles de temps longues car d'autres facteurs entrent en compte dans l'explication de la variabilité climatique de la Terre. La tendance au refroidissement n'est pas linéaire, une dizaine d'oscillations froides ou chaudes a été identifiée durant les six derniers millénaires. D'autres facteurs naturels (chimie de l'air, interaction interne au système TOA...), auxquels s'ajoutent des facteurs anthropiques sur la période récente, contribuent à l'explication de l'évolution du climat de la planète. Parmi les facteurs d'origine externe à la planète, les variations de l'activité solaire sont les mieux identifiées.

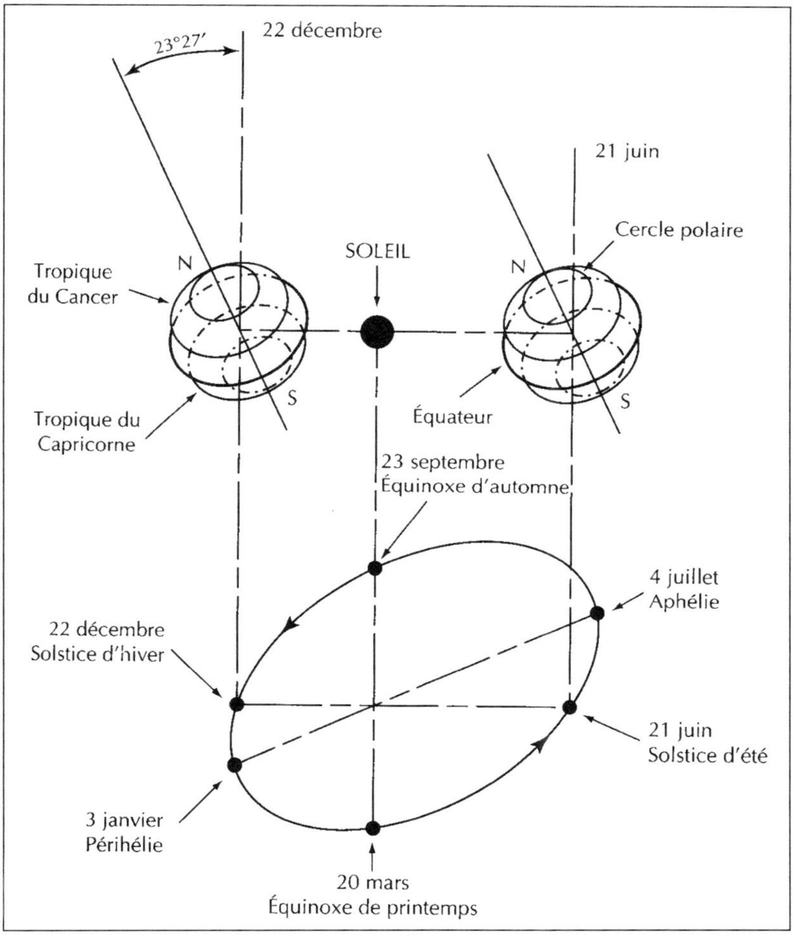

Figure 9 : **Trajectoire de la Terre autour du Soleil : aphélie et périhélie**
Source : O. Lambert, 1995

Les variations de l'activité solaire

Les variations dans le temps de la constante solaire – bien que d'amplitude très faible – constituent un des forçages externes du système climatique. L'étude du nombre de tâches visibles à la surface du Soleil, à partir d'analyses spectrales (méthode d'analyse statistique permettant de rechercher des cycles dans une série chronologique) met en évidence plusieurs périodes dont les deux plus significatives sont un cycle moyen d'environ 11 ans et un de 22 ans (Berger *et al.*, 1990). Le cycle de 11 ans est le plus net, il pourrait être corrélé avec des données agricoles (date des vendanges, rendement des céréales…). Il apparaît aussi dans des analyses spectrales de diverses données climatiques, par exemple de la mousson indienne et est-africaine, de la pression sur l'atlantique nord ou de la sécheresse sur le continent nord-américain. Mais, comme l'admettent la plupart des scientifiques, nous pensons que les recherches actuelles ne permettent pas de quantifier de manière irréfutable les conséquences climatiques des variations de la constante solaire.

Un changement de 1 % de la valeur de la constante solaire pourrait modifier de 0,6 °C la température de l'air en surface et les latitudes polaires seraient plus sensibles que les autres à ce changement (Berger, 1992). Mais d'autres facteurs tels l'activité volcanique et surtout l'augmentation de l'effet de serre sous l'action des activités humaines, peuvent dominer très largement l'effet des variations de la constante solaire. Mazzarella et Palumbo (1989, *in* Berger, 1992) ont montré que l'effet opposé joué par l'ozone total sur les températures minimales et sur les températures maximales journalières était responsable de l'impossibilité de trouver une corrélation significative entre l'activité solaire et les températures moyennes journalières. L'analyse des données fournies par de nouveaux radiomètres embarqués sur des satellites devrait permettre de quantifier plus finement la part de ces variations de température en relation avec le nombre de tâches solaires.

Les variations de l'activité solaire font l'objet de discussions, voire de polémiques entre les scientifiques. Les chercheurs qui s'intéressent au changement climatique semblent s'accorder sur le fait que l'activité solaire entraîne un forçage radiatif supplémentaire de 0,3 $W.m^{-2}$ par rapport à sa valeur d'avant l'aire industrielle. Cependant la marge d'erreur autour de cette valeur est importante et manifestement ce domaine de recherche mérite d'être encore exploré.

La quantité d'énergie reçue par la surface de la planète varie donc sous l'action de facteurs astronomiques, externes au système TOA, et physico-géographiques, internes au système TOA. Les facteurs externes d'origine naturelle interviennent à différentes échelles de temps et d'espace. Ils conditionnent le réchauffement ou le refroidissement de l'enveloppe fluide et de la surface des terres et sont à l'origine de gradients thermiques. Sur des périodes longues de quelques dizaines de milliers d'années, les paramètres orbitaux de la Terre ont des incidences sur les apports d'énergie, ils sont en partie responsables de l'alternance des phases glaciaires et interglaciaires. Sur des périodes de quelques années, les variations de l'activité solaire (les tâches solaires) pourraient induire de très faibles fluctuations climatiques.

Conclusion

La surface de la planète (océan et continent) ainsi que l'atmosphère se réchauffent en absorbant du rayonnement solaire puis ils réémettent du rayonnement vers l'espace. Cependant les longueurs d'onde des rayonnements émit par le Soleil (courtes longueurs) sont différentes de celles renvoyées par la planète (grandes longueurs) et certains gaz de l'atmosphère (vapeur d'eau, gaz carbonique, méthane...) absorbent plus dans les grandes longueurs d'onde que dans les courtes. Cela produit un « effet de serre » sans lequel la vie, telle que nous la connaissons, n'aurait jamais pu exister.

À l'échelle annuelle, la rotation de la Terre introduit une saisonnalité thermique qui résulte pour partie des phénomènes radiatifs : schématiquement les températures diminuent avec la latitude mais, indépendamment de l'altitude, d'autres facteurs tels la répartition des terres et des mers et les mouvements de l'atmosphère modifient cette organisation. Sur des périodes longues, les variations des paramètres orbitaux de la Terre ont aussi des incidences sur les apports énergétiques et par conséquent sur les climats.

Les variations spatiales et temporelles des apports énergétiques, dont la température est en grande partie l'héritière, contribuent fortement à l'explication des mouvements de l'enveloppe fluide et de la répartition de l'humidité sur les continents. D'une saison à l'autre, les écarts sont d'autant plus élevés que la latitude augmente. Schématiquement, à l'échelle annuelle, les bilans énergétiques en surface sont excédentaires entre le 35-40e parallèle nord et sud et déficitaires au-delà, mais les mouvements de l'enveloppe fluide de la planète (circulation atmosphérique et océanique) permettent le transfert d'énergie jouant ainsi un rôle important dans l'explication de la répartition des températures et donc des autres variables du climat d'un espace géographique.

Chapitre 2

L'atmosphère et l'océan : dynamique et interactions

L'atmosphère constitue autour de la Terre, une enveloppe gazeuse dont la part des principaux constituants est relativement stable. Elle contient aussi des gaz en proportion infinitésimale ainsi que de l'eau et des corps solides dont la proportion est plus variable dans le temps et dans l'espace. Plusieurs de ces constituants minoritaires (vapeur d'eau, gaz carbonique…) jouent un rôle majeur sur l'effet de serre. L'atmosphère est un fluide compressible qui se déplace en permanence et subit un effet dû à la rotation de la Terre. La circulation générale est une réponse à l'inégalité des bilans d'énergie : le vent et la vitesse de déplacement de l'air sont dépendants de la répartition des pressions et donc partiellement des températures. Ces mouvements sont donc tributaires de la latitude et de la saison. La nature et les aspérités des surfaces contribuent aussi à l'explication de la circulation de l'air dans les couches inférieures de l'atmosphère.

L'océan constitue le « plancher » de l'atmosphère, il s'échauffe par sa partie supérieure et il est très peu compressible. Les différences de température, de salinité et donc de densité de l'eau, contribuent à l'explication de ces mouvements de grande ampleur et donc aux transferts de l'énergie. Par ces mouvements superficiels et profonds, liés à des facteurs internes et externes à l'enveloppe fluide mais aussi grâce à sa capacité thermique, beaucoup plus importante que celle de l'atmosphère, l'océan est un immense réservoir d'énergie et un régulateur du système climatique.

Les mouvements de l'océan et de l'atmosphère tendent à rétablir l'équilibre entre les zones excédentaires et déficitaires en énergie. Cependant, la mémoire de ces deux fluides est différente, l'atmosphère réagit rapidement aux sollicitations de l'océan, l'océan a une inertie beaucoup plus grande, ses réactions sont beaucoup plus lentes et sa réponse aux sollicitations de l'atmosphère augmente avec la latitude.

Caractéristiques et mouvements de l'atmosphère

Du grec *atmos* (vapeur) et *sphaira* (sphère), l'atmosphère est la couche essentiellement gazeuse qui enveloppe la Terre et d'autres corps célestes. En plus des gaz secs (azote, oxygène, argon...), elle contient, en très faible proportion des aérosols (cendres, sels, sable...) et de l'eau. La masse de l'atmosphère qui enveloppe la Terre est estimée à environ 5100 millions de tonnes, soit environ la millionième partie de la masse de la Terre. La densité et la pression de l'air décroissent rapidement lorsque l'on s'éloigne de la surface : la moitié de cette masse est en dessous de 5,5 kilomètres et 99 % dans les 30 premiers kilomètres. La densité diminue de façon continue : au-delà d'une centaine de kilomètres de haut, la masse de l'atmosphère représente moins de 1/100 000e de sa masse totale.

Composition chimique et structure thermique de l'homosphère

Entre la surface du globe et une altitude d'environ 80-100 kilomètres, les spécialistes distinguent une première couche appelée homosphère dans laquelle la répartition volumétrique actuelle des principaux constituants gazeux de l'air sec est quasi constante car le brassage est important (Tab. 1). En plus de ces gaz, l'homosphère contient de l'eau et des corps solides sous forme de fines particules. Au-delà de la couche, apparaît l'hétérosphère, L'hétérosphère désigne la région atmosphérique où la composition de l'air n'est pas uniforme. Elle commence vers 100 kilomètres, altitude où le brassage de l'air n'est plus suffisant pour maintenir la distribution de mélange parfait observé plus bas dans l'homosphère. C'est la diffusion moléculaire qui devient le phénomène dominant : la concentration d'un constituant décroît avec l'altitude à un taux plus élevé pour les constituants lourds (O_2 et N_2) que pour les constituants légers (O, He et H).

Tableau 1 : **Principaux gaz, en volume de l'air sec, dans l'homosphère**

Gaz	Volume en %	Gaz	Volume en %
Azote (N_2)	78,09	Hélium (He)	$5,2 \times 10^{-4}$
Oxygène (O_2)	20,95	Krypton (Kr)	$1,0 \times 10^{-4}$
Argon (A)	0,93	Hydrogène (H_2)	$5,0 \times 10^{-5}$
Gaz carbonique (CO_2)	0,03	Xénon (Xe)	$8,0 \times 10^{-6}$
Néon (Ne)	$1,8 \times 10^{-3}$	Ozone (O_3)	$1,0 \times 10^{-6}$

Les principaux gaz et les corps solides de l'homosphère

Les deux principaux – l'azote (78 % du volume) et l'oxygène moléculaire (20,9 %) – représentent plus de 99 % du volume d'air sec. Les autres constituants de l'air sec occupent des volumes nettement plus faibles et leur teneur peut varier notablement dans l'espace et dans le temps. Or, la modification de concentration du CO_2 et de certains autres gaz à l'état de trace, joue un rôle important dans le bilan radiatif de la planète parce qu'ils absorbent des parts différentes de rayonnement solaire (courtes longueurs d'onde) et de rayonnement IRT (grandes longueurs d'onde).

Tout au long de l'histoire de la Terre, la composition chimique de l'air a fluctué de façon naturelle comme le montre l'analyse d'archives diverses (cernes des arbres, lœss, dépôts coralliens, roches sédimentaires, carottes océaniques ou de glace des régions polaires et de montagne... ; A. Berger (1992) dans le premier chapitre de son ouvrage intitulé *Le climat de la Terre*, présente l'ensemble de ces techniques). Mais depuis le début de l'ère industrielle, sous l'action des activités humaines, la composition chimique a changé, peut-être de manière plus rapide que dans le passé (voir chap. 7).

En plus des gaz secs, l'homosphère contient de l'eau et des corps solides sous forme de très fines particules : poussières, cristaux salins, cendres, polluants industriels, particules d'origine cosmique. La proportion d'eau dans l'atmosphère (liquide, solide ou gazeuse) varie de moins de 0,1 % du volume de l'air, dans les régions sèches et froides, à 4 % au-dessus des régions maritimes équatoriales. L'eau arrive dans l'atmosphère par transfert gazeux ; après un séjour et un déplacement plus ou moins long, elle retombe sous forme de précipitations (voir chap. 3). Les matériaux solides viennent principalement de la surface terrestre, ils sont surtout présents dans les dix premiers kilomètres. Certains d'entre eux sont nécessaires à la condensation de l'eau (noyaux de condensation). Vers 15-20 kilomètres, l'air peut contenir des cendres injectées par les plus importantes éruptions volcaniques. Les plus fines de ces particules peuvent rester plusieurs mois en suspension dans l'atmosphère, elles augmentent l'absorption et la diffusion atmosphériques, et limitent la quantité d'énergie solaire reçue par la surface. La structure thermique est alors momentanément perturbée (plus d'énergie absorbée par l'atmosphère, moins par la surface des terres et des mers...).

Structure thermique de l'homosphère

En se basant sur les gradients verticaux de température, on distingue traditionnellement trois couches dans les 100 premiers kilomètres de l'atmosphère (fig. 10).

La première couche au-dessus de la surface de la planète est la troposphère. À l'altitude 0 m, la température moyenne de la planète est d'environ 15 °C : les moyennes annuelles à la surface des continents vont de – 50 °C à + 30 °C. La température décroît avec l'altitude, d'environ 6,5 °C tous les 1 000 mètres, jusqu'au sommet de la troposphère : la tropopause. L'augmentation d'altitude entraîne une détente de l'air et donc une diminution de la température...). À ce niveau, elle atteint des valeurs d'environ – 80 °C au-dessus des régions équatoriales et – 50 °C au-dessus des pôles (– 40 °C en été, – 60 °C en hiver).

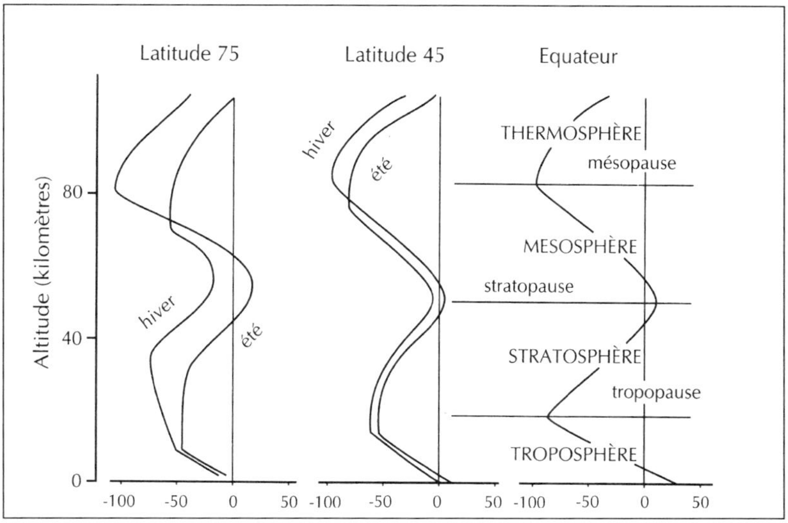

Figure 10 : **Répartition verticale de la température moyenne des 100 premiers kilomètres de l'atmosphère : coupe à l'équateur, au 45° et au 75° parallèle**
Source : G. Lambert, 1995

La pression varie dans l'espace (cf. plus bas dans ce paragraphe) et elle diminue avec l'altitude mais suivant une loi pseudo-logarithmique, passant d'une valeur moyenne de 1013,2 hectopascals (hPa) au niveau 0 mètres (surface des océans) à une valeur comprise entre 400 hPa au Pôle et 100 hPa à l'équateur au niveau de la tropopause.

La troposphère a une épaisseur variant de 8 kilomètres dans les régions polaires à 17 kilomètres dans les régions équatoriales. En proportion du rayon de la terre (environ 6 400 km) cette mince pellicule, concentrant plus de 80 % de la masse atmosphérique, peut-être comparée à la feuille de papier qui entoure une orange. Dans la troposphère, se créent et vivent les phénomènes météorologiques à l'origine du temps (nuages, cyclones...). De puissants mouvements brassent l'air et la pression varie dans le temps et l'espace.

Au-delà de la troposphère, s'étend la stratosphère, couche dans laquelle les mouvements verticaux sont très nettement inférieurs à ceux de la troposphère. La température y reste quasi constante (environ – 55 °C) jusqu'à 20 kilomètres. À partir de cette altitude, elle augmente jusqu'au niveau supérieur de la stratosphère (la stratopause) où elle atteint des valeurs moyennes autour de 20 °C à l'équateur et de – 20 °C (hiver) à + 20 °C (été) pour les hautes latitudes. La coexistence de molécules et d'atomes libres d'oxygène produit de l'ozone (O_3) qui, en absorbant une grande partie du rayonnement ultraviolet proche, explique la présence d'une « couche chaude ». Sans ce filtrage, une part plus importante de rayonnement ultraviolet atteindrait la surface : de nombreux végétaux ne pourraient les supporter, l'homme et les animaux souffriraient de brûlures et de cancers de la peau, le climat serait légèrement différent de celui que nous connaissons.

Vers 50 kilomètres, la stratopause marque la limite entre la stratosphère et la mésosphère. Cette troisième couche est la plus froide de l'homosphère, car il y a peu de molécules d'air pour transformer en chaleur une partie de l'énergie fournie par le Soleil. Les températures y diminuent rapidement jusqu'à atteindre des valeurs moyennes d'environ – 100 °C à sa limite supérieure : la mésopause. Dans le haut de la mésosphère, au-dessus des hautes latitudes, se forment les nuages noctilumineux.

État et dynamique de l'atmosphère

L'atmosphère est un fluide gazeux, compressible et toujours agité. D'un point de vue théorique, il peut être décomposé en un nombre infini de petits volumes élémentaires. À chaque instant tout volume élémentaire est caractérisé par :

– une température, une masse volumétrique, une pression ;

– une concentration en eau sous forme de vapeur dans l'air non saturé, et sous forme liquide ou solide dans les nuages ;

– un mouvement.

Ces paramètres, appelés variables atmosphériques, définissent l'état de la particule à un instant donné. Par extension, l'état de l'atmosphère correspond à l'état de l'ensemble des volumes élémentaires. Pour l'obtenir, des mesures météorologiques sont effectuées à des heures précises et en de nombreux points de la Terre. L'information fournie étant en trois dimensions (longitude, latitude, altitude), elle est représentée sur des cartes météorologiques pour des niveaux de même pression : les surfaces isobariques. Les plus couramment représentés sont les niveaux 1000, 850, 700, 500, 200 et 100 (1000 hPa, niveau proche de celui des mers ; 200 hPa, limite supérieure de la troposphère).

La pression atmosphérique

La pression atmosphérique qui s'exerce sur une certaine surface est égale au poids de la colonne d'atmosphère qui la surplombe. À l'altitude 0 mètre (niveau des océans), elle équivaut à celle d'une colonne de mercure de 76 cm, ce qui correspond à la valeur moyenne d'environ 1013,2 hPa. Elle décroît avec l'altitude, puisque au fur et à mesure que l'on s'élève, elle est diminuée du poids de l'air qui est en dessous. Mais l'air est compressible, et, nous l'avons vu, la pression ne décroît pas de façon linéaire.

L'altitude à laquelle apparaissent les surfaces d'égale pression – les niveaux isobariques – varie aussi dans l'espace. Une tranche horizontale d'air, limitée pas deux isobares (ex : entre 1 000 et 500 hPa) est plus épaisse quand l'air est plus chaud. L'altitude de l'isobare supérieure est donc plus haute par rapport à la surface de base.

Dans le sens horizontal, la pression varie aussi mais moins vite que dans le sens vertical. L'interpolation des données ponctuelles (mesures dans les stations météorologiques) permet d'obtenir des cartes du champ de pression faisant apparaître des figures isobariques. Les différences horizontales de pression donnent naissance à des forces qui se matérialisent par les mouvements de l'atmosphère (trois dimensions). Seule la composante horizontale est abordée ici, la composante verticale, intimement liée au processus de condensation, sera abordée dans le chapitre suivant.

Le champ de pression, les figures isobariques

La pression en surface est la pression à l'altitude 0 m, elle peut varier couramment de plus ou moins 5 % autour de ce chiffre et les valeurs extrêmes mesurées sont d'environ 1 080 hPa en Sibérie et 880 dans la couronne principale des cyclones tropicaux.

La distribution géographique des pressions – le champ de pression horizontal – permet le tracé de lignes d'égale pression : les isobares. Mais les variations de la pression dans le sens horizontal sont moins importantes que dans le sens vertical. Pour les étudier, on réduit généralement les pressions au niveau de la mer, pour corriger les effets de l'altitude. Puis, on établit des cartes, avec des isobares tracées de 5 en 5 hPa. Leur dessin permet de définir un nombre assez limité de figures. Ces cartes mettent en évidence des aires définies par des lignes fermées autour d'un maximum de pression, appelées hautes pressions, et des aires fermées autour d'un minimum de pression, appelées dépressions (fig. 11). Le champ de pression fait aussi apparaître des talwegs (vallées de basse pression définies par des isobares non fermées) et des dorsales (aires de haute pression non fermées), ainsi que des cols (aires de pression relativement élevées séparant deux dépressions) et des marais barométriques (vastes aires où la pression varie peu).

L'altitude moyenne du niveau isobarique 1 000 hPa est d'environ 200 mètres dans la zone intertropicale. Elle est un peu plus élevée là où se positionnent les hautes pressions dynamiques, surtout en hiver de l'hémisphère, lorsque la pression de surface est renforcée par effet thermique sur les substrats relativement froids et un peu moins élevée que la moyenne au-dessus de la ceinture des basses pressions équatoriales. À partir du 55°-60° de latitude, la pression de surface est en moyenne inférieure à 1 000 hPa, puis elle repasse au-dessus de cette valeur dans les régions polaires (HP thermique). Les autres niveaux isobariques apparaissent aussi à des altitudes qui varient dans l'espace : très schématiquement, et jusqu'au niveau 500 hPa environ, l'altitude des divers niveaux diminue lorsque la latitude augmente et les valeurs maximales apparaissent à l'emplacement des hautes pressions subtropicales.

Les valeurs moyennes des principaux niveaux ne donnent donc qu'un ordre de grandeur très grossier : 1,5 kilomètre pour le niveau 850 hPa, 3 kilomètres pour le niveau 700 hPa, 5,5 kilomètres pour le niveau 500 hPa, 12 kilomètres pour le niveau 200 hPa et 16 kilomètres pour le niveau

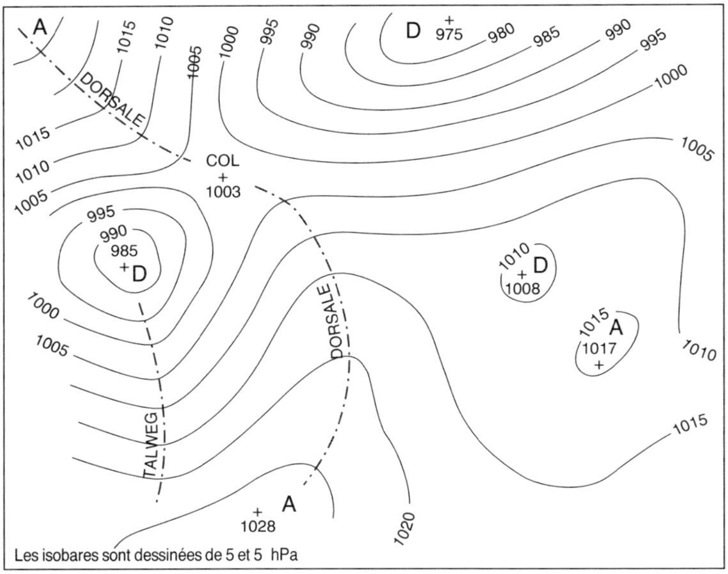

Figure 11 : **Schéma des principales figures isobariques en surface**
Source : G. Beltrando, L. Chémery, 1995

100 hPa. L'altitude d'un niveau isobarique augmente au-dessus des zones anticycloniques (hauts géopotentiels) et diminue au-dessus des zones dépressionnaires (bas géopotentiels). La cartographie du champ de pression est donc celle d'un « relief ». Sur les cartes météorologiques, pour une pression donnée, on dessine des lignes de niveau, les isohypses. Bien souvent les isohypses sont tracées tous les 40 mètres (c'est le cas des Bulletins Hebdomadaires d'Études et de Renseignements – BHER – produits diffusés par Météo-France).

Les vents et la déviation de Coriolis

La quantité d'énergie solaire reçue par la Terre et son atmosphère varie principalement en fonction de la latitude et des saisons. Mais, pour l'ensemble du globe sur une année moyenne, le bilan total des différentes parties du système terre/océan/atmosphère est en équilibre (voir chap. 1). En première approximation, les basses latitudes (environ 38°N et S) reçoivent plus d'énergie qu'elles n'en perdent par émission vers l'espace, alors que le phénomène inverse se produit sous les latitudes moyennes et élevées. Il se produit donc des transferts d'énergie depuis les régions intertropicales vers les latitudes élevées. Sans cela, les premières ne cesseraient de s'échauffer tandis que les secondes se refroidiraient continuellement. Un peu plus de la moitié de ce transfert est assuré par les courants atmosphériques, le reste par les courants océaniques.

Le vent, près du sol ou en altitude, est donc lié aux variations de la quantité d'énergie disponible et le déplacement des masses d'air est étroitement lié au champ de pression lui-même dépendant de la température (surface ou altitude). Un fort gradient de pression se traduit par des isobares serrées et donc par des vents forts et inversement. Les caractéristiques de la circulation atmosphérique dépendent aussi de la rotation de la Terre et de la répartition des masses continentales et océaniques car ces dernières ont des propriétés thermiques différentes. En outre, les principaux massifs montagneux, par leur effet de barrière, jouent aussi un rôle sur la circulation atmosphérique générale.

Le vent géostrophique est le vent conforme à la loi de Buys-Ballot (météorologue néerlandais du XIXe siècle). Celle-ci ne s'applique pas près du sol dans la couche de frottement (couche dont l'épaisseur est très variable) où la force de frottement peut être assez grande. Sans la rotation de la Terre, les mouvements se feraient perpendiculairement aux isobares depuis les hautes pressions (ou anticyclones) vers les basses pressions (ou dépressions). En tout point du globe, cette rotation donne naissance pour tout mobile se déplaçant (ici les masses d'air) par rapport à la surface terrestre, à une force déviante : la force de Coriolis. Cette force a pour effet de dévier la trajectoire des masses d'air vers la droite dans l'hémisphère Nord et vers la gauche dans l'hémisphère Sud et le vent est tangent aux isobares (fig. 12).

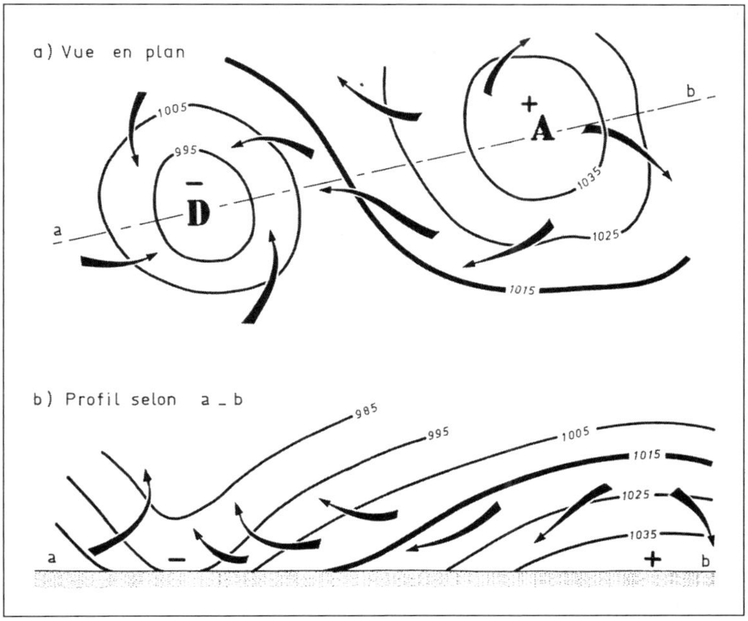

Figure 12 : **Champ de pression, convergence et divergence des vents**
Source : P. Estienne, A. Godard, 1970

Ainsi, dans l'hémisphère Nord (Sud), le vent est dirigé de telle sorte qu'il laisse les hautes pressions à sa droite (gauche) et les basses pressions à sa gauche (droite). C'est la loi de Buys-Ballot qui donne la direction et la vitesse du vent horizontal en fonction de la répartition horizontale de la pression atmosphérique. On dit que dans l'hémisphère Nord, le vent tourne donc autour de l'anticyclone dans le sens des aiguilles d'une montre et autour des dépressions dans le sens contraire. Dans l'hémisphère Sud, c'est l'inverse qui se produit. Près de l'équateur, la force de Coriolis est insignifiante (ou strictement nulle sur celui-ci), l'air s'écoule perpendiculairement aux isobares de l'anticyclone vers la dépression. La force augmente avec la latitude, elle est maximale aux pôles. Elle affecte toutes les masses d'air, mais les ordres de grandeur sont tels qu'elle est surtout perceptible pour les mouvements sur de grandes distances. Par exemple, les brises de mer et de terre, résultant également de différences thermiques mais sur des distances beaucoup plus faibles, ne sont pas affectées significativement par cette force.

Les grands mouvements de l'atmosphère sont donc associés au champ de pression : lorsque celui-ci varie fortement dans l'espace, le vent est fort et inversement. Le vent dépend donc de la répartition des apports d'énergie solaire et de la rotation de la terre. Mais, d'autres facteurs interviennent pour moduler la circulation atmosphérique notamment près de la surface des terres et des mers dans la couche limite atmosphérique (CLA).

Anticyclone et dépression : origine thermique ou dynamique

Sur une coupe verticale de la troposphère, les surfaces isobariques forment un « dôme » au-dessus d'une cellule de hautes pressions et un « creux » au-dessus d'une dépression. Cette déformation est très différente suivant le type de cellule et la pente des surfaces isobariques reste faible et inférieure au rapport 1/1 000 (rapport distance verticale/horizontale).

Un anticyclone est caractérisé par un air subsident (mouvement lent s'effectuant du haut vers le bas par affaissement) empêchant l'ascendance et la formation des nuages (voir chap. 3). Au cœur d'un anticyclone, le temps chaud ou froid, est généralement ensoleillé ou associé à des nuages stratiformes. Schématiquement les zones de hautes pressions quasi-permanentes sont au nombre de deux dans chaque hémisphère – l'une aux latitudes subtropicales, l'autre aux latitudes polaires –, mais il existe aussi des cellules anticycloniques saisonnières et très puissantes sur les masses continentales en saison froide. Ces figures isobariques, quasi permanentes ou saisonnières, ont des origines différentes :

– *Les anticyclones dynamiques subtropicaux* correspondent à la branche subsidente d'une circulation cellulaire des basses latitudes, la cellule de Haldey. L'air y est comprimé, ce qui accroît sa pression, et produit son réchauffement, relatif ou absolu, dans la basse troposphère. Les vents divergent près de la surface et convergent dans la haute troposphère. Dans la partie inférieure, sur les marges équatoriales des anticyclones, les vents soufflent de l'est vers l'ouest ; alors que sur les marges polaires, les vents soufflent de l'ouest vers l'est et des couples de fronts chauds et de fronts froids se forment : les perturbations du front polaire. En moyenne, il existe autour du globe une bande plus ou moins continue de hautes pressions dynamiques, dont l'axe se positionne au voisinage des latitudes subtropicales (vers 30° environ). Comme la diminution de la pression est plus rapide dans l'air froid que dans l'air chaud à mesure que l'on s'élève, l'altitude des surfaces isobariques est relativement élevée dans toute la troposphère.

– *Les anticyclones thermiques* sont liés à la présence de masses d'air froid, au-dessus d'une surface, ils sont beaucoup moins épais que les anticyclones dynamiques. La colonne d'air froid près de la surface, plus lourde qu'une colonne d'air chaud, exerce à sa base une pression forte, mais au-dessus de cette couche, la pression diminue plus rapidement que dans le cas d'un anticyclone dynamique : ainsi, les anticyclones polaires, très puissants en surface, s'effacent rapidement, entre 850 et 700 hPa, à partir de ce dernier niveau la pression devient relativement faible. L'altitude du niveau 700 hPa reste basse au voisinage des pôles. Ces aires de pression relativement basses en altitude favorisent la convergence de l'air contribuant de la sorte à la subsidence de l'air dans la basse troposphère. Les anticyclones polaires sont donc engendrés par l'air froid qui règne à la surface des régions polaires, ils sont plus puissants en hiver et dans l'ensemble plus étendus et plus constants dans l'Antarctique que dans l'Arctique. En saison froide, de vastes cellules anticycloniques très puissantes (souvent plus de 1 030 hPa) recouvrent aussi les régions froides des vastes étendues continentales (Amérique du Nord et Asie) aux moyennes latitudes.

L'origine des hautes pressions peut aussi être mixte, par exemple lorsqu'une cellule dynamique est refroidie à sa base sur une surface océanique ou continentale froide (courant marin, substrat continental), dans ce cas-là on parle d'origine thermodynamique.

Une dépression est associée à une convergence des masses d'air dans sa partie inférieure et une ascendance. Les mouvements verticaux finissent généralement par produire la condensation de la vapeur d'eau et la formation de nuages pouvant donner des précipitations (voir chap. 3). Les zones où les basses pressions sont très fréquentes sont au nombre de trois : l'une sous les basses latitudes, les deux autres vers les 50e-60e parallèles de chaque hémisphère. Mais, d'autres cellules, plus saisonnières et d'extension souvent plus limitée, se forment en été sur les continents surchauffés des basses et des moyennes latitudes. Comme les anticyclones, les dépressions peuvent également s'expliquer par des processus d'ordre dynamiques, thermiques ou mixtes. Près de l'équateur géographique, là où la force de Coriolis est faible ou nulle, la convergence se matérialise par une ascendance simple, lorsque la latitude augmente, la déviation des masses d'air, sous l'action de la composante horizontale de la force de Coriolis, crée des systèmes tourbillonnaires.

La rencontre des circulations atmosphériques de chaque hémisphère constitue, autour de la planète, la Zone de convergence intertropicale (ZCIT), appelée aussi, selon les « écoles » et selon sa structure, équateur météorologique, discontinuité intertropicale, zone intertropicale de convergence, ou front intertropical... Cette zone marque la limite entre la circulation atmosphérique de l'hémisphère Nord et celle de l'hémisphère Sud. Elle constitue une barrière entre les cellules de Hadley et se déplace sous l'action du mouvement apparent du Soleil.

Les dépressions mobiles des moyennes latitudes se déplacent de l'ouest vers l'est et sont guidées dans la haute troposphère par le courant-jet subtropical. Ces basses pressions sont repérables sur tous les niveaux isobariques de la troposphère ; elles sont d'origine dynamique mais peuvent être renforcées à leur base par effet thermique, par exemple en passant au-dessus des courants marins chauds. Elles s'organisent en spirales qui convergent vers le centre de la dépression (le vortex).

Des basses pressions thermiques saisonnières se forment en été sur les continents chauds des latitudes tropicales et tempérées. Près de la surface, l'air chaud se soulève et tend à déplacer la colonne d'air sus-jacente. En altitude, la pression de l'air devient alors supérieure à celle des régions voisines.

D'autres dépressions, d'échelles spatiales et de durée de vie plus réduites, peuvent aussi se former, sous les moyennes et les basses latitudes lorsque les contrastes thermiques sont importants (lignes de grain, tornades, trombes).

Les variations temporelles du champ de pression

La pression au sol ou en altitude varie dans l'espace mais aussi dans le temps. On peut mettre en évidence quatre niveaux de fluctuation :

– les variations quotidiennes de très faible ampleur (de l'ordre du 1/1000 entre le jour et la nuit), celles-ci sont souvent masquées par la variation du champ de pression, dont l'amplitude est plus importante (changement du temps) ;

– les fluctuations accidentelles, caractérisées par des amplitudes pouvant atteindre 10 à 30 hPa en quelques heures, par exemple lors du passage de perturbations tropicales (basses latitudes) ou d'ouest (moyennes latitudes) ;

– les variations d'emplacement et d'intensité des anticyclones et des dépressions qui peuvent être plus lents (de l'ordre de quelques jours à quelques semaines) ;

– les variations saisonnières liées aux différences d'apports énergétiques entre l'hiver et l'été de chaque hémisphère.

L'atmosphère évolue en permanence, mais il existe un certain nombre de faits constants. Il est donc possible de schématiser sa circulation générale en calculant et en représentant le champ moyen de pression et du vent au sol et en altitude.

La circulation atmosphérique générale

Les champs de vent et de pression sont déduits des mesures effectuées à la surface des terres et des mers, dans les stations météorologiques et plus rarement en altitude à l'aide des ballons sondes.

La circulation de l'atmosphère s'effectue dans l'espace (trois dimensions), mais, par souci de simplicité, elle est décomposée en deux plans :

– l'un horizontal, parallèle à la surface du globe, est caractérisé par des vitesses pouvant être rapides ;

– l'autre vertical, fondamental pour la condensation et donc pour la formation des nuages, est caractérisé par des vitesses moyennes plus faibles (voir chap. 3).

Seule la composante horizontale est abordée dans ce chapitre en distinguant la circulation près de la surface de celle qui apparaît en altitude.

Le schéma moyen près de la surface de la terre

L'analyse de la position moyenne, à l'échelle saisonnière ou mensuelle, du champ de pression (hautes pressions, dépression...), et des vents dominants montre une organisation en bandes zonales, grossièrement parallèles à l'équateur. Les irrégularités de cette circulation sont dues à la présence des principaux reliefs et à l'inégale répartition des terres et des mers dont les propriétés thermiques se répercutent sur la pression de l'air près de la surface.

La figure 13 montre la position moyenne du champ isobarique et des vents dominants, en janvier et en juillet, près de la surface du globe (cette image de la circulation moyenne ne doit pas faire oublier que le vent au-dessus d'une région peut changer souvent de direction). La circulation atmosphérique générale se déplace vers le nord pendant le printemps et l'été de l'hémisphère Nord, et vers le sud pendant le printemps et l'été de l'autre hémisphère.

En simplifiant, on rencontre trois grandes zones de pression du pôle vers l'équateur.

Sous les latitudes polaires, des cellules anticycloniques d'origine thermique, peu épaisses, génèrent des vents catabatiques surtout liés à la pente. Ces vents froids peuvent dépasser les 200 km/h, lorsqu'ils glissent sur les régions planes et recouvertes de glaces de l'Antarctique ou du Groenland. Près de la surface, il est difficile de dessiner des lignes de flux représentatives, car les aspérités de la surface conditionnent les écoulements.

Sous les moyennes latitudes, les pressions sont très variables, les vents dominants soufflent de l'ouest entre une « bande » plus ou moins continue de basses pressions et les hautes pressions subtropicales. Ils entraînent les perturbations dites du front polaire qui apportent l'essentiel de la pluie et de la neige dans les régions tempérées. Ces vents, parfois appelés « Westerlies », sont axés autour du 50e parallèle en hiver et du 60e en été, ils sont plus fréquents et plus forts dans l'hémisphère Sud où ils soufflent environ 75 % du temps. Les navigateurs appellent cette zone dangereuse pour les petites embarcations, « les quarantièmes rugissants » (vents soufflants entre le 40e et le 50e sud) ou « les cinquantièmes hurlants » (50e-60e). Dans l'hémisphère Nord, sur les continents, la trajectoire des vents d'ouest est modifiée par les accidents de la topographie et les principaux massifs montagneux (Rocheuses, Alpes françai-

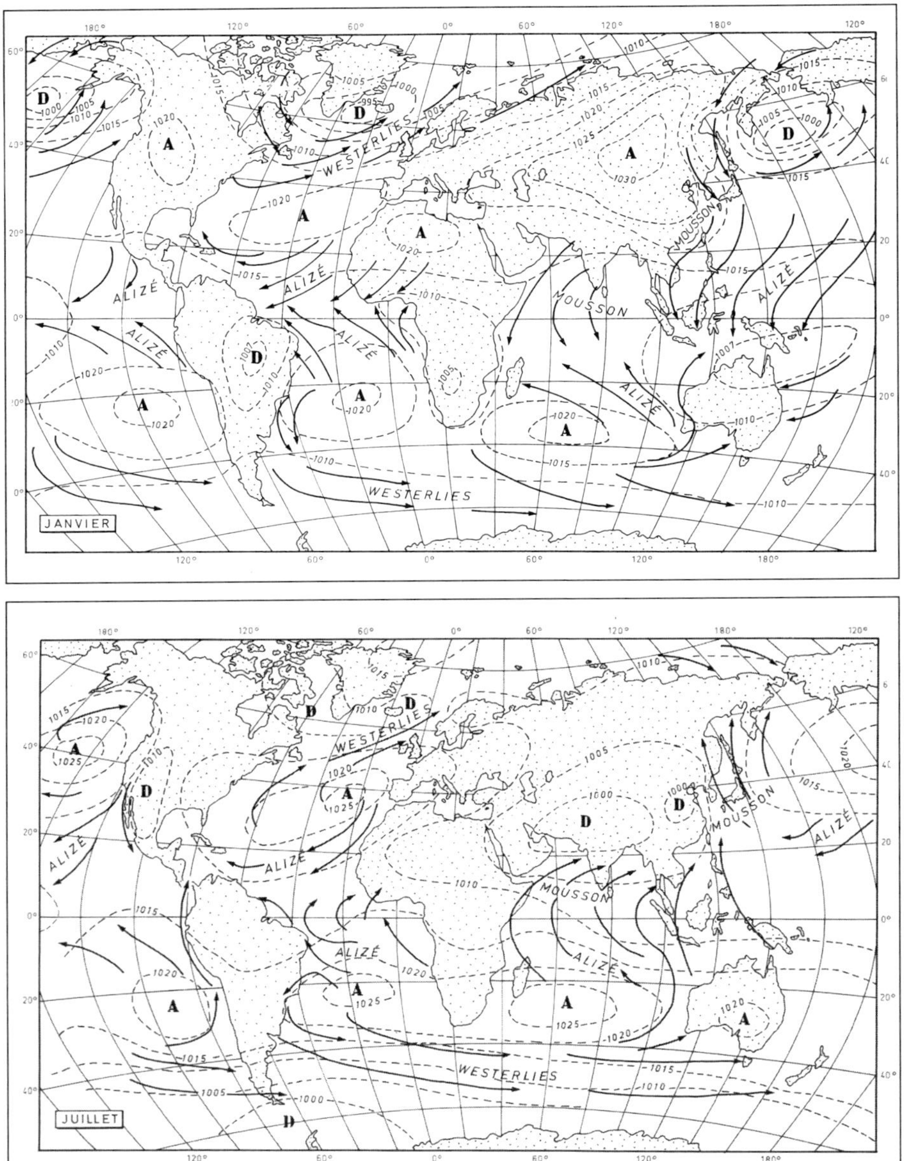

Figure 13 : **Champ isobarique moyen et circulation atmosphérique en janvier et en juillet**

Source : P. Estienne, A. Godard, 1970

ses, Scandinavie…) ainsi que par la présence saisonnière des hautes (hiver) ou des basses (été) pressions d'origine thermique :

– En hiver, les masses froides de l'Amérique du Nord et de l'Asie favorisent la formation de hautes pressions d'origine thermique (surface froide, fort déficit radiatif) qui bloquent ou déplacent vers le nord, le flux d'ouest. Cette situation est particulièrement nette sur l'Asie ou l'anticyclone, dit « de Sibérie », génère des vents froids de nord-ouest sur l'est de l'Asie et parfois des vents d'est à nord-est sur l'Europe centrale.

– En été, ces hautes pressions froides disparaissent lorsque le substrat devient relativement chaud, en particulier au sud de l'Himalaya, et des basses pressions thermiques s'installent. Les vents d'ouest sont alors moins forts et moins réguliers.

Sous les basses latitudes, apparaît de manière persistante une bande de hautes pressions subtropicales principalement d'origine dynamique. Celle-ci est liée à la branche subsidente des cellules de Hadley. Au nord de l'équateur, la bande anticyclonique est bien marquée en hiver sur l'Afrique et l'Arabie, car elle est renforcée à la base par effet thermique. La pression est plus particulièrement forte sur les océans, surtout dans leur partie orientale, ce qui permet d'individualiser cinq cellules anticycloniques subtropicales centrées vers le 30-35e parallèle : trois dans l'hémisphère Sud (HP du Pacifique, dit de l'île de Pâques ; HP de l'océan Indien, dit des Mascareignes et HP de l'Atlantique, dit de Sainte-Hellène) et deux dans l'hémisphère Nord (HP de l'Atlantique ; dit des Açores et HP du Pacifique dit de Californie). Au cœur des cellules de hautes pressions, les vents sont très faibles. À l'époque de la navigation à voile, les marins appelaient ces zones de vent les *Horses latitudes*, car lorsque les gros voiliers y restaient longtemps immobilisés et que l'eau douce venait à manquer, il fallait abattre les chevaux qu'ils transportaient. Sur le flanc équatorial de cette bande soufflent les alizés (terme que nous utilisons ici aussi bien pour les vents qui circulent sur l'océan que sur le continent). Plus constants que les vents d'ouest de la zone tempérée, ces vents ont aussi une vitesse moyenne sensiblement plus faible que ces derniers. Les alizés soufflent du nord-est dans l'hémisphère Nord et du sud-est dans l'hémisphère Sud. Ils sont secs sur les continents (Harmattan de l'Afrique de l'Ouest) et au début de leur trajectoire sur l'est des océans. Puis, progressivement lors de leur passage sur l'océan, ils emmagasinent d'immenses quantités de vapeur d'eau.

Les composantes verticales de l'atmosphère : les cellules

Les circulations atmosphériques, zonales et méridiennes, de la basse et de la haute troposphère sont liées verticalement, définissant de la sorte de grandes cellules de circulation ; et comme les bilans d'énergie sont fortement liés à la latitude, les échanges méridiens prédominent. Très schématiquement, à l'échelle zonale, sous les basses latitudes, les échanges principaux se font par l'intermédiaire d'une circulation cellulaire – la cellule de Hadley – alors que, sous les moyennes et les hautes latitudes, ils se font par l'intermédiaire de circulations tourbillonnaires, dites cellules de Ferrel.

Plusieurs modèles ont été proposés pour expliquer cette circulation atmosphérique. Mis à part celui de Hadley (1735), considéré comme simpliste aujourd'hui, on peut indiquer les améliorations apportées par Ferrel (1858), puis Rossby (1930). Le modèle de Palmen, proposé en 1951, donne une image de la circulation générale moyenne le long d'un méridien qui est admise par la plupart des scientifiques Ce modèle est caractérisé par une cellule dite de « Hadley », sous les basses latitudes, et par une cellule dite de « Ferrel » sous les moyennes latitudes. Ces circulations sont associées en surface aux hautes pressions subtropicales et polaires, ainsi qu'aux basses pressions équatoriales et tempérées (fig. 14). Ces cellules constituent des « anneaux », qui sont au nombre de trois dans chaque hémisphère : l'un aux basses latitudes (cellule de Hadley), l'autre aux latitudes moyennes (cellule de Ferrel), le dernier aux hautes latitudes (cellule polaire). Elles occupent l'ensemble de la troposphère et sont donc très fortement aplaties : quelques dizaines de milliers de kilomètres dans le sens horizontal, quelques kilomètres dans le sens vertical. Dans le haut de la troposphère, le vent diverge entre la cellule polaire et la cellule de Ferrel

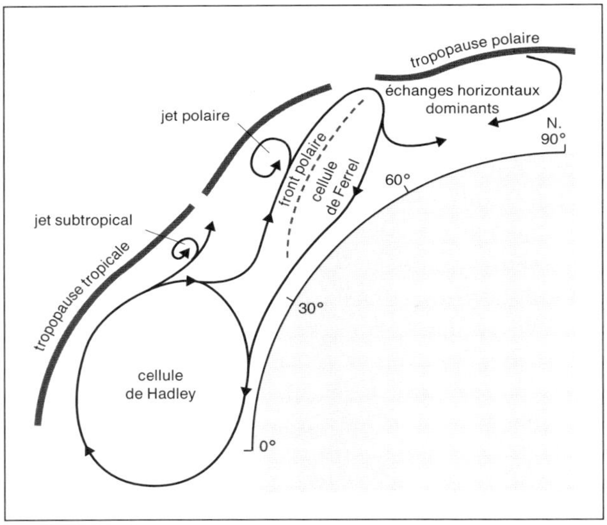

Figure 14 : **Schématisation de la position moyenne des cellules de Hadley et de Ferrel en hiver de l'hémisphère Nord**

Source : schéma adapté du modèle proposé par Palmen et Newton en 1969 *in* G. Beltrando, L. Chémery, 1995.

et converge entre la cellule de Ferrel et la cellule de Hadley. Dans la basse troposphère, le mouvement est opposé, entre la cellule polaire et la cellule de Ferrel, les masses d'air froid (polaires) et d'air chaud (tropicales) convergent ; entre la cellule de Ferrel et la cellule de Hadley il y a divergence des vents.

Entre les cellules de Hadley, la relative symétrie entre les deux hémisphères entraîne sous les basses latitudes de la divergence en altitude, de la subsidence vers les latitudes tropicales, ainsi que de la convergence dans les basses couches (alizés de nord-est et de sud-est) vers une région d'ascendance. Cette dernière correspond à la convection humide, c'est la ZCIT, matérialisé fréquemment par des nuages cumuliformes (fig. 15).

La mousson et la zone de convergence intertropicale

La mousson, mot d'origine arabe (*mausim*, qui peut signifier saison), désigne le courant atmosphérique qui franchit l'équateur géographique et change de direction d'au moins 120° sous l'effet de la force de Coriolis de l'autre hémisphère. Cette oscillation annuelle de la direction du vent apparaît dans de nombreuses régions du Monde intertropical, mais, c'est sur le fuseau océan Indien/Asie du Sud qu'elle atteint son extension maximale.

Dans cette région, en hiver boréal, les flux dominants soufflent du continent vers la mer (alizés de nord-est dans l'hémisphère Nord, puis, lorsqu'ils franchissent l'équateur, vers 5° de latitude sud, les flux soufflent vers le sud-est) : c'est la mousson d'hiver. En été boréal, les vents originaires de l'hémisphère Sud (alizés de sud-est), change progressivement de direction vers 5° nord : ils apportent d'énormes quantités de vapeur d'eau sur l'Asie du Sud. Ces différences saisonnières s'expliquent par l'inégal réchauffement printanier et estival des masses continentales (Asie) et océaniques (océan Indien). C'est pour cela que la mousson est plus spectaculaire sur le fuseau océan Indien/Asie du Sud, car à la différence des océans Atlantique et Pacifique, ce fuseau est caractérisé par une masse continentale au nord de l'équateur et une masse océanique au sud.

Au printemps, dans l'hémisphère Nord, les rayons du Soleil sont plus hauts sur l'horizon qu'en hiver. Les régions continentales s'échauffent, l'air sus-jacent aussi. Divers processus favorisent l'ascendance de l'air, la formation des nuages et les précipitations. En avril, la ceinture de basses pressions s'étend de la Somalie jusqu'à la Birmanie, elle est particulièrement marquée sur l'Inde, où elle est orientée parallèlement à l'Himalaya, et elle se creuse jusqu'à la fin juin. Dans les basses couches, en été, la température de l'air reste relativement plus fraîche sur l'océan Indien que sur l'Inde. Cette différence est à l'origine d'un important gradient de pression. La force qui tend à égaliser ces différences provoque un déplacement de l'air océanique vers le continent. Ce décalage est renforcé par la présence de l'anticyclone des Mascareignes sur la partie australe de l'océan Indien.

Sur l'Asie du Sud, le début de la saison humide est marqué par l'intrusion du flux de mousson humide issu des basses latitudes océaniques. Lorsque le

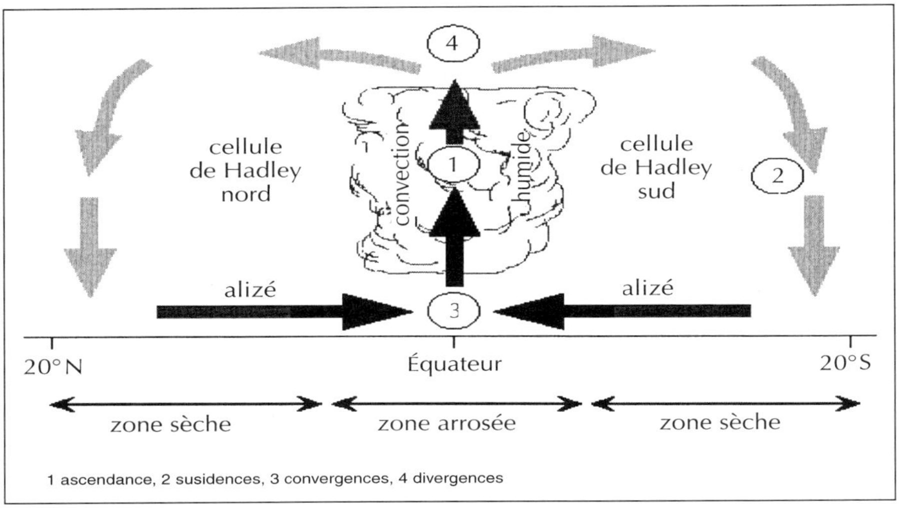

Figure 15 : **Schéma des cellules de Hadley sur les océans**

flux parvient au-dessus du continent, il s'élève pour franchir les reliefs du sud-ouest de l'Inde et il pleut sur les Ghâts occidentaux. La zone pluvieuse se déplace ensuite vers l'intérieur de l'Inde, où la circulation des masses d'air humides est influencée par la morphologie du sous-continent. Le Deccan, en position d'abri, est moins arrosé que les Ghâts car l'humidité relative de l'air diminue par effet de subsidence dans la colonne d'air après le passage des massifs montagneux. Dans la plaine du Gange, l'ascendance s'intensifie à nouveau à l'approche de l'Himalaya, d'autant plus que les masses d'air se sont rechargées en vapeur d'eau sur le golfe du Bengale. La mousson d'été se poursuit théoriquement jusqu'à ce qu'un équilibre énergétique s'établisse entre le continent et l'océan. Elle atteint généralement son intensité maximale en août, puis elle s'affaiblit et disparaît de l'hémisphère Nord après l'équinoxe d'automne. La mousson est liée à la circulation atmosphérique générale ce n'est donc pas un phénomène spécifique à l'Asie. Ce phénomène concerne à des degrés divers l'ensemble des basses latitudes. Pour comprendre l'oscillation annuelle de la bande nuageuse et le cycle annuel des précipitations qui lui est associé, il faut décrire la circulation atmosphérique générale et en particulier la Zone de Convergence Intertropicale.

La ZCIT est la région située au voisinage de l'équateur où apparaissent les nuages convectifs à grand développement vertical. Elle se déplace vers le nord en été boréal, vers le sud en été austral, en liaison avec le mouvement apparent du Soleil, mais avec un décalage de quelques dizaines de jours : par exemple, avec quatre à huit semaines de retard sur l'Afrique de l'Ouest (Fontaine et Janicot, 1993). La ZCIT atteint sa position extrême dans l'hémisphère Nord en juillet ou en août, et dans l'hémisphère Sud en janvier ou en février. Sur les fuseaux où l'océan s'étend dans les deux hémisphères, la ZCIT connaît un faible déplacement en latitude, car les contrastes thermiques entre les deux hémisphères sont réduits. Sur la moitié orientale de l'océan Pacifique (90 °O-140 °W) et de l'océan Atlantique (à l'est du 30 °O), elle se déplace peu et reste généralement dans l'hémisphère Nord. Sur l'ouest du Pacifique et de l'Atlantique, son déplacement est un peu plus important à cause de la configuration des masses continentales périphériques. En revanche, sur les fuseaux chevauchant à la fois de vastes masses continentales et océaniques, le flux trans-équatorial est plus important : c'est essentiellement le cas du fuseau océan Indien/Asie du Sud.

Cette migration saisonnière varie bien évidemment d'une saison à l'autre, mais un certain nombre de traits spécifiques peuvent la caractériser à l'échelle régionale. Ainsi, B. Sultan (2002) montre, pour l'Afrique de l'Ouest, que le déplacement vers le nord en été boréal est structuré par deux positions moyennes d'équilibre l'une vers 5 °N au mois de mai sur l'Afrique guinéenne, l'autre vers 10 °N sur l'Afrique soudano-sahélienne, au début du mois de juillet. La transition entre ces deux latitudes d'équilibre est caractérisée par un « saut » brutal qui s'accompagne d'une augmentation rapide de la pluviométrie aux latitudes soudano-sahéliennes et qui marque ainsi la mise en place de la mousson sur cette région.

Les nuages forment une bande assez étroite sur le Pacifique et l'Atlantique ; ailleurs, la structure de la ZCIT est différente et les nuages peuvent s'étendre sur 20° de latitude. Dans la zone d'ascendance, la condensation se produit facilement, car l'humidité relative de l'air est en général importante. La struc-

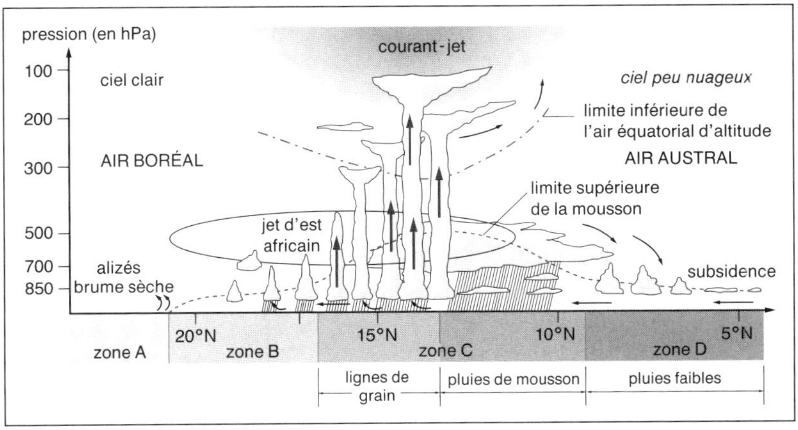

Figure 16 : **Coupe schématique méridienne et verticale de la ZCIT sur l'Afrique de l'Ouest en été**

Source : Schéma adapté de divers auteurs dont Leroux, 1970, Dhonneur, 1974 *in* G. Beltrando, L. Chémery, 1995 ture de la ZCIT varie d'une région à l'autre et d'un instant à l'autre car elle est tributaire des courants-jets de la troposphère et de la stratosphère ainsi que de la nature de la surface.

Ainsi, en Afrique de l'Ouest, la rencontre des masses d'air s'inscrit dans un plan très incliné voire subhorizontal. Les météorologues de cette région appellent cette structure particulière le Front Intertropical (FIT). Sa trace au sol coïncide à peu près avec celle qui sépare les vents de nord-est au nord du FIT (l'Harmattan) et ceux de sud-ouest au sud (la mousson). Dès que l'épaisseur de l'air humide est suffisante (environ 1 000 à 1 500 m), les nuages (souvent des strato-cumulus) peuvent se former à la verticale de la couche d'air humide et donner des pluies de mousson relativement continues dans le temps (fig. 16). Les pluies se produisent donc à quelques centaines de kilomètres du FIT. Dans cette région, les précipitations moyennes sont distribuées de manière quasi-zonale (voir chap. 3, fig. 37). Ainsi, au cœur de l'été boréal, une dépression thermique se met en place sur le Sahara, elle permet le renforcement du flux de mousson. Parallèlement, l'anticyclone de l'Atlantique sud (Ste Hélène) se renforce et il contribue à l'intensification du flux d'alizé, qui, comme ailleurs à ces latitudes, change de direction après le passage de l'équateur géographique.

Le schéma moyen de la circulation en altitude

La figure 17 montre, de manière extrêmement schématisée, la circulation moyenne, en été boréal, pour les niveaux isobariques 850 et 500 hPa. Pour avoir le schéma correspondant à la circulation de janvier, on prend très approximativement la symétrie par rapport à l'équateur.

Au niveau 850 hPa (environ 1,5 kilomètre de haut), la circulation est assez proche de celle de la surface sauf au-dessus des régions polaires où les HP thermiques de surface – d'épaisseur relativement faible – sont surmontées par les dépressions. La mousson apparaît encore à ce niveau, mais au-delà, elle est surmontée par un flux d'est. Dans les couches supérieures, la ceinture des anticyclones subtropicaux se rapproche de plus en plus de l'équateur au fur et à mesure que l'on s'élève, et la ceinture dépressionnaire des basses latitudes se resserre progressivement. Entre le 30e et le 50e parallèle de chaque hémisphère, les vents d'ouest se renforcent jusqu'au voisinage de la tropopause (200 hPa), où se forment de puissants courants aériens. Ce courant d'altitude est plus fort et plus proche de l'équateur (vers le 30e parallèle) durant l'hiver de l'hémisphère. Sa vitesse moyenne est alors d'environ 150 km/h (80 nœuds) et il peut facilement dépasser des valeurs de 250 km/h (fig. 18).

Les cartes de pression et du champ de vent moyen, mensuelles ou saisonnières, donnent une première idée de la répartition de ces deux paramètres climatique, qui bien évidemment fluctuent pour des durées variables autour des valeurs moyennes. Par exemple, lorsqu'en été les hautes pressions subtropicales restent plusieurs dizaines de jours au-dessus de l'Europe de l'Ouest, elles empêchent le passage des flux humides venant de l'océan Atlantique et la sécheresse sévit (voir chap. 6).

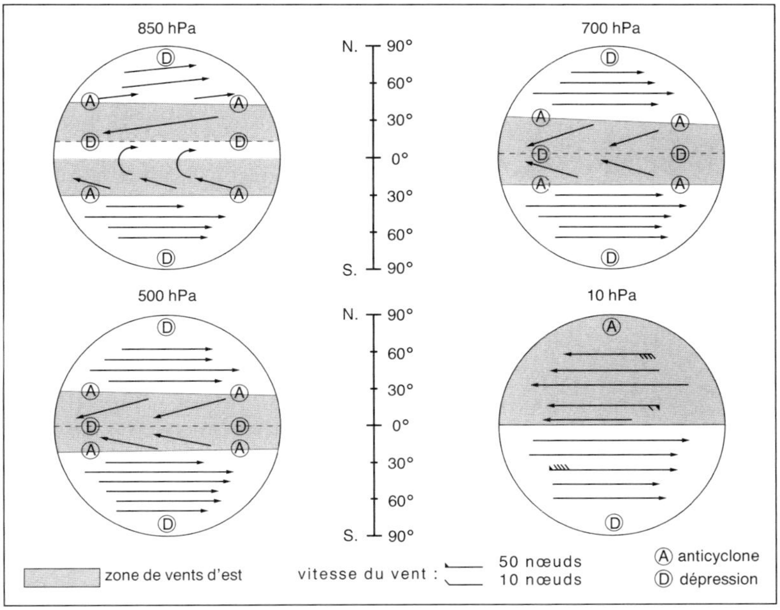

Figure 17 : **Schéma de la circulation atmosphérique, en été boréal, pour les niveaux 850 et 500 hPa**
Source : G. Beltrando, L. Chémery, 1995

Caractéristiques et mouvements de l'océan

L'océan représente 71 % de la surface de la planète (361 millions de kilomètres) et donc du plancher de l'atmosphère. Il rassemble plus de 97 % de l'eau du globe (environ 1,3 milliard de km^3). Sa profondeur moyenne d'environ 3 800 mètres est infime par rapport au rayon de la Terre (environ 1/17 000). La masse volumétrique de l'océan ($1,3 \times 10^{18}$ t) est environ 250 fois plus importante que celle de l'atmosphère ($5,1 \times 10^{15}$ t). Son inertie aux mouvements est plus grande et ces déplacements moyens sont plus lents que ceux de l'atmosphère. La chaleur massique de l'eau étant nettement supérieure à celle de l'air (il faut environ quatre fois plus d'énergie pour élever de 1 °C la température de l'unité de masse de l'eau par rapport à l'air), l'océan stocke donc beaucoup plus de chaleur et il a une inertie thermique colossale par rapport à l'atmosphère : les 2,5 premiers mètres de l'océan emmagasinent autant de chaleur que les 40 premiers kilomètres de l'atmosphère.

Tout comme la température et l'humidité permettent de définir les masses d'air, la température et la salinité de l'eau permettent de définir les masses d'eau ainsi que les discontinuités de l'océan. La température moyenne de surface des eaux océaniques varie entre – 2 à + 3 °C dans les régions polaires

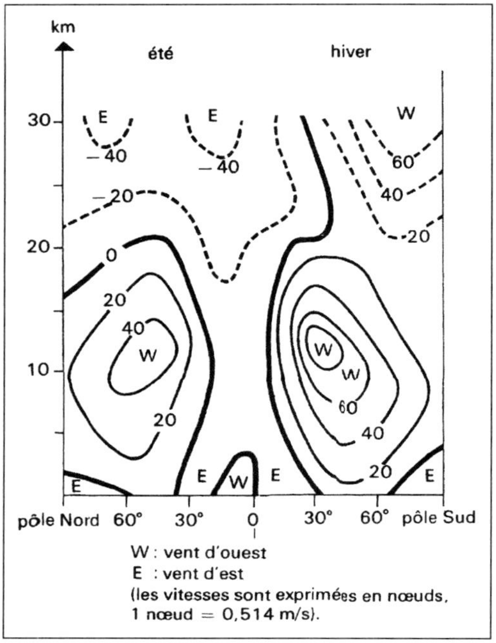

Figure 18 : **Coupe verticale méridienne de troposphère et de la basse stratosphère en juillet**
Source : B. Gosset, 1998

(– 2 °C, point de congélation de l'eau à cause de la présence de sels) et 25 à 28 °C dans les régions équatoriales des océans Indien et Pacifique. Ces différences s'expliquent avant tout par la latitude (apports énergétiques), mais les mouvements de l'eau de petite ou de grande ampleur, nuancent cette répartition. Une autre caractéristique essentielle de l'eau de mer, pour comprendre la dynamique du climat, est sa salinité, qui se mesure en PSU (Practical Salinity Unit), unité reposant sur la conductivité de l'eau de mer, correspondant au pour mille ($^{0}/_{00}$) ou au g/kg. La teneur moyenne en sels minéraux est de 35 PSU ou 35 $^{0}/_{00}$ (1 kg d'eau contient environ 35 g de sels). Ce taux est toutefois variable en fonction des apports d'eau douce (fleuve, fonte des glaciers), de l'évaporation et de la température. Il varie de moins de 15 PSU dans la Baltique à plus de 40 PSU dans la mer Morte. Ainsi, dans les régions polaires, les températures sont froides, les eaux relativement denses, d'autant plus qu'elles sont alourdies par les rejets de sel lors de la formation de la glace. Ces eaux froides et salées tendent donc à s'enfoncer par gravité sous les eaux superficielles moins froides et un peu moins salées. La température des eaux profondes, autour de 1 à 2 °C varie, peu de l'équateur aux pôles.

Discontinuités et mouvements verticaux de l'océan

L'océan se réchauffe par sa partie supérieure, les contrastes entre masses d'air de caractéristiques différentes sont à l'origine de discontinuités ainsi que de mouvements divergents et convergents. La salinité de l'eau a des conséquentes sur la densité qui, en modifiant les échanges thermiques, a une incidence sur la dynamique océanique.

La thermocline et l'halocline

La thermocline marque une discontinuité thermique entre les eaux de surface relativement chaudes, soumises aux influences externes (fig. 19). Cette discontinuité s'explique par la combinaison de plusieurs facteurs. L'océan absorbe en moyenne 90 % de l'énergie solaire qu'il reçoit dans les quelques mètres au-dessous de sa surface. La capacité thermique de l'océan étant nettement plus grande que celle de l'atmosphère, c'est un immense réservoir de chaleur d'autant plus que les eaux sont brassées par les vents et les marées. La couche d'eau chaude superficielle a une température relativement homogène sur une épaisseur moyenne de quelques dizaines à quelques centaines de mètres – sur l'océan Pacifique, par exemple, elle oscille entre 50 à l'est et 300 mètres à l'ouest de l'océan –, mais cette épaisseur peut varier en fonction des saisons, des types de temps. Cette discontinuité thermique est associée à une discontinuité de la salinité : c'est l'halocline, en deçà de laquelle la teneur en sels est stable autour de 34 PSU. Cette stratification se répercute dans la densité de l'eau de mer qui est fonction (non linéaire) de la température, de la salinité et de la pression. La densité est plus faible en surface que dans les couches profondes et cela influe sur la circulation de l'eau.

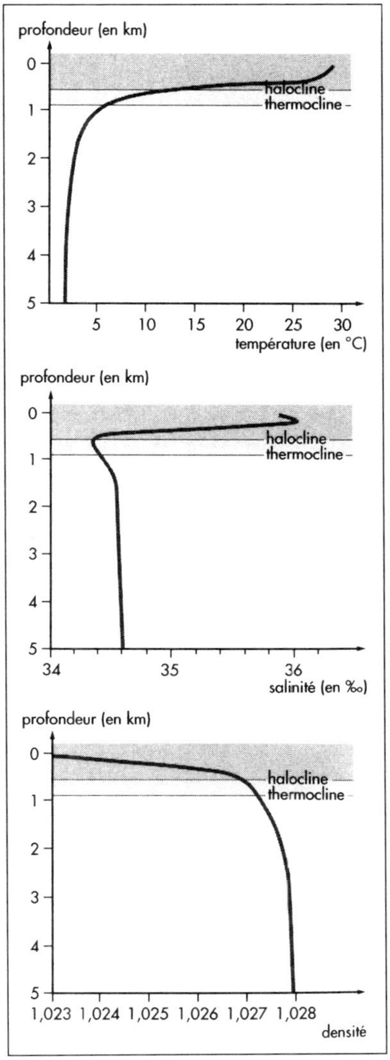

Figure 19 : **Structure verticale de l'océan : température (en °C) ; salinité (en ‰) et densité moyenne de l'eau de mer**
Source : G. Beltrando, L. Chémery, 1995

Les remontées d'eaux froides (upwelling)

La thermocline est une véritable « barrière » qui peut être brisée lorsque, sous l'action de la pression régulière du vent côtier, les eaux profondes remontent alors en surface : se sont les upwellings, correspondant à une divergence des vents de surface. Les régions océaniques où se produisent ces phénomènes sont caractérisées par des eaux superficielles plus froides que dans les régions voisines à la même latitude. Sous les latitudes tropicales, ces volumes d'eau relativement froide contribuent à renforcer, par effet thermique, les hautes pressions de la bande subtropicale auxquelles elles sont liées. Les régions littorales, sous ces puissantes cellules, sont caractérisées par une aridité importante. Dans leur mouvement ascendant, les eaux entraînent vers la surface des éléments minéraux, favorisant la fertilité planctonique et donc l'alimentation de populations importantes de poissons.

Les mouvements océaniques

La houle (qui dépend du vent), les vagues (liées à la topographie des marges continentales), les marées (liées à l'attraction lunaire), sont des mouvements oscillatoires qui assurent un brassage de l'eau dans les couches supérieures de l'océan. Les océans sont aussi caractérisés par des mouvements non oscillatoires de plus grande ampleur : les courants marins. Ces derniers sont liés à deux moteurs essentiels, l'action des vents et les différences de densité. Les mouvements qui en résultent sont modifiés par la force de Coriolis.

La spirale d'Ekman et les principaux courants marins de surface

L'atmosphère exerce, par l'intermédiaire des vents, une force d'entraînement mécanique par frottement sur les eaux de surface. Celles-ci sont donc poussées par les vents, mais selon une trajectoire déviée sur sa droite dans l'hémisphère Nord (ou sur sa gauche dans l'hémisphère Sud), en raison de la force de Coriolis. En effet, si cette force de frottement est équilibrée par la force de Coriolis, un courant de surface se crée à 45° à droite de la direction du vent dans l'hémisphère Nord (à gauche dans l'hémisphère Sud). Ce courant marin de surface entraîne à son tour la couche d'eau sous-jacente par frottement liquide, et ainsi de suite. Au cours de ce processus, le courant tourne en profondeur en s'écartant de la direction du vent. Une perte d'énergie se produit d'où la diminution de la vitesse du courant avec la profondeur. La profondeur de la couche ainsi entraînée par le vent, appelée couche d'Ekman, peut atteindre plusieurs dizaines de mètres.

En surface, les principaux courants froids circulent en direction du sud ou du sud-est vers les basses latitudes (Labrador, Oyashio, Californie, Benguela, Humboldt...) ; les courants chauds en direction des pôles (Aléoutiennes, Gulf-Stream, Kuroshio...) (fig. 20). Dans l'océan Indien, à cause des forts contrastes thermiques saisonniers entre l'Asie du Sud et l'océan, la direction des courants de surface est très différente. Ainsi, dans l'hémisphère Nord, en été, le courant nord équatorial est remplacé par un courant de mousson s'écoulant vers l'est, alors qu'en hiver, la circulation atmosphérique de nord-est renforce le courant de Somalie.

La circulation océanique de surface n'a pas la régularité qu'on lui a attribué dans le passé, faute de moyens d'observation. L'imagerie satellitale fournit depuis quelques décennies des données répétitives sur la température de surface. Ces informations montrent que les courants décrivent de grands tourbillons, des méandres, résultants de l'action des vents superficiels (alizés ou vents d'ouest). Le débit moyen de ces courants est

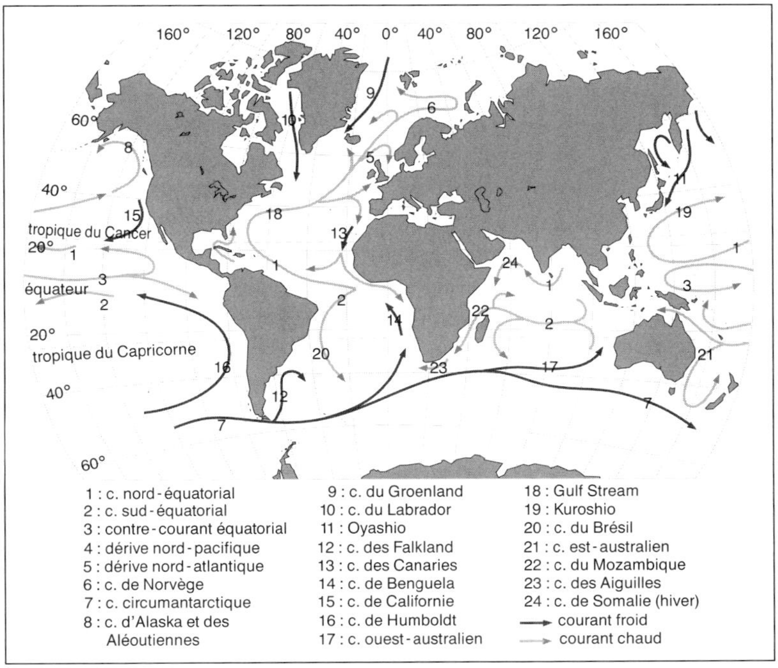

Figure 20 : **Les principaux courants marins chauds et froids**
Source : G. Beltrando, L. Chémery, 1995

colossal par rapport au débit des grands fleuves : par exemple le débit du Gulf Stream à sa sortie du golfe du Mexique, peut atteindre 90.10^6 m^3/s, l'équivalent d'une cinquantaine de fois celui de l'Amazone à son embouchure...

Les échanges de chaleur et d'eau à l'interface océan-atmosphère agissent sur la circulation générale de l'océan, qualifiée de « thermohaline » [du grec *thermos* (chaud) et *hals* (sel)].

Le modèle de la circulation thermohaline

La circulation thermohaline correspond à la circulation océanique à l'échelle planétaire, elle est liée à la densité des eaux qui plongent ou remontent selon leur flottabilité. Ce lent brassage des océans a été schématisé, à l'échelle mondiale, par les océanographes suivant un modèle qualifié de « tapis roulant ». D'après ce modèle, la plongée des eaux froides s'effectue dans les parages du cercle polaire de l'Atlantique nord (mer du Labrador et au sortir des seuils de la mer du Groenland et de la mer de Norvège). Les eaux froides et salées s'enfoncent par gravité jusqu'à une profondeur de 2 000 à 3 000 m. En surface, la dérive nord atlantique, dans le prolongement du Gulf Stream, dérive pour compenser ce phénomène. Les eaux froides des profondeurs longent la dorsale atlantique jusqu'à l'océan Antarctique car, à la différence de la circulation atmosphérique, il n'y a pas symétrie entre les deux hémisphères (Joussaume, 1999). Les eaux poursuivent leur lent voyage puis, vers 60° de latitude sud, elles remontent progressivement vers la thermocline, où elles sont entraînées par le courant circumpolaire antarctique d'ouest en est. Elles continuent ensuite leur remontée jusqu'à la surface de la partie centrale et orientale des océans Pacifique et Indien où elles sont progressivement réchauffées. *In fine*, elles rejoignent l'océan Atlantique (fig. 21).

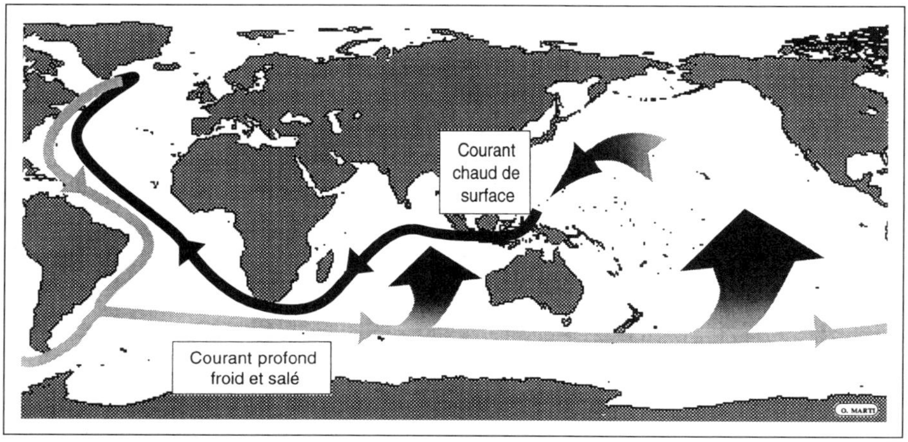

Figure 21 : **Le modèle de la circulation thermohaline sur l'Atlantique**
Source : S. Joussame, 2000

Il existe quelques autres domaines océaniques où se forment également des eaux profondes par exemple la mer de Weddell sur le pourtour du continent Antarctique. À des échelles spatiales moindres et pour d'autres raisons, la surface de certaines mers chaudes où les apports par les précipitations sont faibles est aussi une région de convection. C'est par exemple le cas de la mer Méditerranée où l'évaporation et la salinité des eaux superficielles sont importantes.

Les interactions au sein du système océan-atmosphère et le climat

Le bilan radiatif annuel est excédentaire sous les basses latitudes (entre 35e-40e parallèle nord et sud) et déficitaire au-delà. Les contrastes thermiques qui en résultent créent des différences de pression et de densité dans l'enveloppe fluide – l'océan et l'atmosphère – qui s'animent de mouvements permettant le transfert d'énergie des basses vers les moyennes et les hautes latitudes assurant ainsi un certain équilibre du climat. Ce système océano-atmosphérique s'autorégule à différentes échelles spatiales et temporelles : si le contraste thermique augmente, la circulation s'intensifie ce qui tend à diminuer la différence de température et inversement. Le comportement de l'océan et celui de l'atmosphère sont donc fortement couplés.

Un système couplé

Les deux éléments fluides forment ensemble un système couplé où chacun réagit aux perturbations de l'autre. Par exemple, les alizés mettent en mouvement les eaux de surface, créant des courants océaniques (courant équatorial nord et sud) qui transfèrent de l'énergie. Cette énergie est ensuite restituée à l'atmosphère, sous forme de chaleur latente et sensible, ce qui se répercute sur le régime des alizés...

L'atmosphère transparente, l'océan opaque

Sans nuage, l'atmosphère est relativement transparente aux rayons solaires (plus de la moitié du rayonnement solaire incident la traverse ; voir chap. 1), alors que l'océan est quasi opaque à ce rayonnement : il en absorbe 80 à 90 % en quelques dizaines de mètres. Cela explique une première différence entre ces deux fluides. La troposphère est réchauffée par le bas alors qu'elle se refroidit par le haut en rayonnant vers l'espace dans l'infrarouge ce qui tend à la déstabiliser. À l'opposé, l'océan est réchauffé par le haut, l'eau chaude reste en surface, cela tend à limiter les échanges verticaux de chaleur. Par ailleurs, l'océan a une densité presque constante à la différence de l'atmosphère, la flottabilité océanique suppose de faibles variations de sel, de pression et de température. Lorsque les eaux commencent à s'enfoncer, leurs caractéristiques changent peu, ces eaux sont ainsi isolées pour des périodes qui peuvent être relativement longues (ordre de grandeur, de la décennie au millénaire). Elles gardent ainsi les propriétés qu'elles ont acquises lorsqu'elles étaient en surface. Ces eaux, parfois qualifiées de fossiles, constituent la mémoire du système climatique.

La mémoire des deux fluides est donc très différente. L'atmosphère réagit rapidement aux sollicitations de l'océan et sa mémoire ne dépasse pas un mois. En revanche, l'océan réagit lentement aux sollicitations de l'atmosphère grâce à son inertie dynamique et surtout thermique. Sa mémoire est conditionnée par l'atmosphère et elle augmente avec la latitude.

La mémoire de l'océan dépend de la latitude

Les fluctuations du système climatique sont donc conditionnées par la mémoire de l'océan. Or l'océan mémorise les conditions atmosphériques à travers la température et la salinité de ses eaux. Plus les eaux sont denses, plus elles se retrouvent en profondeur et plus elles sont isolées de l'atmosphère. De manière schématique, l'océan mémorise les situations atmosphériques de surface qui ont régné pendant quelques mois sous les basses latitudes, quelques décennies pour les moyennes latitudes et une à quelques centaines d'années pour les hautes latitudes.

Sous les basses latitudes, le temps de réponse de l'océan est du même ordre de grandeur que celui de l'atmosphère. L'océan peut « se dérégler » et engendrer ainsi des phénomènes oscillatoires dont les plus célèbres s'observent sur le Pacifique (le phénomène El Niño/Oscillation Australe sera abordé plus loin dans ce chapitre). Lors d'une phase extrême de « dérèglement » du système couplé océan-atmosphère sur cet océan, les répercussions météorologiques et climatiques vont bien au-delà de cette région.

Sous les moyennes latitudes, l'océan a un rôle beaucoup plus stabilisateur. La circulation océanique, dans le sens anticyclonique, résulte de l'effet combiné des différences de températures entre basses et hautes latitudes et du vent. Le système couplé océan-atmosphère tend à s'autoréguler : si la circulation océanique ralentit-il y moins de transfert de chaleur vers les hautes latitudes ; le contraste thermique nord-sud augmente dans la basse troposphère ce qui tend à intensifier la circulation atmosphérique, relançant de la sorte la circulation océanique... C'est ce que l'on appelle une boucle de rétroaction négative. Le temps de réponse d'une telle boucle est de l'ordre de quelques décennies.

Les hautes latitudes sont des régions sources d'eaux profondes. Ces eaux plongent en profondeur et se déplacent vers les basses latitudes avant de remonter vers la surface parfois plusieurs siècles après. Ce mouvement s'accompagne en surface d'arrivée d'eaux plus chaudes venant de latitudes plus basses, via le Gulf Stream et la dérive nord Atlantique. Dans l'Atlantique nord, ce sont en moyenne 15 millions de m^3/s qui s'enfoncent ainsi en profondeur et donc le même volume d'eau chaude qui arrive des basses latitudes, réchauffant tout l'Atlantique nord. Ces eaux chaudes permettent le transfert de chaleur latente et sensible vers l'atmosphère, donc les mouvements permettent le transfert d'énergie et d'humidité vers les régions occidentales de l'Europe du Nord et de l'Amérique du Nord qui jouissent ainsi d'un climat relativement tempéré.

Variabilité de la circulation océanique sur l'Atlantique boréal

Les océanographes ont montré que le modèle de la circulation thermohaline pouvait subir d'importantes fluctuations à des échelles temporelles différentes de celles explicables par la théorie astronomique des climats (voir chap. 1). Les répercussions sur le climat de ces oscillations peuvent être colossales. L'alimentation du réservoir d'eaux froides du nord de l'Atlantique boréal n'est pas régulière. Sa salinité – qui conditionne la densité et les plongées d'eaux en profondeur – varie en fonction de l'apport d'eaux douces par les fleuves (ex. : le Saint Laurent) ou par des précipitations sur l'océan : facteurs dépendant de la circulation atmosphérique. Si la salinité superficielle reste faible, la glace de mer se forme avant que la densité soit suffisante, cela limite la descente des eaux froides. La glace bloque les échanges océan-atmosphère, ce qui ne permet plus l'augmentation de la salinité et donc de la densité de l'eau. De faibles variations de salinité peuvent ainsi bloquer la circulation thermohaline. La réponse de l'océan, à un forçage de l'atmosphère (fort apport d'eaux douces, températures plus chaudes) se traduit par une diminution de débit de la dérive nord-atlantique, l'air sus-jacent des régions occidentales de l'Europe est alors plus froid. Ce type de perturbation s'est déjà produit dans le passé pour des raisons naturelles. Les études paléoclimatiques montrent, pour la dernière période glaciaire (– 60 000 à – 10 000 ans), des variations assez brutales de la quantité de matériel détritique transportée par les icebergs. Ces oscillations, plus rapides que celles imputables à la théorie astronomique des climats, semblent s'expliquer par des interactions internes au système atmosphère/océan/glace.

Les événements de Heinrich et les événements de Dansgaard-Oeschger

Deux types d'oscillations sont caractéristiques des oscillations de large amplitude : les événements de Heinrich et les événements de Dansgaard-Oeschger.

Les événements de Heinrich, au nombre de six entre – 60 000 et – 10 000 ans, sont engendrés par les débâcles des calottes de Laurentide et Fennoscandie, leur conséquence est la diminution de la température de l'ordre (2 à 3 °C) et de la salinité (1 à $3/_{00}$) des eaux de surface entre 40e et 60e nord (Cortijo, 1998). Ces changements entraînent une diminution de la densité des eaux de surface et donc de la circulation thermohaline dans l'Atlantique Nord. Cela est à l'origine d'une diminution des flux de chaleur latente et sensible et donc du refroidissement des masses d'air qui sont ensuite advectées sur les continents voisins (Europe en particulier).

L'étude des sédiments en mer de Norvège laisse apparaître d'autres événements : les événements de Dansgaard-Oeschger. Vingt-quatre de ces événements ont été dénombrés dans les calottes de glace du Grœnland depuis la fin du dernier interglaciaire et ils sont aussi reconnus dans les carottes marines de l'Atlantique nord (Dansgaard *et al.*, 1993). Ces événements sont, eux, liés à l'évolution hydrologique du Grœnland, leur périodicité est de l'ordre de 1 500 à 2 000 ans.

E. Cortijo (1998) propose le schéma suivant pour expliquer le comportement des calottes (fig. 22). Lorsque les précipitations sont relativement importantes (eaux chaudes, fort flux de chaleur latente...), le volume de glace augmente, l'atmosphère sus-jacente se refroidit et les masses d'eau polaire se déplacent vers le sud. Puis, lorsqu'un certain volume de glace est atteint, la calotte de Laurentide se désagrège (cela correspond à un niveau de Heinrich). La circulation thermohaline est ralentie par l'arrivée d'eaux douces qui se transforme en glace de mer (diminution de la densité). Enfin, lorsque cette eau douce est résorbée (moins de glace), la circulation thermohaline se rétablit, les précipitations redeviennent plus importantes et ainsi de suite… Toujours d'après ce modèle, les instabilités de la Fennoscandie, et peut-être celles du Grœnland, sont plus fréquentes mais de moins grande amplitude que celles de Laurentide, probablement à cause du plus petit volume des calottes glaciaires ou de l'absence de grands couloirs d'érosion comme la baie d'Hudson pour la Laurentide (Cortijo, 1998).

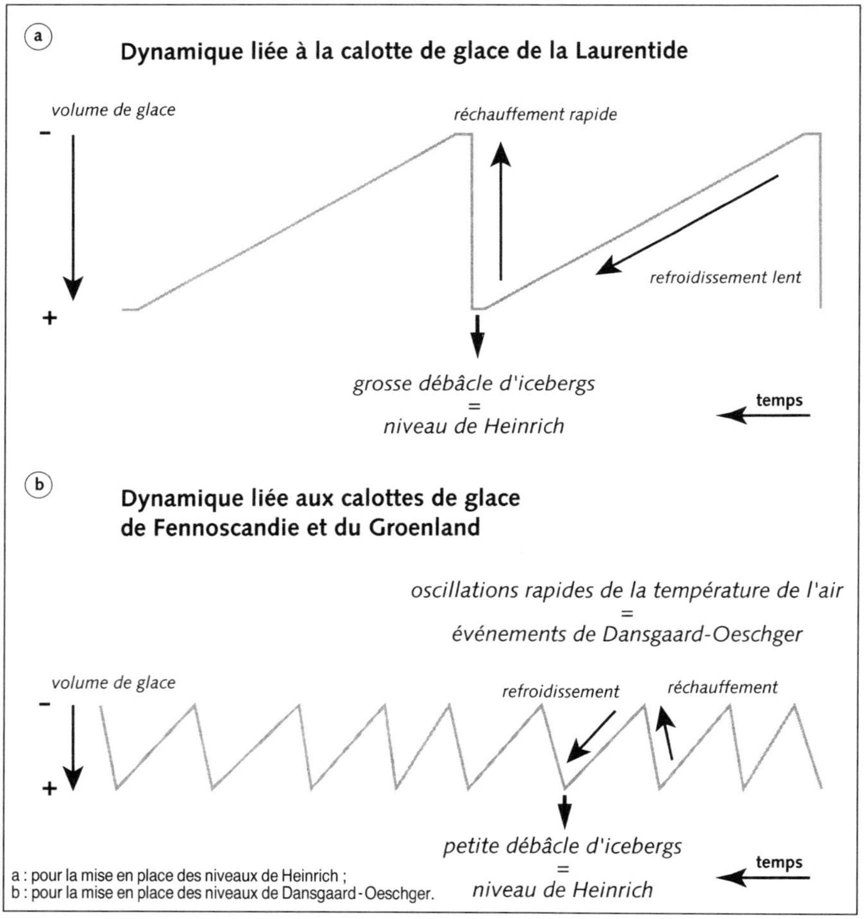

Figure 22 : **Schémas hypothétiques de la variation du volume des calottes glaciaires en fonction du temps et son impact sur les débâcles d'iceberg et sur la température de l'air**
D'après E. Cortijo (1998), in *La Météorologie*, n° 21

On peut se demander aujourd'hui si de tels événements pourraient apparaître à nouveau dans les décennies ou les siècles à venir. Un re-largage massif d'iceberg du Groenland pourrait-il ralentir la boucle thermohaline ? Si un tel événement se produisait, il faudrait s'attendre à un refroidissement en Europe, cela pourrait se combiner au réchauffement annoncé pour les décennies à venir.

D'autres modes d'oscillations sur l'Atlantique Nord

À la fin de la dernière glaciation, le niveau des mers était inférieur au niveau actuel mais le tapis roulant fonctionnait intensément ; le climat de l'Europe était proche de celui que nous connaissons. En moins d'un siècle, un nouvel épisode froid s'est mis en place, le Dryas III (8800 à 8200 BP). Cet événement peut s'expliquer par une fonte massive des calottes glaciaires de l'hémisphère Nord (Amérique du Nord, Europe, Groenland). Pour J.-C. Duplessy (1996), avec la débâcle massive des glaces, les eaux douces ont rejoint la rivière Mackenzie (à l'est du Canada) et se sont déversées dans les mers peu profondes qui baignent le nord-ouest du Canada et le nord-est de la Sibérie. Elles se sont transformées en glace qui ont envahi tout l'Atlantique Nord, jusqu'aux côtes du Portugal, saturant l'océan d'eau douce et ralentissant fortement la circulation océanique. Cela a pu être vérifié par la présence de cendres à la surface des glaces. Ces cendres, que l'on a retrouvées dans des sédiments au large du Portugal, proviennent de deux volcans islandais.

Plus récemment, d'autres variations du système climatique semblent imputables à ce type de dérèglement. Ainsi, vers 980, les eaux profondes se produisaient plus au nord qu'actuellement ; l'étendue des glaces dans l'Arctique était moins importante, les températures estivales étaient d'environ 2 °C au-dessus des valeurs actuelles. C'est durant cette époque chaude du Moyen Âge, appelée Petit Optimum, ou optimum médiéval, que les Vikings ont atteint l'Islande, le Groenland (la Terre Verte) et probablement les côtes nord-américaines… En Europe, durant cette période, les hivers sont doux, les étés chauds et secs, les récoltes sont bonnes, les grandes famines disparaissent. De nouveaux terroirs sont mis en exploitation, de nouvelles techniques sont inventées ou perfectionnées… Mais bien évidemment, la mise en place de nouvelles techniques s'enracine dans un contexte socio-économique complexe dont l'explication ne peut se résumer à des variations thermiques ou pluviométriques… À l'opposé, le Petit Âge glaciaire (1450-1850, voir chap. 7 et fig. 58) qui a affecté plusieurs régions du globe peut s'expliquer par une diminution du flux de chaleur transporté par l'océan vers l'Atlantique nord durant cette période. Mais d'autres facteurs tels l'intensification de l'activité volcanique ou la diminution de l'activité solaire peuvent aussi contribuer à l'explication des épisodes froids.

À des échelles temporelles plus fines, il semblerait que dans le nord de l'océan Atlantique, la salinité varie avec un cycle dont l'ordre de grandeur serait d'une quinzaine d'années. Entre 1965 et 1980 par exemple, les océanographes canadiens ont constaté que les eaux étaient relativement peu salées, une lentille d'eau relativement douce a circulé au sud du Groenland, de la mer du Labrador à la mer de Norvège. Cette eau douce, transformée en glace, a ralenti la dérive nord-atlantique. Elle provenait, à nouveau, de la rivière Mackenzie.

L'Oscillation Nord-Atlantique

L'Oscillation Nord-Atlantique (en anglais, *North Atlantic Oscillation* d'où le sigle NAO), est un phénomène océanique et atmosphérique spécifique à l'océan Atlantique boréal. Il se manifeste par des fluctuations nord-sud de l'air depuis les régions arctiques et islandaises vers la ceinture de hautes pressions subtropicales, ce qui a pour conséquence de faire varier l'intensité et la position de l'anticyclone des Açores et la dépression d'Islande (Hurrel, 1995). Ce phénomène couplé forme un effet balancier : lorsque la pression est relativement élevée dans la ceinture subtropicale, elle est relativement faible dans la région polaire et inversement. Cela se répercute sur des variations des vents moyens soufflant sur l'Atlantique nord et a des conséquences sur le climat de l'Europe. Un indice classique pour quantifier ce phénomène est calculé à partir de la différence de pression entre Lisbonne (Portugal) et Reykjavik (Islande). Il est obtenu à partir des données de pression de chaque station préalablement standardisées (écart à la moyenne du mois sur le long terme, puis division par la déviation standard de la série). L'indice présenté sur la figure 23 correspond à la différence entre les deux séries, calculé ici sur la moyenne de l'hiver (décembre à mars). Une valeur positive indique qu'au cours de l'hiver boréal, la pression est plus élevée que la moyenne à Lisbonne et plus faible que la moyenne à Reykjavik et inversement.

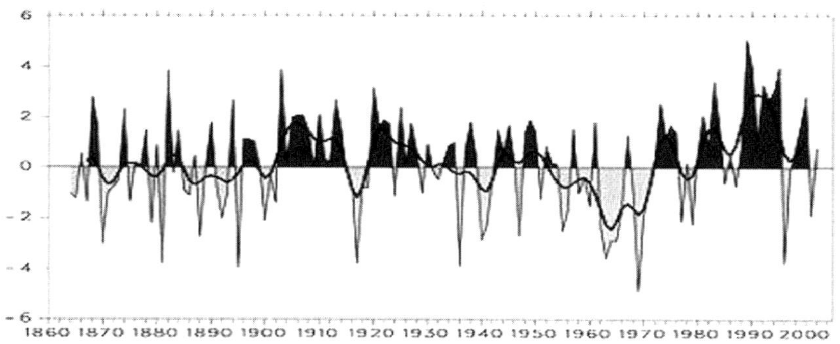

Série normalisée sur la période 1864-1983. Le trait renforcé correspond à un lissage des données.

Figure 23 : **Phases positives et négatives de l'oscillation de l'Atlantique Nord calculée sur les moyennes de décembre à mars entre 1864 et 2002 (NCAR)**

Source : d'après J. Hurrell (1995), *Science* n° 269 p. 676-679 ; données mises à jour par le NCAR (Boulder, États-Unis)

L'indice NAO varie assez fortement d'une année à l'autre, mais cette variation interannuelle a été plus importante à la fin du XIXe siècle que durant le XXe siècle. Cependant, on peut repérer des périodes pluriannuelles où l'indice est plutôt négatif (1960-69) et d'autres où il est plutôt positif (1980-1998). Lorsque l'indice est négatif les vents d'ouest sont globalement plus faibles sur l'Atlantique nord et les hivers sont en général relativement froids sur le nord-ouest de l'Europe. Dans ce cas-là, les perturbations d'ouest sont relativement fréquentes sur l'Europe méridionale, qui est alors plus arrosée. Lorsque l'indice est positif, les vents d'ouest sont plutôt plus forts qu'en moyenne sur l'Europe septentrionale qui enregistre alors des hivers plus humides et plus doux, et les tempêtes y sont alors plus fréquentes et plus intenses. Dans ce cas-là, le monde méditerranéen est plus sec.

Le phénomène El-Niño Oscillation Australe (ENOA)

Ce phénomène couplé océan-atmosphère est aussi connu sous les initiales ENSO de l'expression hispano-anglo-saxonne *El-Niño Southern-Oscillation*. El-Niño, désigne la composante océanique du phénomène ; ce nom vient de la fête de Noël, période de l'année où débute souvent ce phénomène : en espagnol, El-Niño désigne le petit garçon, l'enfant Jésus. L'expression Southern-Oscillation (Oscillation australe en français) désigne la composante atmosphérique du phénomène. Elle vient du météorologue anglais G.T. Walker (1920) qui a découvert qu'une baisse de pression de l'anticyclone dans le sud-est du Pacifique correspondait de manière quasi systématique à une hausse de pression dans l'ouest de celui-ci. Le long des côtes de l'Équateur, du Pérou et du nord du Chili, durant l'été austral, les eaux sont plus élevées que le reste de l'année. Ce phénomène se produit de manière cyclique, mais certaines années, le différentiel de pression est plus marqué et l'accroissement de température dans l'est de l'océan est plus important (4 à 6 °C de plus que les autres années) et cette anomalie peut durer plus longtemps. Les scientifiques réservent l'expression ENOA (ou ENSO) à ces événements.

Le balancier du Pacifique

Le plus souvent, sous les basses latitudes, la pression est plus élevée sur la partie centrale et orientale du Pacifique que sur sa partie occidentale. Les alizés soufflent de l'est vers l'ouest de l'océan, ce qui a pour effet de pousser l'eau chaude superficielle de l'est et du centre vers l'ouest. La thermocline a une profondeur d'environ 200 mètres à l'ouest de l'océan et d'environ 50 mètres à l'est, où des eaux froides remontent des couches profondes de l'océan (upwelling). Dans ce cas-là, la surface de l'océan est plus élevée à l'ouest, près des côtes asiatiques, qu'à l'est près des côtes sud américaines (fig. 24 A). Alors qu'il pleut beaucoup moins que les autres années dans l'est du Pacifique, l'air est très humide et les orages sont fréquents dans l'ouest de l'océan. Dans le cas extrême, la surface de l'océan est encore plus élevée à l'ouest, et la pente de la thermocline s'accentue encore plus ; Philader (1975) a appelé cette situation La Niña. Par extension, on appelle La Niña Oscillation Australe (LNOA), l'épisode couplé correspondant.

Lorsqu'un événement ENOA se produit, la différence de pression diminue entre l'est ou l'ouest du Pacifique, les alizés sont donc moins forts (les vents peuvent même être de sens opposé dans les cas extrêmes). La thermocline est moins profonde à l'ouest et plus profonde à l'est de l'océan, les eaux chaudes superficielles limitent fortement les remontés d'eaux froides à l'est de l'océan. Dans le centre et l'est de l'océan, l'atmosphère se réchauffe et devient plus instable, alors que quelques mois auparavant régnaient de puissantes cellules de hautes pressions (fig. 24 B). Dans les situations extrêmes, comme en 1982-83, la pression finit par devenir plus faible dans l'est que dans l'ouest, et les vents de surface changent totalement de direction. L'eau chaude accumulée à l'ouest (sous l'action des alizés) reflue alors vers l'Amérique du Sud. Ce basculement a des conséquences majeures sur l'ensemble de la circulation océanique et atmosphérique du Pacifique aux basses latitudes, car l'énergie potentielle accumulée par cet océan représente environ huit fois celle disponible dans l'ensemble de l'atmosphère terrestre (Wells, 1997).

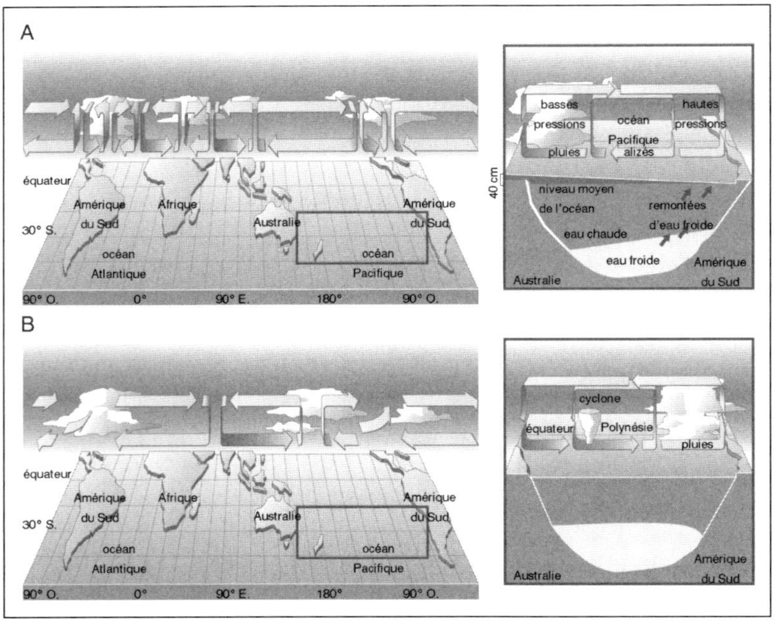

Figure 24 : **Composante zonale de la circulation atmosphérique et océanique sur le Pacifique. Situation LNOA (A) et ENSO (B)**
Source : G. Beltrando, L. Chémery, 1995.

Pour quantifier ce balancement irrégulier de la circulation océano-atmosphérique, plusieurs indicateurs de cette circulation sont utilisés : températures de surface de l'océan, pression, vent, taux de nébulosité... L'indicateur le plus simple et le plus courant est obtenu par le calcul de la différence mensuelle de pression entre Tahiti (centre est du Pacifique) et Darwin (ouest). Cet indice d'Oscillation Australe est régulièrement mis à jour et diffusé par plusieurs services météorologiques. Les écarts de température de surface de l'eau peuvent aussi être pris en compte pour qualifier ce type d'événements. Ainsi, le Scientific Committee on Oceanic Research définit El Niño comme « une période d'eau anormalement chaude le long des côtes de l'Equateur et du Pérou jusqu'à Lima (12 °S), durant laquelle l'anomalie standardisée des températures de surface de l'océan dépasse un écart-type de 1,5 à 2 °C pendant au moins quatre mois consécutifs sur au moins trois des cinq stations côtières de Talara à Lima ».

D'autres indicateurs élaborés à partir d'une combinaison d'indicateurs de la circulation océano-atmosphérique sont aussi utilisés. Ils donnent une vision plus globale de l'amplitude et probablement plus pertinente du dipôle est–ouest sur le Pacifique, car ils intègrent des données diverses provenant de plusieurs régions du Pacifique ou de ces bordures (Tahiti et Darwin ne sont pas forcément les meilleurs indicateurs du phénomène). Pour construire la courbe de la figure 25, six indicateurs de la circulation océanique et atmosphérique ont été utilisés et traités par une méthode statistique multivariée. L'indice qui en résulte indique les variations de la circulation océano-atmosphérique de la région. Il y a un événement ENOA lorsque l'indice est largement positif et LNOA, lorsque l'indice est largement négatif. Ce basculement de la circula-

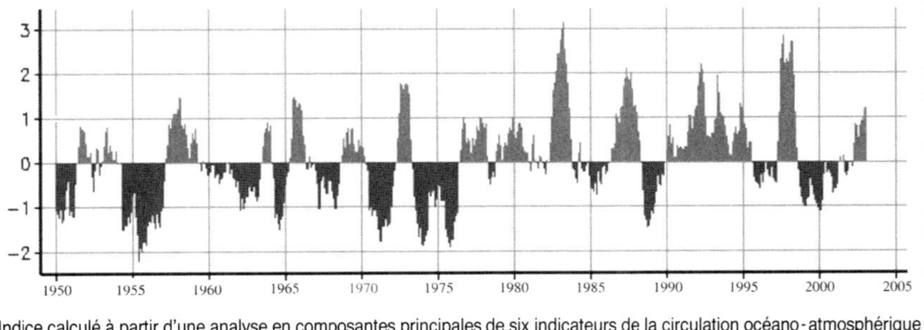

Indice calculé à partir d'une analyse en composantes principales de six indicateurs de la circulation océano-atmosphérique (pression de surface, vent zonal et méridien, température de surface de l'air et de l'océan, couverture nuageuse du ciel). Une valeur positive et relativement importante correspond à un événement ENOA, une valeur négative et relativement importante correspond à un événement LNOA.

Figure 25 : **Indice ENSO calculé par Wolter et Timlin (1993). Données actualisées et diffusées par la NOAA et le CDC pour la période 1950-2002**

Source : NOAA, 2002

tion océano-atmosphérique apparaît de manière irrégulière, avec un intervalle compris entre 2 et 10 ans. Pour le XXe siècle, la périodicité moyenne est d'environ 5 à 6 ans (derniers événements ENOA : 1957-58, 1965, 1969, 1972-73, 1976-77, 1982-83, 1986-87, 1991-92, 1997-98). Il dure plusieurs mois (3 à 18 mois) et son intensité est très variable d'un événement à l'autre.

Une origine encore discutée

Plusieurs théories faisant intervenir des rétroactions thermiques et dynamiques ont été avancées pour tenter d'expliquer ce phénomène. Pour certaines « écoles », le phénomène trouve son explication dans l'océan Pacifique, pour d'autres des facteurs externes à ce bassin peuvent expliquer les phénomènes océano-atmosphérique du Pacifique. Ainsi, les coups de vent d'ouest, issus de l'océan Indien, qui, en hiver boréal, se déplacent vers l'est du Pacifique tropical avec une périodicité de 30 à 60 jours, génèrent des ondes équatoriales et déplacent des eaux chaudes vers l'est. La forte activité de ces coups de vents, observée avant l'événement ENOA de 1997-98 aurait pu jouer un rôle dans le déclenchement de cet épisode. Les ondes qui se déplacent vers l'est, près de l'équateur, sont appelées ondes de Kelvin ; elles sont plus rapides (vitesse d'environ 2,5 m/s^{-1}) que celles qui, au-delà du 5e parallèle, se déplacent vers l'ouest par rapport au flux moyen (ondes de Rosby), car ces dernières subissent l'action de la force de Coriolis. Lorsqu'une onde de Kelvin atteint le continent sud américain, elle est réfléchie et crée deux ondes de retour vers l'ouest.

Selon ce modèle proposé par l'équipe de Picault (ORSTOM, actuellement IRD), le déséquilibre du système est provoqué par des coups de vents d'ouest sur une lentille d'eau très chaude (température > 28,5 °C) qui est positionné à l'ouest de l'océan en année ordinaire (fig. 26). Cette eau chaude est aussi peu salée et donc de faible densité, elle se déplace au-dessus des eaux froides et plus salées, qui sont plus denses. La bordure équatoriale de la lentille chaude se déplace alors vers l'est, ce qui tend à renforcer les vents d'ouest. D'après ce modèle, « les vents d'ouest génèrent, à l'interface des eaux chaudes de surface et des eaux froides profondes (50 à 150 mètres de profondeur), un « train » d'ondes équatoriales se propageant vers l'est à une vitesse de 250 km/jour. Arrivant aux abords des côtes occidentales d'Amérique latine au terme de deux à trois mois, ces ondes stoppent la remontée d'eaux froides profondes (upwelling) qui refroidit habituellement cette région côtière et contribuent ainsi au réchauffement de la partie est du bassin Pacifique. El Niño est alors dans sa phase de plein développement » (Picault *et al.*, 1997). Lorsque ces ondes arrivent sur les côtes latino-américaines, l'eau ne peut plus se déplacer vers l'est. « En ricochant contre ces côtes qui forment un véritable mur, ces ondes, simultanément à des courants qui leur sont associés, repartent à une vitesse de propagation de 100 km/jour vers le centre du bassin Pacifique… »

Selon cette théorie, un ENOA peut évoluer en LNOA en 13 mois alors qu'un LNOA peut expliquer un ENOA en 39 mois. Cet ordre de grandeur est compatible avec la fréquence des événements observés, durant la deuxième moitié du XXe siècle. Mais d'autres facteurs, encore mal identifiés, entrent probablement en compte dans l'explication de ce phénomène couplé du Pacifique.

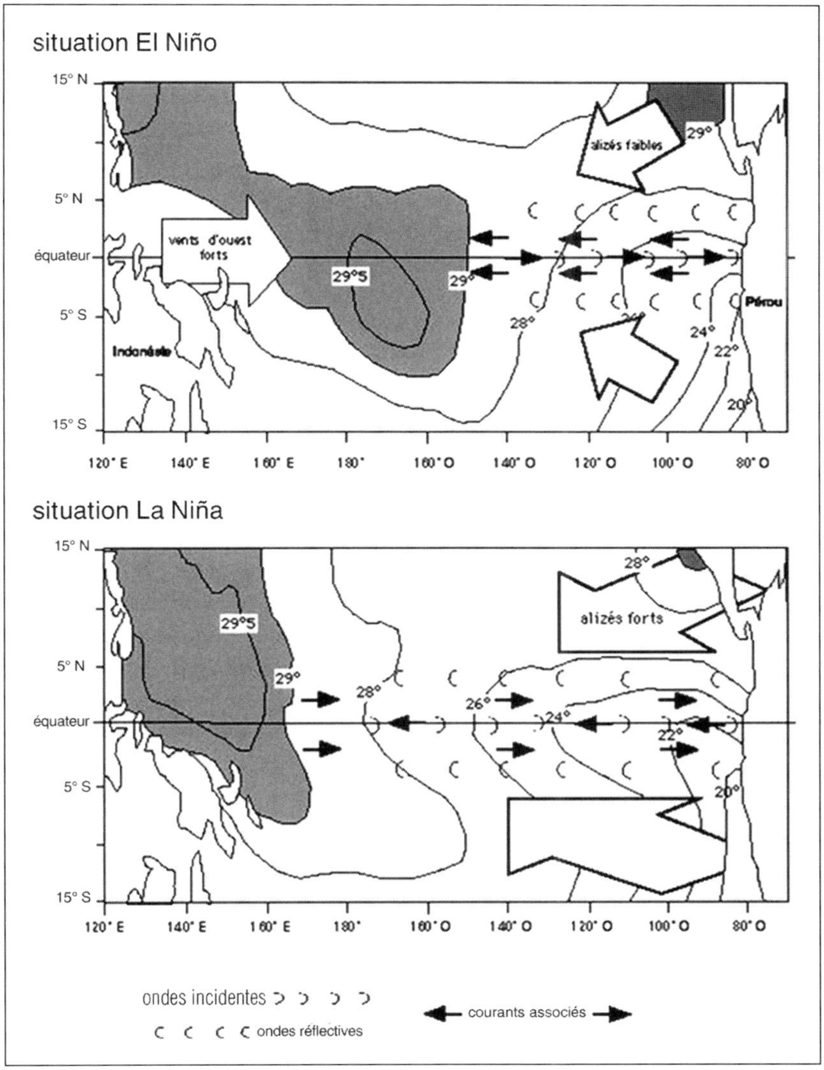

Figure 26 : **Déplacement du réservoir d'eaux chaudes dans le Pacifique et ondes équatoriales lors des phases chaudes (El Niño) et froides (La Niña) d'ENSO**
Source : d'après J. Picault *et al.*, 1997

Des répercussions hors du Pacifique

Lorsque ces événements se produisent, les conséquences climatiques affectent l'ensemble du Pacifique oriental aux basses latitudes, et souvent ils ont aussi des répercussions hors de cette région. En Polynésie, par exemple, entre décembre 1982 et avril 1983, six violents cyclones accompagnés de vagues dépassant parfois 10 mètres de haut ont ravagé l'archipel, alors que d'ordinaire la température de l'eau, inférieure à 25 °C, ne permet pas leur formation. D'une manière générale, c'est toute la circulation atmosphérique tropicale qui est perturbée (fig. 26). Lors d'un événement ENOA, l'Inde peut enregistrer de forts déficits en eau pendant la mousson et inversement lors d'un événement LNOA.

En Afrique de l'Ouest, les relations entre ENOA et les sécheresses du Sahel sont moins nettes. En 1972-73 et en 1982-83, la sécheresse a été particulièrement meurtrière dans les marges arides du nord et du nord-est du continent, mais le déficit en eau dans ces régions peut être tout aussi important hors de ces événements. En revanche, l'Afrique orientale (Kenya, Tanzanie...) connaît presque systématiquement une pluviométrie au-dessus des moyennes lors de la deuxième saison des pluies (octobre-novembre), lorsqu'un événement ENOA se produit.

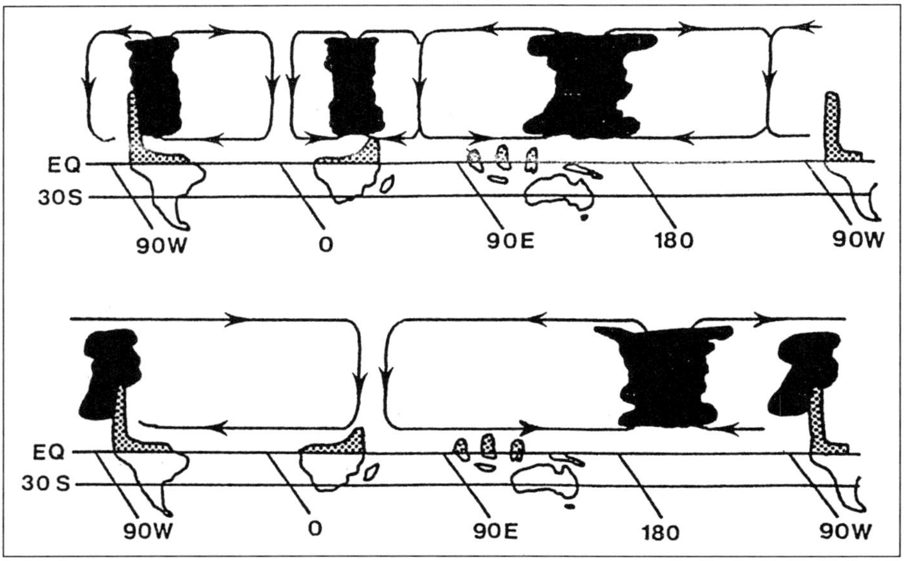

Figure 27 : **Schéma de la circulation est-ouest en hiver (déc.-fév.) pendant une période normale et pendant l'événement de 1982-83**
Source : Global Climate System, OMM

Conclusion

Les variations dans le temps et l'espace de la concentration des gaz à structure triatomique ou plus, contribuent à l'explication de la dynamique temporelle des climats. En mouvement permanent, l'atmosphère véhicule, à diverses échelles spatiales et temporelles, l'énergie des régions relativement chaudes vers les régions relativement froides, elle permet aussi le transfert de la vapeur d'eau. La circulation atmosphérique dominante (cellules de Hadley sous les basses latitudes, circulation d'ouest sous les moyennes latitudes...) contribue donc fortement à la répartition spatiale des climats.

L'océan, de par ses propriétés, tend à réguler le système climatique. La flottabilité de ces eaux est conditionnée par de faibles variations du taux de sel et de la température, ce qui conditionne sa dynamique globale. Le système couplé que forment l'océan et l'atmosphère fait intervenir de nombreuses rétroactions dont l'analyse permet de comprendre certains modes de variabilités qui ont des répercussions sur la fréquence des types de temps dominants.

Chapitre 3

Le cycle de l'eau

Indispensable à la vie et au développement des activités humaines, l'eau est un élément essentiel de la mosaïque des climats. L'intensité du transfert de vapeur vers l'atmosphère est fonction de l'énergie solaire disponible, du pouvoir évaporant de l'air et de la vitesse du vent. Le retour de l'eau vers la surface se fait par l'intermédiaire des précipitations, après condensation de la vapeur (nuages) qui se produit essentiellement grâce aux mouvements ascendants de l'air qui permettent son refroidissement.

La circulation atmosphérique, en prenant en charge la vapeur d'eau, qui condense souvent loin de la région où s'est produit l'évaporation, permet de relier les réservoirs parfois très éloignés les uns des autres. Ainsi, de l'eau est advectée sur les continents où elle peut tomber sous forme de précipitations (liquide ou solide). Elle retourne ensuite vers les océans par l'intermédiaire des cours d'eau, des nappes souterraines ou de la fonte des glaciers dans l'océan.

Évaporation et condensation

L'eau passe continuellement d'un réservoir à l'autre : elle s'évapore des océans et des surfaces continentales, où elle reste en moyenne 8,4 jours (temps moyen de résidence) avant d'être précipitée sous forme liquide ou solide (fig. 28). Sur les continents, une partie de cette eau s'écoule assez rapidement dans les rivières pour rejoindre l'océan. Aux échelles temporelles plus fines, la rétention d'eau est fonction de la température (rétention de neige ou de glace l'hiver) de la forme du bassin-versant, de la nature des surfaces…

Les types d'état que peut prendre une molécule d'eau sont au nombre de trois : solide (l'eau est sous forme de glace), liquide et gazeux (vapeur d'eau). Les changements d'état, au nombre de six, sont associés à des processus énergétiques qui consomment ou libèrent de l'énergie dans des proportions différentes suivant le type de processus.

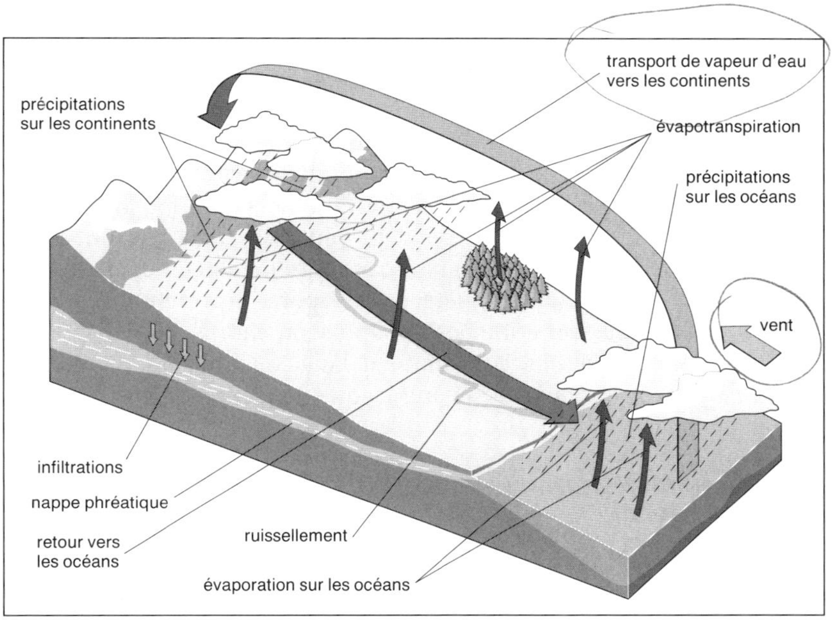

Figure 28 : **Le cycle de l'eau**
Source : G. Beltrando, L. Chémery, 1995

Les processus consommateurs d'énergie : l'exemple de l'évaporation et de la transpiration

La fusion, la vaporisation et la sublimation nécessitent de l'énergie afin de casser les liens qui existent entre les molécules d'eau lors du changement d'état. Ces processus se produisent à la surface des océans et des continents ou au sein même de l'atmosphère. Ils consomment de l'énergie dans des proportions qui dépendent du type de transformation. On distingue :

– la chaleur latente de fusion ($Lf = 0{,}33 \times 10^6$ J[joules]/kg), qui est la quantité de chaleur qu'il faut fournir à l'unité de masse d'un corps pour le faire passer de la phase solide à la phase liquide ;

– la chaleur latente de vaporisation ($Lw = 2{,}5 \times 10^6$ J/kg), qui est la quantité de chaleur qu'il faut fournir à l'unité de masse d'un corps pour le faire passer de la phase liquide à la phase gazeuse ;

– la chaleur latente de sublimation ($Li = Lf + Lw$, soit $2{,}83 \times 10^6$ J/Kg), qui est la quantité de chaleur qu'il faut fournir à l'unité de masse d'un corps pour le faire passer de la phase solide à la phase gazeuse.

La fusion apporte de l'eau liquide au milieu récepteur. Sur les océans, la fusion des glaces (iceberg, banquise) enrichit localement l'eau de mer en eau douce, ce qui a des incidences sur sa densité et donc sur la circulation océanique (voir chap. 2). Sur les continents, cette eau peut s'écouler en surface, être rapidement prélevée par la biomasse ou s'infiltrer dans les sols et les formations superficielles (lœss, altérités...). Dans ce dernier cas, l'eau peut alors être partiellement ou totalement retenue par la microporosité et, si elle n'est pas toute retenue, elle s'infiltre jusqu'à ce qu'elle rencontre un niveau imperméable. L'eau peut donc être stockée temporairement dans les sols, les nappes souterraines ou les lacs, parfois pendant plusieurs dizaines ou centaines d'années, avant de rejoindre les cours d'eau. À ce niveau du cycle, une partie de l'eau peut rejoindre l'atmosphère par évaporation ou sublimation. Elle peut aussi s'évaporer après un passage plus ou moins long par la phase liquide. Ces deux processus consomment beaucoup plus d'énergie que la fusion. Lorsqu'ils se produisent, les molécules tendent à saturer en eau l'air sus-jacent.

L'évaporation des surfaces en eau et la transpiration du monde vivant

L'eau, sous forme de vapeur, peut donc quitter la surface des terres et des mers, en direction de l'atmosphère en « consommant » de l'énergie. Le flux ascendant d'énergie, par l'intermédiaire de l'eau, est appelé « flux de chaleur latente ». Pour l'ensemble de la planète, il est de l'ordre de 80 W.m^{-2} (voir chap. 1). Ce transfert vers l'atmosphère se fait par évaporation d'eau liquide (eau libre ou eau du sol), par sublimation de la glace ou par transpiration des êtres vivants.

La transpiration est un phénomène physiologique permettant le transfert d'eau liquide en vapeur d'eau par les êtres vivants – surtout des végétaux –, pour assurer le fonctionnement de leur organisme et leur croissance. Elle est rendue possible par l'eau stockée dans le sol et le sous-sol. La transpiration est commandée à la fois par des facteurs physiques (température et hygrométrie de l'air, turbulence autour de la plante) et physiologiques. Ces derniers dépendent de l'espèce (nature, développement du feuillage et du réseau de racines), du stage végétatif (les besoins en eau varient avec la saison) et de plus ou moins grande ouverture des stomates (la résistance stomatique) qui permet à la plante de réduire le flux de transpiration.

Le cumul de ces deux processus (évaporation + transpiration) est appelé évapotranspiration. Celle-ci s'exprime, comme les précipitations, en millimètres de hauteur équivalente d'eau. Cette valeur peut-être ramenée à l'unité de temps (heure, jour, décade...) et comme l'évapotranspiration consomme de l'énergie, on peut aussi l'exprimer en flux de chaleur latente : une évapotranspiration de 1 mm/h (1 l/m^{-2} par heure) correspond, à 20 °C, à un flux de 682 W.m^{-2}...

L'intensité de l'évapotranspiration dépend de l'humidité de l'atmosphère, qui fixe la demande – un air sec (U faible) a un pouvoir évaporant supérieur à un air humide (U fort) – et de la disponibilité en eau évaporable (fonction de l'état de la surface humide, de la nature et de l'état de la couverture végétale...) qui, en retour, détermine l'offre. Elle dépend aussi des apports énergétiques nécessaires à l'évaporation ainsi que du vent qui remplace l'air humide au contact de la surface par de l'air plus sec. L'atmosphère a donc, à chaque instant, un certain pouvoir évaporant, mais comme il peut y avoir des freins à l'évapotranspiration, celle-ci n'atteint presque jamais la valeur qu'elle pourrait atteindre compte tenu des caractéristiques de l'atmosphère. Deux grandeurs sont distinguées :

– l'évapotranspiration potentielle (ETP) est celle qui se produit dans le cas où la quantité d'eau évaporable ou « transpirable » (alimentation hydrique optimale) n'est pas limitée ; elle n'est alors conditionnée que par la demande, c'est-à-dire l'éloignement de la saturation dans lequel se trouve l'air ;

– l'évapotranspiration réelle (ETR) prend en compte la disponibilité réelle en eau : celle-ci est fixée par la présence d'eau, par les conditions météorologiques (vent, température) et par la nature de la couverture végétale. Dans les stations météorologiques, elle est, en principe, mesurée sur des surfaces engazonnées.

L'ETP, d'abord définie et mise en formule par C.W. Thornthwaite dans les années 1930, est avant tout utilisée dans le domaine agronomique. Plusieurs autres formules sont disponibles (Bouchet, Penman, Turc...), leur utilisation est conditionnée par la disponibilité des données climatiques nécessaires à leur calcul (rayonnement solaire global, température, humidité relative...). Des abaques facilitent l'obtention du résultat calculé à partir de ces formules. Mais en toute rigueur, les résultats de l'ETP calculée (ou Etc) ne s'appliquent qu'au couvert végétal pour lequel elle a été établie.

L'ETR peut aussi se calculer à partir de formules et elle peut aussi se mesurer. Le calcul repose sur l'équation fondamentale suivante :

$P = Q + E \pm \Delta R$

Avec P = précipitations ; Q = écoulement ; E = évaporation et R = réserve du sol

En prenant une période telle que ΔR soit négligeable (l'année hydrologique), on a alors : $E = P - Q$

Apparemment simple, ce calcul ne reste qu'un ordre de grandeur grossier, parce qu'il est difficile d'évaluer la hauteur de précipitations sur une aire géographique et l'évaluation de l'écoulement n'est pas forcément plus facile.

Pour évaluer l'évapotranspiration des surfaces végétales, de nombreux paramètres peuvent être pris en compte (albédo, rugosité, type d'enracinement....). Cependant, les marges d'erreurs restent importantes car les mesures de base (précipitations) sont difficiles à obtenir avec précision (des erreurs de 10 % ou plus sont courantes).

L'expression du contenu en vapeur d'eau dans l'air

L'humidité de l'air peut s'exprimer par sa masse absolue (gramme (g) d'eau/m^3 d'air) ou spécifique (en g/kg d'air, c'est-à-dire incluant la vapeur). La masse de vapeur d'eau connaît une limite maximale qui dépend de la pression et surtout de la température. La figure 29 donne cette valeur.

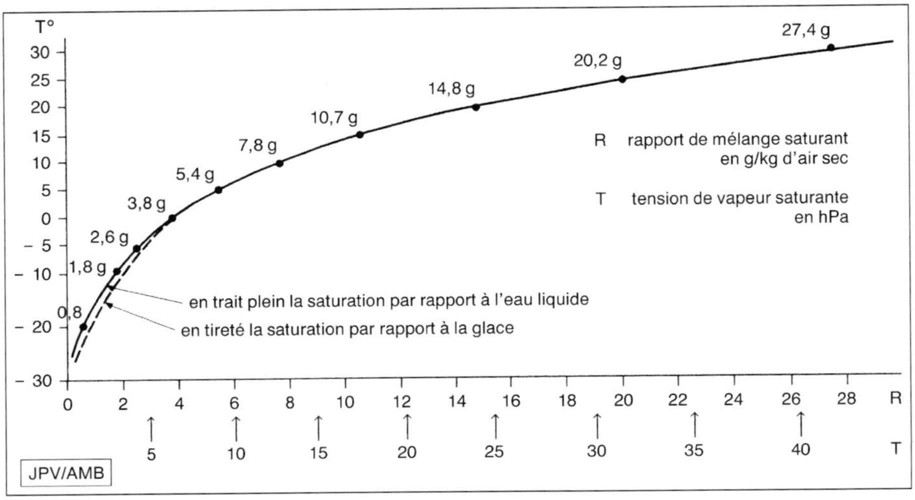

Figure 29 : **Loi de saturation de l'air en vapeur d'eau en fonction de la température (°C)**
Source : J.-P. Vigneau, 2000

La capacité hygrométrique de l'air croît rapidement et de façon non linaire avec la température : plus l'air est chaud, plus il peut contenir de vapeur (c'est la loi de Clausius-Clapeyon). À la pression 1000 hPa, la quantité maximale de vapeur, en gramme par kilogramme d'air sec, est d'environ 1,8 à –10 °C ; 3,8 à 0 °C ; 7,8 à 10 °C ; 14,8 à 20 °C…

L'humidité est évaluée par le rapport de mélange (R_v exprimé en g/kg), qui est le rapport entre la masse de vapeur d'eau contenue dans un volume d'air (M_v, en g) et la masse de ce volume d'air sec (M_s en kg, c'est-à-dire vapeur non comprise). Soit : $R_v = M_v/M_s$.

La tension de vapeur (e) correspond à la pression partielle de vapeur d'eau contenue dans l'air. Cette valeur s'ajoute à la pression des autres gaz de l'air et la somme constitue la pression atmosphérique. La tension de vapeur s'exprime en hectopascals (hPa), sa valeur peut osciller autour de 5 hPa dans les régions froides et 30-35 hPa dans les régions chaudes et humides. Pour une température donnée, la tension [ou pression] de vapeur ne peut dépasser une certaine valeur, appelée tension maximale de vapeur (e_w) [ou tension de vapeur saturante (T)]. La différence entre les deux valeurs ($e-e_w$) est appelée le déficit de saturation.

L'humidité relative (U) correspond à la masse de vapeur contenue dans un volume d'air donné rapportée à la masse maximale de vapeur d'eau que ce volume d'air pourrait contenir, eut égard à la température, et à la pression atmosphérique. Elle s'exprime en pourcentage ($U = 100\ e/e_w$), c'est une grandeur très utilisée en climatologie. Elle donne facilement une idée sur l'éloignement de l'air de son point de saturation : une HR de 0 % correspond à un air totalement dépourvu de vapeur (cela n'arrive pas dans la nature), tandis que la valeur 100 % correspond à la saturation. Dans certains cas, s'il n'y a pas assez de noyaux de condensation (voir plus loin), U peut dépasser 100, il y a alors sursaturation. L'humidité relative enregistre une variation importante entre le jour et la nuit. En climat tempéré, elle peut assez facilement dépasser 90 % en fin de nuit (température relativement froide) et descendre en dessous de 40 % en début d'après-midi, car, à cette échelle de temps, la tension de vapeur d'eau (e) varie peu au sein d'une même masse d'air, alors que la tension maximale (e_w) varie avec la température qui change entre le jour et la nuit. Sous certaines conditions météorologiques, les brouillards de fin de nuit peuvent s'expliquer de la sorte.

L'impression d'humidité ressentie par l'homme, ainsi que le pouvoir évaporant de l'air sont liés au fait que l'air est proche ou éloigné de la saturation. Pour une même quantité de vapeur d'eau dans l'air, on peut ressentir une impression d'humidité quand l'air est froid (U fort) ou de sécheresse, quand l'air est chaud (U faible). Par exemple : un air à 10 °C sature à 9,4 g/m^3, ce qui produit la condensation et empêche le séchage ; avec la même masse d'eau, mais à 30 °C, la saturation se produit à 30,4 g/m^3 : U = 100 (9,4/30,4), soit 31 %. Dans la nature, une humidité relative de cet ordre de grandeur ne s'observe que dans des milieux très secs.

Les processus libérateurs d'énergie : l'exemple de la condensation

La solidification et la condensation liquide ou solide sont les processus qui libèrent l'énergie utilisée pour la fusion, la sublimation ou la vaporisation.

Lorsque la condensation de l'eau se produit, elle libère une quantité de chaleur : c'est la chaleur latente de vaporisation. Le passage de la phase gazeuse à la phase aqueuse ou solide se fait en présence de noyaux de condensation : sels marins, poussières naturelles (sable des déserts, volcans…) ou artificielles (fumées industrielles…), fragments végétaux… Ces fines particules servent de support à l'eau liquide. Leur taille varie d'une fraction de micron à la dizaine de microns.

La saturation et les transformations adiabatiques

La température à laquelle la saturation est atteinte est appelée la température du point de rosée. Une masse d'air atteint le point de rosée – tension de vapeur nécessaire à la saturation – lorsqu'elle reçoit de la vapeur ou lorsqu'elle se refroidit. Dans le premier cas, la masse d'air s'enrichit en vapeur en passant au-dessus d'une étendue d'eau liquide ou d'une surface relativement humide. Dans le second cas, le refroidissement a lieu soit à la surface des terres et des mers par contact avec un substrat froid (par exemple, refroidissement par rayonnement nocturne ou advection d'une masse d'air océanique chaude sur un continent plus froid), soit en altitude par ascendance et détente de l'air.

Le refroidissement d'un air non saturé par contact avec un substrat froid peut entraîner la condensation. Ce processus est à l'origine de la formation du brouillard de rayonnement (*infra*).

Le déplacement de l'air par le haut (dans un environnement à pression plus basse) entraîne l'accroissement de son volume, sa détente (diminution de la pression d'un gaz par augmentation de son volume) et, par conséquent, la diminution de sa température. Une telle transformation est dite adiabatique. L'ascendance se produit d'une part, lorsqu'une masse d'air humide s'élève pour franchir un relief (ascendance orographique) ou pour passer au-dessus d'une masse d'air froid (ascendance frontale), d'autre part, lorsque de l'air est réchauffé à sa base par un substrat relativement chaud, enfin, lorsqu'une advection d'air froid à lieu en altitude. Dans tous ces cas, le gradient thermique vertical augmente, l'air devient instable et les mouvements verticaux se développent.

La condensation aboutit à la formation de micro-gouttelettes ou de micro-cristaux. Ces micro-éléments, les hydrométéores, s'agglomèrent jusqu'à atteindre la masse critique qui leur permet de tomber. Pour des raisons physiques, lorsque la saturation est atteinte, la condensation peut avoir du mal à se faire, une sursaturation (HR >100 %) se produit : l'humidité relative est alors supérieure à 100 %.

Un volume d'air qui se déplace vers le haut (ascendance) est soumis à la détente, dans ce cas-là, la même quantité d'air occupe un volume plus grand ce qui produit la diminution de son agitation moléculaire et son refroidissement. Inversement, un mouvement vers le bas (subsidence) entraîne son échauffement relatif. Ces déplacements, qui peuvent être rapides, se produisent sans échange important de chaleur avec les volumes avoisinants (qui ne se déplacent pas), car l'air est un mauvais conducteur thermique : on parle de transformations adiabatiques. L'humidité relative du volume en déplacement vers le haut augmente donc indépendamment de l'atmosphère voisine, car un air froid ne peut contenir la même quantité de vapeur d'eau qu'un air chaud. Inversement, la subsidence entraîne le réchauffement de l'air par compression adiabatique, cela produit la diminution de son humidité relative.

Les variations de température, lors des déplacements verticaux dans la troposphère, dépendent des caractéristiques hygrométriques de l'air. Pour simplifier, on considère un volume élémentaire d'air qui s'élève dans un environnement atmosphérique stable (sans déplacement vertical). Ce déplacement se fait de deux façons :

– lorsque l'air n'est pas saturé en vapeur d'eau, la variation thermique du volume qui s'élève est d'environ – 1 °C/100 mètres (gradient adiabatique sec). Inversement, en descendant, le volume d'air se réchauffe par compression d'environ + 1 °C/100 mètres (fig. 30) ;

– lorsque l'air devient saturé en vapeur d'eau (nuage, brouillard), sa variation de température est d'environ – 0,5 °C/100 mètres, car, au fur et à mesure de son élévation, il y a condensation et libération de chaleur latente de vaporisation (voir plus haut), ce qui réduit son refroidissement (gradient adiabatique saturé, ou pseudo-adiabatique). Inversement, lors d'un mouvement subsident, l'air saturé se réchauffe d'environ 0,5 °C/100 mètres jusqu'à ce qu'il ne soit plus saturé. Lorsque l'humidité relative devient inférieure à 100 %, le volume d'air suit le taux de l'adiabatique sèche.

Adiabatique et pseudo-adiabatique sont des constantes, quelle que soit la masse d'air considérée, puisqu'elles traduisent des lois physiques invariables. Leur superposition avec la courbe des températures de l'atmosphère (la courbe d'état, CE) sur un émagramme permet de déceler la stabilité ou l'instabilité d'une masse d'air.

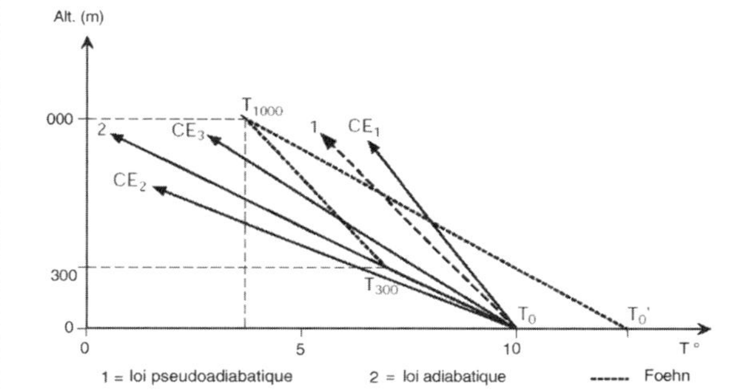

Les segments de droite en pointillé correspondent à la température de la masse d'air évoquée dans l'exemple du fœhn, présenté plus loin.

Figure 30 : **Décroissance adiabatique et pseudo-adiabatique**
Source : G. Beltrando, G. Arnaud-Fassetta

Stabilité et instabilité de l'atmosphère

Si le gradient thermique vertical de l'atmosphère, avoisinant un volume élémentaire d'air en déplacement vers le haut, est inférieur aux deux adiabatiques (inférieur à – 0,5 °C/100 m, ex. : courbe d'état CE_1), ce qui est le cas lorsque l'air est relativement chaud en altitude et/ou lorsqu'il est relativement froid en surface, le volume en déplacement – saturé ou non –, va se trouver, en s'élevant, à une température inférieure à celle de l'atmosphère ambiante. Il sera donc plus dense et aura tendance à redescendre par effet d'Archimède : c'est la stabilité (au sens météorologique).

Si le gradient thermique vertical de l'atmosphère est fort (inférieur à – 1 °C/100 m, ex. : courbe d'état CE_2), ce qui est le cas lorsque l'air est relativement froid en altitude et/ou lorsqu'il est réchauffé en surface, au-dessus d'un substrat relativement chaud, le volume d'air en déplacement – saturé ou non – se trouvera toujours plus chaud que l'air ambiant malgré son refroidissement par détente. Plus léger, il continuera de monter par effet d'Archimède : l'air sera instable, et les mouvements verticaux rapides : c'est l'instabilité.

Enfin, si le gradient thermique de l'atmosphère est compris entre les deux adiabatiques (entre – 0,5 et – 1 °C/100 m), il y a instabilité sélective ou relative (CE_3). Lorsqu'un volume d'air est non saturé, en s'élevant il atteint une température inférieure à celle de l'atmosphère, il est alors stable. Dans le cas inverse, il est plus chaud, et par conséquent instable.

La dynamique des particules d'air se déplaçant vers le haut est donc fonction du gradient thermique de l'atmosphère, un air saturé est plus propice à l'instabilité qu'un air non saturé.

Imaginons qu'un volume élémentaire d'air non saturé subit une impulsion vers le haut. Sa température diminue d'environ 1 °C/100 mètres et son contenu en vapeur d'eau reste constant pendant son déplacement. Si son ascension se poursuit au-delà du niveau de condensation, ce volume est alors plus chaud (dégagement de chaleur latente) que son environnement et il devient instable : un nuage se forme.

Le mécanisme du fœhn

Le fœhn est un vent chaud sec et subsident soufflant le long de la pente « sous le vent » (pente opposée à la direction d'où vient le vent). L'ascendance de l'air le long d'un « versant au vent » (pente qui fait face au vent) provoque un refroidissement du volume en déplacement, par détente adiabatique, et éventuellement la condensation de la vapeur d'eau (U = 100 % au point T_c). Une fraction de l'eau ainsi condensée peut alors atteindre la surface sous forme de précipitations. L'air qui redescend voit sa température augmenter et par conséquent son humidité relative diminuer. Sur le « versant sous le vent », à la même altitude, il est plus chaud et plus sec (U diminue lorsque la température augmente) que sur le versant au vent.

Supposons qu'un air non saturé commence son ascension pour franchir le relief d'une île dont l'altitude du sommet est de 1 000 mètres, qu'à l'altitude 0 mètre sa température soit T_0 et qu'à partir de 300 mètres, il soit saturé (Fig. 31). Jusqu'à l'altitude de 300 mètres, il perd environ 1 °C/100 mètres. À 300 mètres, sa température T_{300} est alors égale à : $T_0 + (-1°/100 \times 300)$, soit $T_0 - 3$ °C.

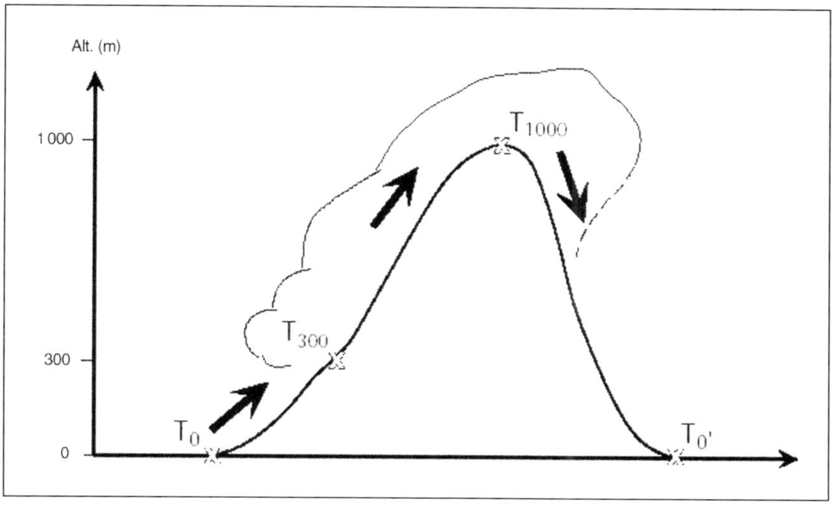

Figure 31 : **Le mécanisme du fœhn**
Source : G. Beltrando, G. Arnaud-Fassetta

L'air continu son ascension en perdant de l'humidité. Son gradient vertical est alors voisin de – 0,5 °C/100 mètres. Au sommet de l'île, sa température ($T_{1\,000}$) est égale à :

$T_{300} + (-\,0{,}5/100 \times 700)$

$T_{1\,000} = T_{300} - 3{,}5$ °C ou $T_0 - 6{,}5$ °C

Ensuite, l'air redescend jusqu'à l'altitude de 0 mètre, son gradient est alors de +1 °C/100m, sa température à 0 m ($T_{0'}$) est égale à :

$T_{1\,000} + (+1/100 \times 1\,000)$

Soit :

$T_{0'} = T_0 - 6{,}5 + 10 = T_0 + 3{,}5$ °C

Après avoir franchi le relief, la température de la masse d'air à 0 mètre est donc plus chaude de 3,5 °C. Un air relativement frais et humide s'est ainsi transformé en un air relativement chaud et sec.

Les hydrométéores

Plus de 95 % de l'eau atmosphérique est présente sous forme de vapeur. Le reste, correspondant aux particules d'eau liquide ou solide en suspension ou en chute dans l'atmosphère, constitue les hydrométéores (pluie, neige, grêle). Les particules déposées sur les surfaces ou soulevées sur celles-ci sont aussi des hydrométéores (rosée, givre, verglas).

La taille de ces éléments est de quelques centaines de micromètres pour la bruine (appelé crachin dans l'ouest de la France), de 0,5 à 5 millimètres pour les gouttes de pluie, de 2 à 5 millimètres pour les grains constituants les flocons de neige et de 5 millimètres à plus de 10 centimètres pour les grêlons.

Les gouttelettes d'eau se forment autour des particules microscopiques : les noyaux de condensation. Au voisinage du sol, il y en a de 10 000 à 100 000 par cm^3, 1 000 par cm^3 à 1 500 mètres, 300 par cm^3 à 3 000 mètres... Les gouttes d'eau, minuscules lorsqu'elles se forment, grossissent rapidement par collision-coalescence (mais elles peuvent aussi se fragmenter sous l'action de la résistance de l'air). Lorsque les précipitations traversent une couche d'air non saturée, elles diminuent progressivement. Dans le cas des nuages, dont la base a une altitude assez élevée, elles n'apportent pas d'eau en surface : ce phénomène peut s'observer par des traînées blanchâtres appelées Virgas.

C'est en s'agglomérant que les gouttes d'eau ou les cristaux de glace atteignent leur poids critique et celui-ci est fonction des vitesses ascendantes à l'intérieur de la masse d'air.

Les nuages et leur classification en genre

Un nuage correspond à un ensemble visible composé principalement de minuscules particules d'eau liquide ou plus rarement de glace, ou des deux à la fois, en suspension dans l'atmosphère. Ces particules sont séparées les unes des autres par des distances relativement grandes par rapport à leur taille. Mais, comme elles sont très nombreuses, elles donnent l'impression d'une masse compacte. Un nuage peut aussi contenir des poussières naturelles ou anthropiques et d'autres éléments donc certains peuvent se dissoudre dans l'eau. Mis à part quelques cas très particuliers (tels les nuages noctilumineux ou les nuages nacrés), les nuages se forment dans la troposphère.

La formation des nuages peut résulter de l'ascendance d'un volume d'air qui se traduit par une diminution de sa pression et donc de son refroidissement qui produit de la condensation. Elle peut aussi résulter de la perte radiative dans une masse subsidente ce qui crée des nuages du genre stratus. Au cours du passage de l'état gazeux à l'état liquide ou solide (lorsque U atteint 100 %), se forment des gouttelettes ou des cristaux de glaces qui donnent les nuages. Les gouttelettes grossissent par coalescence (agglomération des micro-gouttelettes par collision) et les cristaux de glace par accrétion (condensation de la vapeur d'eau voisine du cristal). Gouttelettes d'eau et cristaux de glace grossissent progressivement et restent en suspension tant que leur poids n'est pas suffisant pour qu'ils tombent par effet de gravité.

La masse d'eau liquide contenue dans un nuage est toujours plus faible que la masse d'air. Les nuages qui contiennent le plus d'eau (liquide ou solide) sont ceux qui se développent verticalement. Sous les basses latitudes, les cumulo-nimbus contiennent aux alentours de 2 grammes d'eau par m^3 d'air. On a observé jusqu'à 10 grammes par m^3, soit moins de 1 % de la masse d'air (de Félice, 1998).

La taille et la forme d'un nuage dépendent de la force et du taux d'humidité du courant ascendant. Les nuages ont donc une multitude de formes, mais il est possible de les classer en un nombre limité de genres qui s'excluent mutuellement. Ces genres sont subdivisés en espèces et en variétés parfois communes d'un genre à un autre (ces subdivisions ne sont pas abordées ici).

En considérant l'aspect général et la forme caractéristique des nuages, on distingue dix genres regroupés en deux catégories : les nuages stratiformes, qui se développent essentiellement dans le sens horizontal (huit genres), et les nuages cumuliformes, à fort développement vertical (deux genres).

Les genres de nuages stratiformes, sous-divisés, en fonction de leur altitude en trois étages :

– les genres de l'étage supérieur apparaissent dans la haute et la moyenne troposphère (environ 3 à 8 kilomètres d'altitude dans les régions polaires, 5 à 13 kilomètres dans les moyennes latitudes, 6 à 18 kilomètres dans les basses latitudes). Leur nom comporte le préfixe « cirr- » ou « cirro- » : cirrus (Ci), cirrostratus (Cs) et cirrocumulus (Cc). Ils sont surtout composés de cristaux de glace, d'où leur couleur blanche. Ils ne donnent pas de précipitations en surface ;

– les genres de l'étage moyen apparaissent dans la moyenne troposphère (environ 2 à 4 kilomètres d'altitude dans les régions polaires, 2 à 7 kilomètres dans les moyennes latitudes, 2 à 8 kilomètres dans les basses latitudes). Leur nom comporte la préfixe alto- : altocumulus (Ac) et altostratus (As). Ils contiennent essentiellement des gouttelettes d'eau. Dans certains cas, l'Ac apporte des précipitations de courte durée. L'As est un nuage typique du corps des perturbations, il est associé au mauvais temps ;

– les genres de l'étage inférieur ont leur base dans la troposphère inférieure (moins de 2 kilomètres d'altitude). Le strato-cumulus (Sc) et le stratus (St) sont caractéristiques de cet étage. Le Sc forme une masse nuageuse irrégulière ; il donne occasionnellement de la pluie ou de la neige. Le St forme une masse nuageuse à base uniforme pouvant donner de la bruine, des prismes de glace ou des petits grains de neige. Le nimbo-stratus (Ns) est plus difficile à classer, car il se développe sur deux étages et se rapproche des genres à développement vertical. C'est un nuage gris épais, masquant complètement le Soleil, qui traduit une relative instabilité de la troposphère. Le Ns est à l'origine de pluie ou de neige assez continues dans le temps.

Les genres de nuages cumuliformes ont presque toujours leur base dans l'étage inférieur, mais leur hauteur est très variable. Ils traduisent une instabilité de l'air croissante du cumulus vers le cumulo-nimbus. Le cumulus (Cu), avec ses contours nets, a une base horizontale et une partie supérieure en forme de chou-fleur. Son extension verticale varie de quelques dizaines de mètres à plus de 10 kilomètres. Lorsqu'il est peu développé verticalement, le Cu est un nuage de beau temps. Dans le cas contraire, il révèle une instabilité de l'atmosphère et il peut donner des précipitations. Les plus développés se transforment habituellement en cumulo-nimbus (Cb). Le Cb, très dense et puissant, se développe sur plusieurs kilomètres (13 kilomètres dans les moyennes latitudes, 18 kilomètres dans les basses latitudes). Les plus puissants Cb peuvent précipiter jusqu'à quelques milliers de tonnes d'eau par seconde.

La brume et le brouillard

En principe, le terme brouillard est employé lorsque la visibilité horizontale est inférieure ou égale à 1 kilomètre ; au-delà, entre 1 et 5 kilomètres, on parle de brume. Brouillard et brume ont une structure physique identique à celle d'un nuage bas du genre stratus. Ils apparaissent tous deux par refroidissement de l'air. Le mécanisme à l'origine de la formation de ces hydrométéores est donc comparable à celui des nuages.

Le refroidissement peut avoir plusieurs origines :

Il y a brouillard d'advection lorsqu'une masse d'air relativement chaude et humide se déplace sur un substrat froid (terre ou mer). Ce type de brouillard est fréquent sur les régions littorales des moyennes latitudes, en particulier entre l'automne et le printemps, lorsque de l'air humide arrive de l'océan, plus chaud que le continent. Ces formations peuvent être denses et couvrir de vastes surfaces, elles sont dangereuses pour la navigation littorale. C'est par exemple le cas au-dessus des bancs de Terre-Neuve, où l'air, préalablement réchauffé sur la dérive nord-atlantique (courant chaud), arrive sur les eaux froides du courant du Labrador. Des brouillards de même nature se forment sur les régions littorales des déserts tropicaux et subtropicaux, où les eaux froides superficielles sont en contact avec de l'air plus chaud.

Le brouillard de rayonnement est produit par la déperdition de rayonnement infrarouge nocturne. Il apparaît uniquement la nuit par temps calme et non nuageux. Ce type de brouillard est fréquent à proximité des zones humides (étang, cours d'eau, marais, forêt...), il est persistant dans les environnements propices aux inversions de température (cuvettes, bas-fonds, vallées...). Le plus souvent, il se dissipe en quelques heures après le lever du jour, mais peut durer plus longtemps, surtout en saison froide.

Le brouillard d'évaporation apparaît lorsqu'une surface liquide est plus chaude que l'air. Par exemple lorsque l'air arctique arrive sur l'océan libre de glace.

Le brouillard de détente, ou brouillard de pente, est dû à une détente de l'air (qui produit son refroidissement) le long d'une pente lors de son ascendance. Ce type de brouillard est généralement anodin.

La rosée, le givre et le verglas

La rosée se traduit par des gouttelettes d'eau perlant les végétaux au voisinage du sol. Elle se produit la nuit, lorsque le rayonnement infrarouge est fort (ciel clair) et le vent très faible ou nul, car dans le cas contraire le brassage de l'air empêcherait sa formation (turbulence). Après le lever du Soleil, l'échauffement direct des surfaces (sol, végétaux...) augmente la turbulence, l'air des basses couches revaporise la rosée formée la nuit.

Le givre, ou gelée blanche, se met en place dans des conditions analogues à la rosée, mais aux températures négatives. Il correspond à la condensation solide de la vapeur d'eau, sous forme de cristaux de glace. Lorsque l'eau commence à geler, le givre peut continuer à croître même si le ciel devient nuageux ou que le brouillard se développe. De même, il continue son développement lorsque le vent souffle. Il y a alors capture mécanique des gouttelettes en surfusion par les surfaces déjà recouvertes de givre.

Le verglas se distingue du givre par son aspect lisse et uniforme. Ce dépôt de glace, souvent transparent, provient de la congélation rapide de l'eau liquide (pluie, bruine...) sur les surfaces dont la température est négative.

Quelques systèmes pluviogènes

La répartition de la pluviométrie dans l'espace résulte des mécanismes d'ascendance de l'air qui peuvent être d'origine frontal (contact entre deux masses d'air de température différente), convectif (fort gradient thermique vertical), orographique (ascendance forcée pour franchir un relief) ou combiné. L'observation du fonctionnement des systèmes pluviogènes permet de distinguer des mécanismes de type zonal (perturbations) et des mécanismes de type azonal (convection thermodynamique, processus orographique...).

Au sens courant du terme, une perturbation atmosphérique est « une portion de l'atmosphère de vastes dimensions, associée le plus souvent à une circulation cyclonique, siège d'hydrométéores actifs et fréquemment d'un renforcement des vents » (Dictionnaire encyclopédique d'agrométéorologie, 1990). Cette définition permet d'englober sous ce terme, d'une part, les perturbations d'ouest liées à la circulation des moyennes latitudes, d'autre part, les perturbations tropicales des basses latitudes (notamment les cyclones tropicaux), même si leurs structures sont très différentes. Sous les moyennes latitudes, les perturbations d'ouest apportent l'essentiel des précipitations alors que sous les basses latitudes, les systèmes nuageux à l'origine des précipitations, résultant de l'instabilité de l'air sont plus divers (convergence des flux d'alizé et de mousson, perturbations tropicales...).

À toutes les latitudes, le soulèvement forcé des volumes d'air (relief) ou le réchauffement de l'air sur une surface chaude, contribue aussi à l'instabilité de l'atmosphère, les mécanismes correspondant sont qualifiés d'azonal par certains climatologues. Les derniers se distinguent des précédents avant tout par leur extension spatiale qui est généralement plus réduite. Ils s'expliquent par la combinaison de facteurs atmosphériques, à des échelles différentes, et par les conditions géographiques d'échelles spatiales plus fines. Nous décrirons ici brièvement le mécanisme de l'orage, qui est un phénomène très fréquent à la surface des terres et des mers et qui se produit à toutes les latitudes.

Les mécanismes pluviogènes de type zonal, des moyennes et des hautes latitudes d'une part, des basses latitudes d'autre part, se distinguent classiquement par les types de contrastes entre les masses d'air. Sous les moyennes et les hautes latitudes, la température des deux masses d'air en contact est en général très différente ; sous les basses latitudes, les gradients horizontaux de température sont moins importants mais ce sont les différences d'humidité des masses d'air en contact qui peuvent être très contrastées. C'est pour cela, qu'en général, on distingue les mécanismes qui se produisent sous les moyennes et les hautes latitudes de ceux qui se produisent aux latitudes intertropicales.

Les perturbations d'ouest des moyennes latitudes

Les notions de front et de masse d'air ont été définies au début du XXe siècle par les météorologues norvégiens (travaux de Jacob et Vilhelm Bjerknes dans les années 1920). Suivant cette théorie, un front est une zone de contact, de conflits entre des masses d'air qui ont des origines et donc des caractéristiques différentes. Depuis une dizaine d'années, la compréhension du fonctionnement des perturbations a évolué notamment grâce à une meilleure connaissance du rôle des courants-jets d'altitude et de la nature des masses d'air. Le modèle classique, appelé norvégien, reste utile pour décrire le cycle de vie d'une perturbation, mais le nouveau modèle est probablement plus pertinent pour comprendre l'enchaînement des mécanismes qui explique les perturbations.

Le modèle norvégien

D'après le modèle norvégien, avant que ne se forme une perturbation, l'air polaire (relativement froid) et l'air tropical (relativement chaud) circulent côte à côte. Les vents de surface et le courant-jet sont parallèles aux parallèles. Puis l'air froid tend à s'écouler vers les basses latitudes plus chaudes et inversement l'air chaud tend à s'écouler vers les pôles : les masses d'air entrent en contact le long du front polaire. L'air chaud pénètre au sein de l'air froid, mais comme il est plus léger, il passe au-dessus. Il y a ascendance et la pression est relativement faible. Dans la haute troposphère au niveau du courant-jet, il y a divergence de l'air.

Schématiquement, l'air chaud se déplace vers le nord-est (sud-est dans l'hémisphère Sud), au-dessus de l'air froid, c'est le front chaud ; parallèlement, l'air froid circule près de la surface, en direction du sud-ouest, c'est le front froid. Le courant d'altitude ondule, sa vitesse diminue. Il se forme ainsi un système perturbé composé de deux fronts : un front chaud, à l'avant de la perturbation et un front froid à l'arrière.

Ce système frontal – la perturbation – s'enroule progressivement dans le sens cyclonique (sens des aiguilles d'une montre dans l'hémisphère Sud, sens inverse dans l'hémisphère Nord). À l'arrière de la perturbation, l'air diverge en altitude, il y a subsidence, la pression de surface augmente. L'air froid plus dense circule plus vite que l'air chaud (ordre de grandeur, 20 à 70 kilomètres pour le premier, 10 à 30 kilomètres pour le second), le secteur chaud se réduit progressivement. L'ondulation de surface et d'altitude s'amplifie, la circulation cyclonique s'intensifie et la dépression se creuse. Le front froid rattrape alors le front chaud, il y a occlusion : l'air chaud est expulsé en altitude ; la zone de contact entre l'air froid antérieur et l'air froid postérieur à la perturbation est appelée front occlus. L'air chaud au cœur de la perturbation est isolé de la masse dont il est originaire.

La perturbation s'accompagne d'un système nuageux composé d'une tête, d'un corps et d'une traîne ; l'ensemble se déplace généralement de l'ouest vers l'est. Le passage de chacun de ces éléments se traduit par une modification du temps (fig. 32). La tête de la perturbation correspond à la zone d'ascendance de l'air chaud. La séquence nuageuse comprend tout d'abord des nuages horizontaux de l'étage supérieur. Quelques heures après, les nuages deviennent plus épais, le ciel est plus gris, les nuages horizontaux appartiennent à l'étage moyen. Puis progressivement, la masse nuageuse devient plus instable (nimbo-stratus, cumulonimbus), la pression atmosphérique diminue, on passe au cœur de la perturbation, caractérisée par des précipitations (pluies, neige, grêle). Le secteur chaud de la perturbation est en général moins nuageux, les éclaircies sont possibles. Mais, si l'air chaud se situe en altitude (cas de l'occlusion), le temps est plus instable. L'arrivée du front froid se matérialise par des nuages cumuliformes, à l'origine de précipitations et d'orage. Petit à petit, les nuages s'individualisent, les cumulus dominent, les précipitations sont plus espacées et moins abondantes. C'est le secteur de traîne, le baromètre remonte nettement. Puis les éclaircies deviennent plus importantes à moins qu'une autre perturbation ne suive de près.

Le rail des perturbations

Les recherches menées ces dernières années, en Europe et en Amérique du Nord, notamment dans le cadre du programme FASTEX (Fronts and Atlantic Storm-Track Experiment, expérience sur le rail des dépressions atlantique et les fronts), permettent de proposer une explication un peu différente sur le fonctionnement des perturbations des moyennes latitudes de l'hémisphère Nord. Ce « nouveau modèle », admis par la majorité des scientifiques, prend en compte la dynamique de toute la troposphère.

Selon ce modèle, les dépressions mobiles – et les tempêtes qui y sont liées – se déplacent et se suivent sur un rail des dépressions que l'on peut définir comme la trajectoire moyenne empruntée par les tempêtes. Une des principales différences avec le modèle du front polaire vient du fait que c'est la dépression – source du vent et par conséquent des mouvements de l'air – qui fait déplacer les masses d'air de températures différentes. L'ondulation d'altitude, lorsqu'elle est suffisamment puissante, entraîne l'air vers le haut. Le front de la basse troposphère est donc la réponse à l'amplification de cette onde d'altitude. D'après ce concept, la limite, quasi permanente et continue

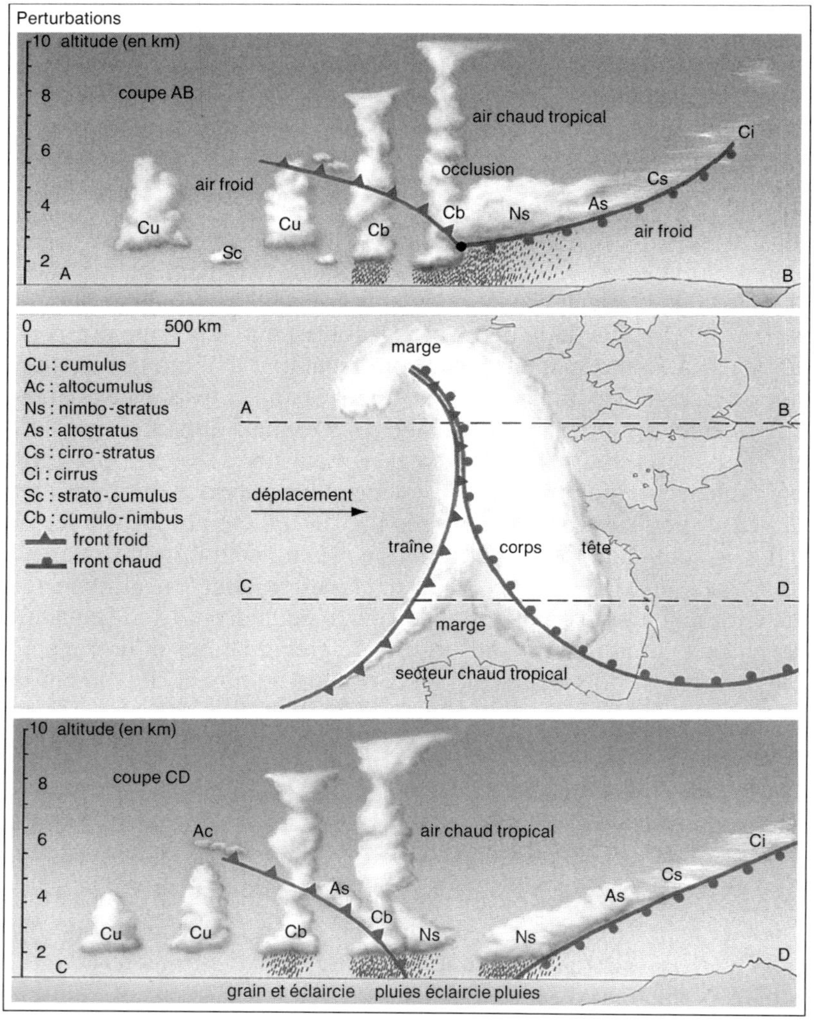

Figure 32 : **Perturbation cyclonique des moyennes latitudes et nuages associés**
Source : G. Beltrando, L. Chémery, 1995

autour de la Terre, que constitue le front polaire est donc moins nette, et beaucoup moins constante que ne laisse penser le modèle norvégien, car les mouvements brassent l'air, ce qui déstructure les fronts. Par conséquent, les contrastes thermiques (entre l'air chaud et l'air froid) sont moins nets et les dépressions peuvent se former sans qu'existe au préalable de front : cela est vérifié par l'observation des températures de la troposphère. Les fronts résultent donc de la formation des dépressions d'altitude (et non le contraire), ce sont des structures transitoires, rarement très étendues. Le principal facteur de variation de la pression (qui baisse au cœur de la perturbation) est déterminé par la hauteur de la colonne d'air et non sa température (Joly, 1995 et 1996). La création des vents forts se fait avant tout au niveau du courant-jet. Sa déformation a des conséquences sur les dépressions qui suivent et le déplacement de la dépression en surface ne peut se faire qu'avec de l'énergie, qui est puisée en altitude au niveau de ce courant (fig. 33). Il y a donc interaction (non linéaire) entre le rail et les dépressions.

L'étude climatologique de la trajectoire des dépressions, montre que le rail atlantique commence toujours dans la région de Terre-Neuve et qu'il se dirige vers l'Europe, où il peut :

– se couper en deux branches vers le 30e méridien ouest, la branche la plus fréquentée se dirige vers l'Islande, l'autre se dirige vers la Péninsule Ibérique. Lorsque, pour une saison donnée, ce cas de figure est fréquent, la France et les autres pays d'Europe de l'ouest, aux mêmes latitudes, reçoivent peu de précipitations et l'hiver y est relativement froid, alors que le nord-ouest de l'Europe ou la Péninsule Ibérique, selon le cas, sont très arrosés ;

– traverser le continent européen à la latitude de la France. Ce cas de figure est le plus fréquent, les hivers sont alors relativement doux aux latitudes concernées (vers le 50e N).

Ce nouveau modèle explicatif est manifestement plus performant que celui défini dans les années 1920 par les météorologues norvégiens, mais ce dernier reste utile, au moins pour décrire la situation de surface. En revanche, il présente moins d'intérêt pour expliquer le phénomène, car les fronts en surface semblent davantage être le résultat plus que la cause du phénomène.

Sous les basses latitudes, les mécanismes à l'origine de l'instabilité de l'air sont assez différents.

Les cyclones tropicaux

Sur les océans de la zone chaude se forment des perturbations tropicales, caractérisées par des vents rotationnels et puissants. Ces perturbations sont classées par les météorologues à partir de la « vitesse du vent soutenu » (VVS) : vitesse moyenne du vent estimée sur une minute, sur la couronne principale de la perturbation). Trois catégories ont été définies :

– la dépression tropicale, lorsque la vvs < 1 km/mn ;

– la tempête tropicale, lorsque la vvs est comprise entre 1 et 2 km/mn ;

– le cyclone tropical, lorsque la vvs > 2 km/mn.

Le mot cyclone, utilisé depuis le milieu du XIXe, est réservé ici aux perturbations majeures de la zone intertropicale. C'est le terme le plus couramment employé par les scientifiques, mais le phénomène est aussi appelé typhon en Extrême-Orient et dans le nord-ouest de l'océan Pacifique, hurricane ou ouragan dans l'Atlantique nord et la mer des Caraïbes. Dans le sud-ouest de l'océan Indien et de l'océan Pacifique, c'est le terme de cyclone qui est le plus utilisé.

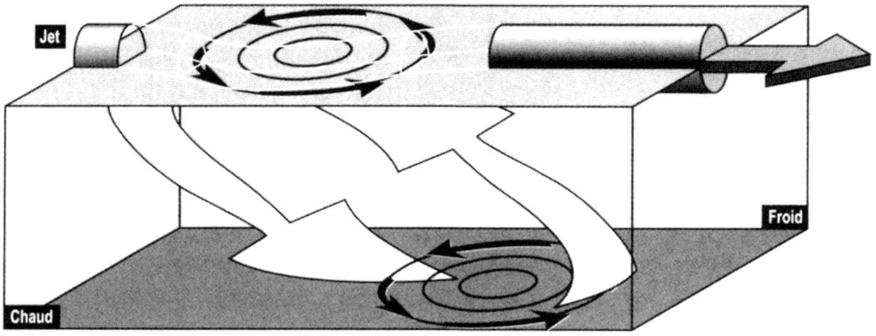

Les flèches blanches représentent les mouvements verticaux de l'air.
Les flèches noires représentent les mouvements horizontaux de l'air.

Figure 33 : **Renforcement du vent dans une tempête : schéma simplifié du courant-jet et des tourbillons de surface et d'altitude**
D'après A. Joly, Météo France, *in* M. Tabeaud, 2003

Les perturbations tropicales sont différenciées par des prénoms dont la liste est établie dans un ordre alphabétique longtemps à l'avance (Agnès, Albert...).

Les conditions nécessaires à leur formation

Une perturbation tropicale fonctionne comme une machine thermique géante : elle transforme de la chaleur en mouvement. L'énergie provient de la chaleur latente prélevée par évaporation à la surface des océans, elle est dégagée lors de l'ascendance par la condensation. L'énergie disponible peut-être considérable car l'évaporation se produit sur une région très vaste et la condensation la restitue sur une région beaucoup plus réduite.

Pour qu'un cyclone tropical se forme, il faut que la température de l'océan soit supérieure à 27 °C environ sur une profondeur de quelques mètres. Cette première condition limite leur formation à la zone intertropicale – principalement entre 5° et 15° de latitude, parfois jusqu'au 22e S et au 35e N – et principalement en été de chaque hémisphère. À l'intérieur de cette zone, les cyclones sont inexistants ou exceptionnels dans les domaines où les hautes pressions dynamiques sont très fréquentes (sud-est tropical de l'océan Atlantique, centre et sud-est tropical de l'océan Pacifique en particulier) ; mais lors de périodes extrêmes de la circulation océano-atmosphérique, ils peuvent aussi se former sur ces régions. Ils sont absents près de l'équateur (5° N-5° S), car la force de Coriolis est très faible et au-dessus des zones de résurgence d'eau froide : les upwellings (voir chap. 2). En outre, un cyclone ne peut pas se développer s'il y a de puissants courants jets dans la troposphère.

L'observation de ces phénomènes montre que leur nombre varie sensiblement d'une année à l'autre et qu'ils sont, en moyenne, moins nombreux et souvent moins forts dans l'hémisphère Sud. Dans cet hémisphère, la surface de l'océan est relativement fraîche à cause du courant circumpolaire. Les régions océaniques les plus affectées par les cyclones tropicaux sont, dans l'ordre de fréquence d'apparition (valeur pour la normale 1951-80) : le Pacifique nord-ouest (environ 1/3 des cas), l'océan Indien sud (20 %), le Pacifique nord-est (17 %), le Pacifique sud-ouest (12 %). L'Atlantique et le nord-ouest de l'océan Indien enregistrent chacun, en moyenne, moins de 10 % de ces perturbations.

Une structure caractéristique

L'ensemble du système nuageux que forme un cyclone atteint de 500 à 1 000 kilomètres de diamètre. Seuls quelques cyclones exceptionnellement violents dépassent largement ces dimensions (le cyclone Tip, en octobre 1979, dans le nord-ouest du Pacifique, a atteint 2 200 km). Un cyclone se déplace de l'est vers l'ouest à une vitesse moyenne sur la mer d'environ 30 km/h. Sa durée de vie est d'environ six jours, certains peuvent durer jusqu'à douze à quinze jours. Lors de son passage sur l'océan, le niveau de la mer peut s'élever de plusieurs mètres.

Du centre vers la périphérie, on distingue trois zones (fig. 34) :

– L'œil, qui est une zone de subsidence, avec un vent faible et un ciel souvent clair. Son diamètre varie de un à quelques dizaines de kilomètres ;

– La couronne principale, dont la largeur varie avec l'importance de la perturbation (quelques dizaines de kilomètres à 200 km). Les vitesses maximales sont observées à proximité de l'œil, dans une zone où la force centrifuge est également maximale. Les vents peuvent dépasser 300 km/h, et les nuages forment un mur quasi continu pouvant atteindre 15 kilomètres de haut. Dans cette partie la pression atmosphérique est très basse : c'est là que les valeurs les plus basses de la surface de la planète ont été enregistrées (877 hPa). Les pluies sont abondantes, jusqu'à 500 millimètres par jour sur mer et souvent plus sur les terres (plus de 740 mm au Honduras, sur la côte de la mer des Caraïbes lors du passage de Mitch, fin octobre 1998) ;

– La couronne extérieure, dont la largeur est de quelques centaines de kilomètres. Cette zone correspond à la zone d'accélération des flux de surface. Les bandes nuageuses, plus ou moins bien individualisées, s'enroulent autour de l'œil.

Lorsqu'un cyclone passe au-dessus d'une île ou d'un continent, les masses d'air humides et instables s'élèvent, ce qui intensifie les précipitations, l'alimentation en chaleur latente est très atténuée et le système évolue très vite en tempête tropicale en un ou deux jours.

Ces perturbations atmosphériques sont à l'origine de catastrophes parmi les plus importantes que subissent les hommes, notamment sur les plaines littorales densément peuplées des régions pauvres (voir chap. 6). Cependant, en apportant

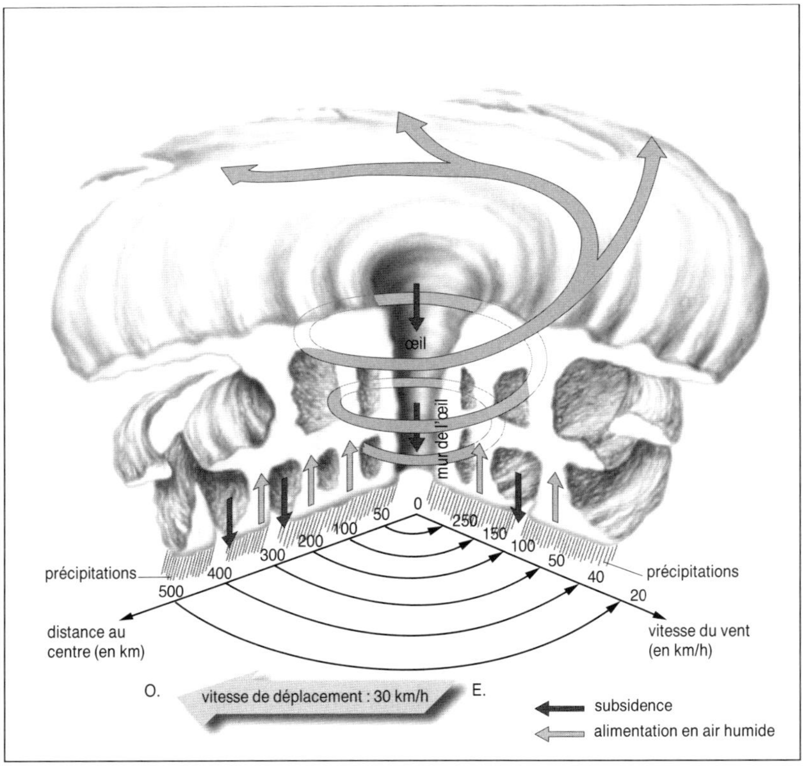

Figure 34 : **Coupe schématique d'un cyclone tropical**
Source : G. Beltrando, L. Chémery, 1995

de grandes quantités d'eau, ces perturbations peuvent avoir des effets bénéfiques dans les régions où l'eau est en quantité limitée.

L'orage : un processus convectif de type azonal

Un orage est un phénomène météorologique d'échelle spatiale fine, associé à un nuage à fort développement vertical et caractérisé par des éclairs, des tonnerres et des précipitations qui peuvent être intenses. Dans l'atmosphère terrestre, il y aurait environ 20 millions d'orages par an (50 000 par jour). Les basses latitudes sont les plus concernées, les orages peuvent y apparaître toute l'année. Les moyennes latitudes sont surtout concernées entre le printemps et l'automne.

Pour qu'un orage se forme, il faut un mouvement vertical rapide d'une masse d'air relativement humide. L'air en s'élevant se refroidit et la condensation s'amorce : l'air saturé peut donc continuer à s'élever naturellement. Ainsi, une cellule convective se met en place (fig. 35). L'ascendance est d'autant plus rapide que le gradient thermique vertical est fort, c'est par exemple le cas lorsque le substrat continental est chaud, alors qu'en altitude la masse d'air est relativement froide.

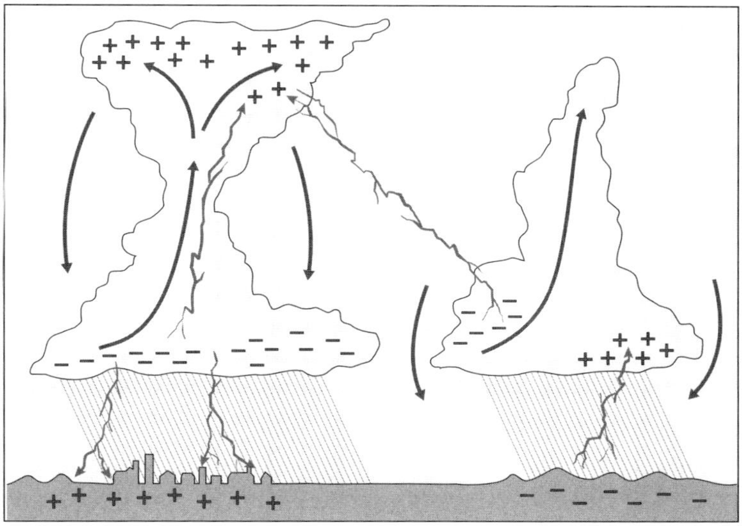

Figure 35 : **Structure schématique d'un nuage d'orage et répartition des charges électriques à l'origine de l'éclair**
Source : G. Beltrando, L. Chémery, 1995

L'éclair, phénomène optique, se produit entre les charges électriques de signe opposé, soit au sein du même nuage, soit entre deux nuages ou entre un nuage et la surface (les points hauts et isolés sont les plus affectés). Il correspond à la transformation de l'énergie électromagnétique en chaleur, et il est caractérisé par une lueur brève et intense. Cela provoque une forte augmentation de la pression qui génère une onde de choc acoustique, caractérisé par un roulement sourd : le tonnerre. L'éclair se propage à la vitesse de 300 000 km/s et le tonnerre à celle de 330 m/s.

Les quelques systèmes pluviogènes présentés dans ce paragraphe ne donnent qu'un aperçu très incomplet, des mécanismes qui permettent d'expliquer la présence de précipitations, parfois assez loin des aires de prélèvement de l'eau.

Les flux d'eau dans l'atmosphère

Le volume total d'eau sur la planète oscille entre 1 400 et 1 460 millions de km^3 suivant les estimations (Ambroggi, 1977 ; L'vovich, 1979 ; Peixoto et

Kettani, 1990...). La majeure partie (environ 97,25 %) se trouve dans les océans (eaux salées), le reste correspond à l'eau douce des continents (2,75 %). L'eau douce se présente soit sous forme solide (glaciers et inlandsis, 2,05 %), soit sous forme liquide (eaux souterraines, 0,68 % ; lacs d'eau douce, 0,015 % ; rivières ; monde vivant...). L'atmosphère contient aussi de l'eau, essentiellement sous forme de vapeur (moins de 0,001 %), soit environ 0,0013 10^6 km^3 (1 300 km^3).

La vapeur d'eau dans l'atmosphère est prélevée, par évaporation, avant tout sur les immenses réservoirs que constituent les océans, le reste provient de la surface des continents (lac, végétation, sol...).

Les continents reçoivent plus d'eau de l'atmosphère qu'ils ne lui en restituent. Sur les océans, en moyenne annuelle, les précipitations sont supérieures à l'évaporation au-delà du 40e parallèle, ainsi qu'autour de l'équateur. Les océans équatoriaux évaporent beaucoup, mais ils reçoivent encore plus d'eau par les précipitations et les décharges fluviales.

Variabilité spatiale des transferts d'eau vers l'atmosphère

Le stock d'eau planétaire étant globalement immuable la quantité d'eau évaporée, par an, est très approximativement égale à la quantité d'eau précipitée : on l'estime à 496 000 km^3. En revanche, au-dessus des océans, l'évaporation est plus importante (423 000 km^3) que les précipitations (386 000 km^3). Sur les continents, c'est l'inverse : la quantité d'eau précipitée est estimée à environ 110 000 km^3 alors que la quantité évaporée et transpirée n'est que d'environ 73 000 km^3. Le solde 37 000 km^3/an correspond à l'écoulement qui permet aux continents d'évacuer l'eau précipitée et aux océans de récupérer – par l'intermédiaire des cours d'eau – l'eau perdue par l'évaporation (fig. 36).

Les principales zones sources d'évaporation sont situées bien évidemment sur les océans. Les maximums (160 à plus de 200 cm/an) apparaissent au-dessus de l'océan Indien méridional, sur la partie occidentale des océans Pacifique et Atlantique, entre 10 et 30° de latitude environ, ainsi que sur l'est de l'Atlantique vers 30-50° N. Les minimums océaniques (moins de 40 cm) apparaissent dans les régions polaires.

Sur les continents, les valeurs dépassent 100 cm/an au-dessus de la forêt ombrophile (milieu humide et arrosé toute l'année), elles diminuent très vite vers les tropiques où il y a peu d'eau à évaporer (déserts d'Afrique). Puis, elles augmentent, à nouveau, et dépassent 40 cm/an sur les façades occidentales des moyennes latitudes (Europe, Côte est de l'Amérique du Nord). Dans certaines régions, continentales ou océaniques, les quantités évaporées varient d'une saison à l'autre.

Les forts contrastes saisonniers d'évaporation sont dus à la circulation atmosphérique et à la nature des masses d'air en déplacements. Ainsi, en Afrique l'évaporation est plus forte sur la partie australe en été austral et sur la partie boréale en été boréal. Ces différences s'expliquent par la combinaison de

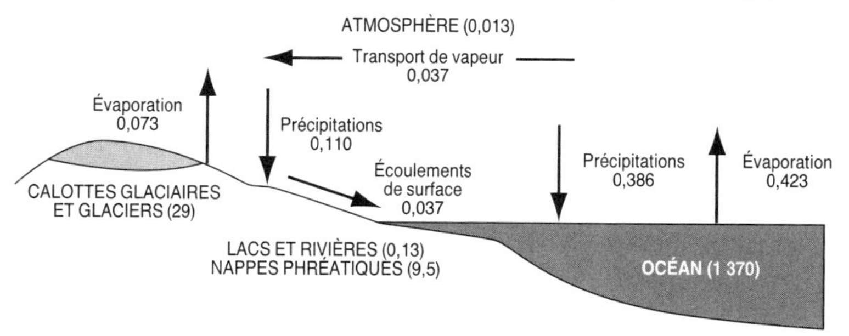

Les valeurs indiquées sont des estimations, calculées à partir de diverses sources ; certains auteurs, fournissent des valeurs différentes, les écarts maxi autour des valeurs indiquées ici sont d'environ plus ou moins 15 %.

Figure 36 : **Estimation des volumes d'eau et des flux annuels moyens entrer réservoirs (valeurs en 10^6 km^3)**

l'apport énergétique (été de l'hémisphère) et par la saisonnalité des précipitations (pluies d'été). Un autre cas intéressant est celui de l'est de l'Atlantique nord et de l'est du Pacifique nord, vers 30-50° N, en hiver. À cette saison, l'évaporation importante de ces régions s'explique par des advections hivernales d'air froid et sec (U faible) d'origine continentale sur des océans relativement chauds (Gulf Stream sur l'Atlantique, Kuroshio sur le Pacifique). Ces conditions favorisent l'augmentation de l'évaporation.

Les apports radiatifs contribuent largement à l'explication de cette répartition, mais d'autres facteurs peuvent moduler sensiblement la répartition de l'évapotranspiration. Par exemple, sur les océans, ce n'est pas à l'équateur (faible pouvoir évaporant de l'air humide, forte nébulosité) que les valeurs sont les plus importantes).

Variabilité spatiale des précipitations

La répartition des précipitations montre l'inégale redistribution de l'eau dans l'espace : les valeurs annuelles moyennes varient de moins de 10 millimètres à plus de 10 000 millimètres d'un point à l'autre de la planète. La circulation atmosphérique dominante, le degré de stabilité de l'atmosphère (hautes pressions, dépression) et la topographie expliquent ces différences considérables.

Globalement, il existe une ceinture subéquatoriale quasi continue où la pluviosité est particulièrement abondante, parfois supérieure à 2 000 mm/an. Ces régions sont l'influence de la ZCIT (bassin amazonien, rives des côtes de Guinée, bassin du Congo, sous-continent indien, péninsules malaise et indochinoise, Indonésie, Philippines...). Plus haut en latitude, entre 40° et 50° (N et S), s'esquissent deux autres bandes qui, soumises aux perturbations d'ouest, ont aussi une pluviométrie assez élevée. Celle de l'hémisphère Nord est toutefois plus discontinue : elle s'interrompt progressivement vers le centre du continent eurasiatique.

Entre la zone équatoriale et les moyennes latitudes s'intercalent, entre 20° et 30° nord et sud, deux bandes où la pluviométrie est très faible : ces zones (Sahara, Australie...) sont fréquemment sous l'influence de hautes pressions dynamiques. Les zones polaires et subpolaires sont également des zones recevant peu de précipitations : l'humidité absolue de l'air y est faible et les hautes pressions quasi permanentes au-dessus d'un substrat froid ne facilitent ni les ascendances locales ni les advections d'air humide, sauf pour les régions subpolaires, comme le sud du Groenland, où des perturbations des latitudes plus basses peuvent faire de brèves inclusions.

Le régime pluviométrique saisonnier est étroitement dépendant des variations de la circulation atmosphérique générale.. Par exemple, c'est la migration estivale de la ZCIT en direction du tropique qui explique la pluviométrie de l'Afrique de l'Ouest en été boréal, alors qu'en hiver cette région est généralement sous l'influence de l'alizé de nord-est, beaucoup plus sec (fig. 37).

Ainsi, sur le sous-continent indien, les précipitations se produisent en saison chaude, leur répartition dans l'espace est liée à la latitude et à la proximité des reliefs. La plaine indo-gangétique est copieusement arrosée à l'est (Bengale), et sèche à l'ouest (Pendjab). La bordure indienne de l'Himalaya reçoit de forts totaux pluviométriques annuels (souvent plus de 3 000 millimètres). La région de Tcherrapoudji, qui reçoit en moyenne plus de 11 mètres de pluie en moins de six mois, est l'une des plus arrosées du globe. Sur les régions littorales du sud-est de l'Inde, les perturbations tropicales apportent aussi, de manière irrégulière, de grandes quantités d'eau.

À cette répartition très grossièrement zonale se superpose une dissymétrie est-ouest qui s'explique par la circulation atmosphérique, la proximité des courants marins et la disposition du relief.

Aux latitudes tropicales, les façades occidentales des continents (désert de Mauritanie, de Namibie, de l'Atacama...) sont nettement plus arides que les façades orientales à la même latitude (sud-est de l'Asie, sud-est de l'Afrique, est de l'Australie...). Cette dissymétrie s'explique par les alizés qui arrosent les façades orientales, alors que les façades occidentales sont fréquemment sous l'influence des hautes pressions subtropicales, renforcées à leur base, par effet thermique, sur des courants marins froids (voir chap. 5).

Aux moyennes et aux hautes latitudes, les façades occidentales des continents (Europe de l'ouest, côte pacifique de l'Amérique du Nord, côte sud du Chili...) sont plus arrosées que les façades orientales à la même latitude (fig. 37). Les chaînes montagneuses (Chaîne scandinave, Rocheuses, cordillère andine...) forment de véritables barrières pour les masses d'air humides. Ainsi se délimitent des sites exposés (au vent) et des sites d'abri (sous le vent) qui peuvent aboutir à l'existence de véritables déserts d'abri (vallées intérieures des Rocheuses, plateaux iraniens, Patagonie...). Ces facteurs interviennent aussi à des échelles spatiales plus fines (peu visible sur la figure).

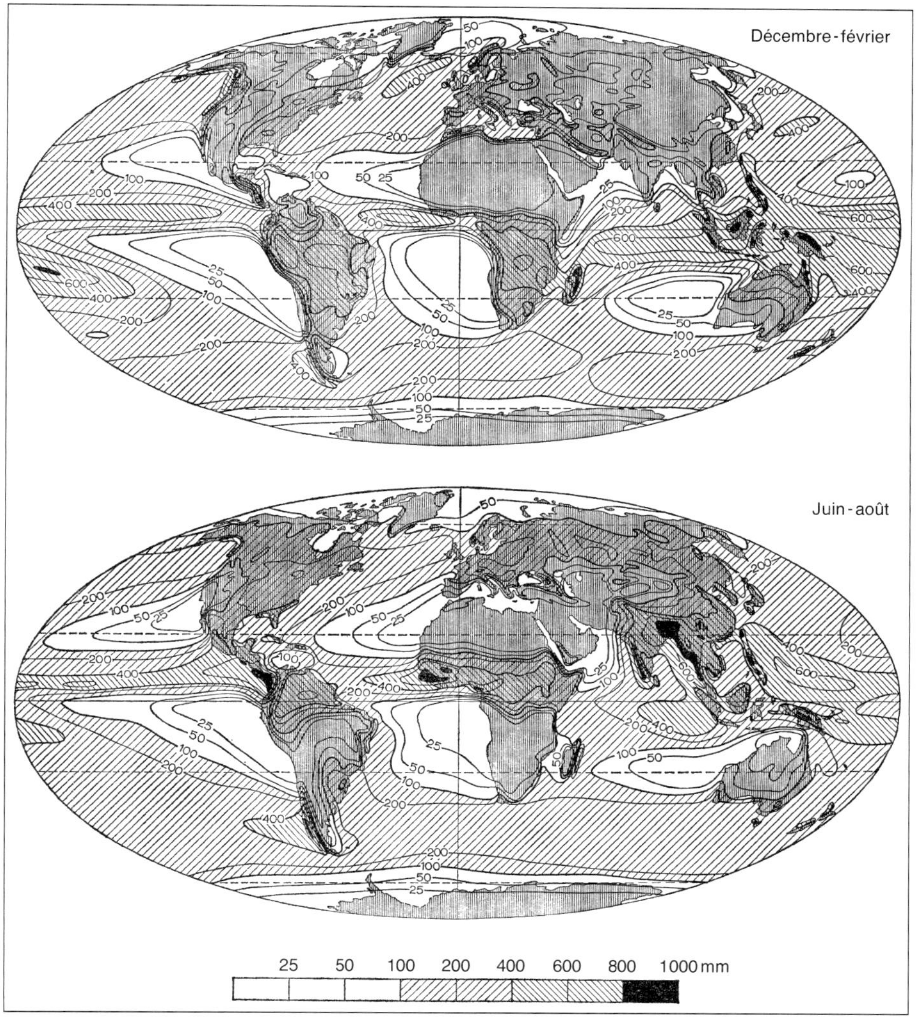

Figure 37 : **Répartition des précipitations moyennes, en mm, de décembre à février et de juin à août, à la surface du globe**
Source : d'après Moller, 1951 *in* R.G. Barry, R.J. Charley, 1992

La proximité d'une grande étendue d'eau (Grands Lacs américains, lac Victoria…) permet aux masses d'air de se charger en eau et donc d'augmenter localement ou régionalement la pluviométrie. C'est le cas, par exemple, à la périphérie du lac Victoria dont une part importante des précipitations provient de prélèvements sur ce grand lac de la zone chaude.

Conclusion

L'évaporation dépend de la disponibilité en eau (étendue en eau, sol, biomasse...), mais aussi de plusieurs facteurs et en particulier des apports énergétiques, des caractéristiques de la masse d'air et de la présence du vent. Après un séjour moyen de quelques jours et un déplacement par l'intermédiaire de la circulation atmosphérique, la vapeur condense et l'eau finit par retourner vers la surface grâce aux perturbations de l'atmosphère. Les mécanismes d'ascendance de l'air, nécessaires à la condensation et aux précipitations de la vapeur d'eau, permettent donc cette redistribution dans l'espace, et les facteurs géographiques (relief, température des surfaces...) compliquent cette répartition à toutes les échelles spatiales. Les déplacements de vapeur par l'intermédiaire de l'atmosphère permettent aux régions continentales de recevoir, sous forme de précipitations, plus d'eau qu'elles n'en évaporent. Inversement, les océans des latitudes tropicales fournissent plus d'eau à l'atmosphère qu'ils n'en reçoivent par les précipitations.

La fréquence et l'intensité des perturbations atmosphériques expliquent l'existence de vastes zones arrosées (basses et moyennes latitudes) qui sont séparées par des zones arides vers les tropiques (persistance de temps anticycloniques) ainsi que dans les régions polaires (temps stables fréquents, faibles, humidité absolue de l'air).

Deuxième Partie

Description et répartition spatiale des climats

L'invention des instruments de mesures et les découvertes de la recherche fondamentale dans le domaine de la physique de l'atmosphère et de la mécanique des fluides ont progressivement permis le développement de la météorologie. En parallèle, les données mesurées dans les stations météorologiques ont joué un rôle important dans le développement de la climatologie. Depuis près d'un siècle, ces deux disciplines se sont individualisées, mais leurs réflexions continuent à s'alimenter mutuellement.

La météorologie a pour objectif majeur d'améliorer la prévision du temps sur le court terme. La climatologie a deux acceptions, pour les météorologues, elle correspond au service qui collecte les observations et qui produit des statistiques, pour d'autres disciplines, la climatologie a pour objectif initial de décrire de manière synthétique puis d'expliquer la répartition des éléments météorologiques sur le long terme et elle est aujourd'hui une science qui a des objectifs plus diversifiés (chap. 4). Certains climatologues s'intéressent à l'étude des échanges énergétiques et hydriques entre la surface de la Terre et l'atmosphère, ils apportent des éléments d'explication sur le fonctionnement de l'atmosphère. D'autres orientent leur recherche dans le domaine de la bioclimatologie, des rapports qu'entretient l'homme avec le climat. Toutes ces recherches fondamentales vont de pair avec une climatologie plus appliquée dans des domaines divers tels la santé, l'agronomie, l'aménagement des espaces, ou la prévention des risques liés aux aléas du temps et du climat…

En partant du postulat de stabilité des climats, que l'on peut admettre avec prudence à l'échelle d'une vie humaine, on peut classer les climats de la planète en quelques groupes (chap. 5). Il existe plusieurs classifications, plus ou moins détaillées, et les limites des classes peuvent être assez différentes en fonction des objectifs fixés. Ici, la classification présentée a principalement pour objectif de distinguer une douzaine de grands types climatiques qui apparaissent sur plusieurs continents, et de donner des ordres de grandeur pour les principales variables climatiques. Elle permet simplement de montrer la diversité des situations moyennes qui contribuent à l'explication de la répartition des formations végétales et de l'occupation humaine.

Chapitre 4

Les climats : définition, représentation et analyse élémentaire

Si le temps qu'il fait est une réalité quotidienne perçue par les hommes, le climat demande une abstraction, un processus de mise en mémoire des temps passés. Pour caractériser le climat, des données sur l'état de l'atmosphère, mesurées par les météorologues ou collectées spécialement par les climatologues, peuvent être utilisées, mais de nombreuses autres informations peuvent être exploitées, notamment pour les études qui ne correspondent pas à la période couverte par les instruments de mesure. Le climatologue travaille généralement à une échelle spatiale et temporelle déterminée (ou se réfère à un système d'échelles emboîtées) et chaque niveau met plus particulièrement l'accent sur des modèles physiques et sur des techniques spécifiques. La discipline est devenue particulièrement attractive, des chercheurs originaires de disciplines diverses l'ont rejoint. Pour cerner le climat, certains d'entre eux utilisent d'ailleurs des données et des méthodes particulières qui ne sont pas présentées ici (palynologie, dendroclimatologie…). La climatologie se prête bien à l'approche systémique, qui permet à la fois de mieux comprendre le fonctionnement de la « machine climatique » et aussi d'évaluer comment l'homme peut modifier, de manière volontaire ou involontaire, les caractéristiques de l'atmosphère.

Du temps au climat

Si le temps qu'il fait passionne les individus depuis fort longtemps, ce n'est qu'après l'invention des instruments de mesure et d'observation de l'atmosphère que des explications « scientifiques » sur son fonctionnement ont progressivement remplacé des dictons et des croyances plus ou moins vérifiées. Dès le début du XXe siècle, deux disciplines se sont clairement individualisées : la météorologie et la climatologie. C'est la durée des phénomènes analysés qui fait la différence entre ces deux disciplines : le temps qu'il fait se définit dans le court terme, le climat dans le long terme. Ces deux disciplines ont donc des objectifs bien différents, mais leur complémentarité est utile, voire nécessaire, à l'amélioration des connaissances sur le fonctionnement de l'atmosphère.

La météorologie et la climatologie : naissance et évolution de deux disciplines aux objectifs différents

On peut considérer que la météorologie, « science des météores » ou « science des choses de l'air », est connue depuis le Vᵉ ou le IVᵉ siècle avant J.-C., car c'est la période durant laquelle les philosophes tentent de remplacer les conceptions mythologiques du temps par des explications plus rationnelles. Mais cela n'a pas empêché la prolifération de dictons qui se sont transmis de génération en génération et dont certains sont encore présents dans nos sociétés modernes. Il a fallu attendre la Renaissance – période où sont inventés les premiers instruments de mesure et où sont formulées les premières lois de la physique des gaz ainsi que les premières théories sur le fonctionnement de l'atmosphère – pour que la météorologie se développe. À partir du milieu du XIXᵉ siècle, la prévision du temps devient un centre d'intérêt pour les météorologues, mais ce n'est qu'avec les progrès techniques du milieu du XXᵉ qu'elle est progressivement devenue opérationnelle à court terme (quelques heures à quelques jours).

La climatologie peut aussi être considérée comme une science ancienne, car dès l'Antiquité, les mêmes philosophes grecs – par exemple Aristote dans ses *Météorologiques* (334 av. J.-C.) – ont cherché à rationaliser l'explication des climats, et ont esquissé un découpage de l'espace (la répartition des régions sèches et humides, chaudes et froides était alors expliquée par des différences de durée du jour, de l'inclinaison des rayons solaires…). Dès le XIIᵉ siècle, quelques grands traits de la circulation atmosphérique sont décrits par les navigateurs arabes, européens et indiens (alizé, mousson, cyclone tropical…). Ces descriptions ont facilité la navigation et elles ont aussi servi à nourrir les premières réflexions théoriques sur le fonctionnement de l'atmosphère. Cependant, tout comme la météorologie, cette discipline a connu un développement récent dont on peut fixer les origines au début du XXᵉ siècle.

Le rôle des savants, de la Renaissance jusqu'au milieu du XIXᵉ siècle

À partir de la Renaissance, les premiers instruments de mesure ont été progressivement inventés : Galilée invente le thermomètre en 1592 ; Torricelli, le baromètre en 1644 ; Hooke, l'hygromètre en 1664… Parallèlement, les premières théories de la physique ont été énoncées : Pascal montre que la pression diminue avec l'altitude (expérience du Puy-de-Dôme en 1648) ; le physicien Boyle énonce, en 1662, la loi de compressibilité des gaz (loi de Boyle-Mariotte selon laquelle, à température constante, le volume d'une masse gazeuse varie dans le sens inverse de sa pression).

C'est à Ferdinand de Florence que l'on attribue la création du premier réseau de mesure en 1653 dans le nord de l'Italie (ce réseau a fonctionné une dizaine d'années). L'archivage des données collectées et les informations recueillies lors des voyages d'exploration ont permis l'élaboration des premières cartes climatiques planétaires dès la fin du XVIIIe siècle : en 1686, E. Halley propose une carte climatique des vents dominants sur les océans ; en 1817, A. von Humboldt publie une carte des températures moyennes de l'hémisphère Nord (complétée en 1840). Les premiers réseaux permanents ont été mis en place, dans les pays les plus riches et dans leur empire colonial : États-Unis (1847) au milieu du XIXe siècle : Angleterre (1850), Autriche (1851), France (1852). Les mesures collectées et leur analyse, ainsi que les renseignements qualitatifs fournis par les explorateurs ont nourri la réflexion théorique.

En 1686, l'astronome E. Halley propose une première théorie de la circulation atmosphérique qui a été sensiblement améliorée par G. Hadley, (1735) notamment en prenant en compte les vents de la moyenne troposphère sous les latitudes tropicales et la rotation de la Terre. L'exploration de l'atmosphère s'est poursuivie aux XVIIIe et XIXe siècles avec les premières mesures réalisées dans des montgolfières (Charles, 1781), puis par ballons-sondes équipés d'appareils enregistreurs (Hermitte et Besançon, 1892). Grâce à ces instruments, la stratosphère est identifiée par L. Teisserenc de Bort en 1899. Le fonctionnement de l'atmosphère peut s'expliquer peu à peu. Cependant, la science est loin de répondre à toutes les questions et encore aujourd'hui plusieurs des interactions entre les éléments du système climatique restent à comprendre.

La météorologie (science qui étudie les états de l'atmosphère, fondée sur les lois de la mécanique des fluides et de la thermodynamique) devient synoptique, son objectif principal devient la prévision du temps à courte échéance. La connaissance des processus météorologiques intéresse en particulier les militaires : le service météorologique français a été créé après la tempête qui a provoqué de gros dommages à la flotte anglo-franco-turque au cours de la guerre de Crimée.

L'affirmation de la météorologie et la climatologie

À partir de la fin du XIXe, les météorologues installent et gèrent des stations de mesures et de nouveaux capteurs sont inventés. Ces stations sont d'abord implantées dans les grandes villes et dans les ports, plus tard, au cours du XXe siècle, avec le développement de l'aviation militaire et civile, les aéroports sont à leur tour équipés de stations de mesures car la sécurité de la navigation aérienne exige des prévisions de plus en plus fiables. Au milieu du XIXe siècle, des réseaux de transmission commencent à voir le jour, ils permettent la circulation rapide des données mesurées dans les stations vers les centres de prévision, puis les résultats de la prévision vers les utilisateurs. Toujours à la même époque, le Français U. Le Verrier commence à organiser un service météorologique international ainsi qu'un service d'avertissement des intempéries pour les marins et les agriculteurs.

Les pays mettent sur pied des organismes chargés d'effectuer les mesures et la transmission des données météorologiques et d'établir des prévisions (cas de l'Office national de météorologie en France, actuellement Météo-France). Des techniciens et des ingénieurs sont formés dans des écoles spécialement créées pour ces tâches. Les moyens financiers (matériels et humains) sont importants, car la mission principale de la météorologie est d'assurer la sécurité des biens et des personnes aussi bien sur terre, sur mer que dans les airs (vols commerciaux transatlantiques, combats aériens de la Deuxième Guerre mondiale ou de conflits plus récents...). La recherche théorique évolue : V. Bjerknes (années 1910), chef de file de l'école norvégienne de météorologie, propose le modèle du front polaire ; C.-J. Rossby (années 1940) montre que les changements de la circulation atmosphérique de surface ne peuvent être prévus sans tenir compte de ceux qui affectent la haute troposphère... Les données rapidement recueillies et analysées permettent d'établir des prévisions météorologiques dont la fiabilité a augmenté de manière conséquente, notamment depuis le milieu du XXe siècle. Certaines de ces données mesurées sont utilisées ensuite par les climatologues, qui, dans certains cas, peuvent collecter eux-même leurs propres observations, par exemple lorsque la densité des réseaux classiques de stations météorologiques est trop faible ou inadaptée (climatologie locale ou microclimatique), ou lorsque les études concernent des périodes plus longues que celles couvertes par les instruments de mesure.

Le météorologue J. van Hann (autrichien) ainsi les géographes A.J. Herbertson (américain), A. Voeykov (russe) et W. Köppen (allemand d'origine russe) ont élaboré les bases de la climatologie, qui est entrée dans les universités au début du XXe siècle. Ces pionniers se sont intéressés aux données météorologiques et à la végétation, qui est un bon indicateur synthétique du climat ; leurs recherches ont abouti au tracé des premières cartes des climats du globe.

En France, E. de Martonne, consacre, en 1909, plusieurs pages à la climatologie analytique dans son traité de géographie physique. Les descriptions à l'échelle régionale s'affinent avec la multiplication des thèses régionales. Pour tenter de mener à bien leur recherche, ces chercheurs ont dû s'adapter aux irrégularités de la documentation (faible longueur des séries de mesures, réseaux de stations clairsemés dans des régions au relief complexe...) et faire appel au « savoir-faire » populaire ou au bon sens des paysans (par exemple : étude des vents par enquête ou observation de la suie déposée sur les cheminées).

Jusqu'au milieu des années 1940, le climat est surtout défini en terme de « moyenne des états de l'atmosphère en un lieu donné de la surface terrestre » (Hann, 1908). Les chercheurs de cette génération calculent les moyennes interannuelles des variables météorologiques sur des périodes assez longues dans la mesure du possible (les normales sur trente ans, lorsque cela est possible) ; c'est à partir de ces calculs que l'on établit les classifications des climats. Mais cet état moyen ne correspond que très exceptionnellement (ou jamais) à la réalité : le géographe E. Bénévent écrit, en 1926, dans sa thèse que « l'année moyenne est précisément celle qui ne se réalise jamais ». Le calcul des valeurs moyennes des variables atmosphériques reste utile pour fixer les ordres de grandeur, mais son intérêt est limité.

La description des climats régionaux du globe

Le découpage climatique du globe s'est fait de manière plus ou moins synthétique au moyen de seuils thermiques et pluviométriques. La démarche n'est pas une opération aussi facile qu'elle peut y paraître et, si de nombreuses méthodes de classement ont vu le jour, on peut facilement constater que d'un auteur à l'autre les limites ne coïncident guère et que les appellations sont diverses. La figure suivante, empruntée à J.-P. Vigneau (2000) le montre bien. La classification de W. Köppen (fig. 38a), peut-être qualifiée de physionomique, puisqu'elle cherche à restituer les ambiances ; par exemple, pour définir la sécheresse, l'auteur qui n'a pas des données ETP, utilise une combinaison Précipitation/Température avec des calages empiriques... La carte interpelle sur l'homogénéité du découpage : la Galice (Espagne), l'Irlande, la Pologne sont dans la même classe... Pourtant cette méthode a très souvent été copiée ou adaptée dans certaines régions, nombre de cartes encore diffusées s'en inspirent (voir encadré sur la classification des climats par Köppen). Toute la question est de savoir à quoi sert une telle carte et à qui elle s'adresse ? Il est toujours possible de subdiviser des ensembles, si l'on dispose de données adéquates (stations météorologiques...), mais l'appellation et la description des classes sont vite fastidieuses.

Le découpage de G. Viers, qui date de 1968 (fig. 38b), est aussi discutable pour les mêmes raisons, mais la carte qui en résulte paraît plus simple. Cependant, la désignation peut gêner : l'Italie a un climat portugais... ; à l'échelle du globe (non montrée), une partie des États-Unis a un climat chinois... Ce découpage introduit déjà la notion d'explication du temps qui constitue la deuxième méthode de classement des climats : la méthode, dite génétique, est apparue, après la deuxième guerre mondiale, lorsque la dynamique de l'atmosphère a été mieux comprise. Elle est basée sur les grands mécanismes atmosphériques, ce qui correspond mieux à la définition moderne de la climatologie. La classification proposée par H. Flohn, en 1968, illustre ce type de méthode (fig. 38c), elle fait bien ressortir l'effet de façade océanique, de continentalité, avec, entre les deux, un espace de transition.

En fait, il n'y a pas de véritable raison d'opposer ces types de méthodes dans la mesure où l'on peut raisonnablement penser que les grandes différences physiologiques s'expliquent par des différences génétiques et l'on peut choisir des valeurs seuils de façon à faire coïncider grossièrement les limites obtenues par ces deux types de classement. D'ailleurs aujourd'hui, la question du découpage climatique planétaire n'est plus, à juste titre, une des priorités de la recherche des climatologues.

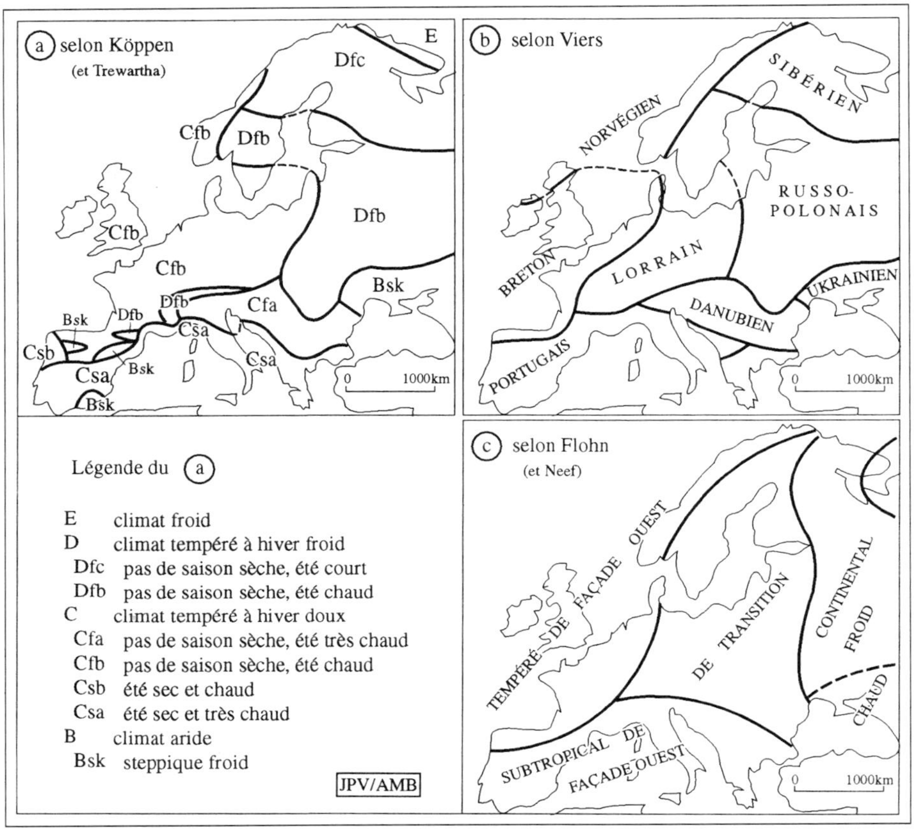

Figure 38 : **Trois exemples de classifications des climats européens**
Source : d'après J.-P. Vigneau, 2000

Jusque dans les années 1960, les climatologues s'intéressent donc à la répartition planétaire des climats, puis, plus tard, aux mécanismes qui expliquent cette organisation. Ils commencent aussi à étudier les échanges énergétiques et hydriques entre la surface et l'atmosphère. Dans les années 1940, W. Thornthwaite, s'inspirant des travaux des premiers climatologues (Köppen en particulier), établit des relations conceptuelles d'évapo-transpiration potentielle, d'excédent et de pénurie d'eau… et les exprime en formules mathématiques. Ces travaux ont incité de nombreux chercheurs à entreprendre des études sur les bilans hydriques ou énergétiques de la planète, renforçant de la sorte la dimension géographique de la climatologie.

Durant cette première moitié du XXe siècle, la climatologie garde des liens étroits avec la météorologie, elle établit les bases d'une bioclimatologie et elle ouvre des passerelles vers la médecine, l'hydrologie, l'agronomie, l'océanographie, la botanique tout en renforçant sa place dans la géographie.

Le principe de la classification des climats par Köppen

La classification de W. Köppen, l'une des plus anciennes (plusieurs versions entre les années 1910 et 1930) et des plus utilisées, s'appuie sur les deux indicateurs majeurs du bilan thermique et hydrique que sont les températures de l'air et les précipitations. Cinq climats de base, associés aux cinq types de couvertures des surfaces continentales, sont d'abord distingués. Ils sont désignés par les lettres majuscules :

– A : climats tropicaux sans saison froide (forêt équatoriale, savanes) ;
– B : climats arides et sub-arides (déserts, steppes) ;
– C : climats des moyennes latitudes à hivers froids (forêt de feuillus ou mixtes) ;
– D : climats des moyennes latitudes à hivers très rudes (conifères) ;
– E : climats sans véritable saison chaude (toundra).

A, C et D correspondent à des groupes thermiques (en A, tous les mois ont une moyenne > à 18 °C, en C, au moins un mois n'atteint pas 18 °C et la limite entre C et D correspond à l'isotherme – 3 °C pour le mois le plus froid).

B et E sont utilisés lorsqu'un facteur du climat est tyrannique pour la végétation (B pour l'aridité, E pour le froid).

Les climats de type A, C et D se subdivisent en fonction de la répartition saisonnière des précipitations :

– Aw, Cw et Dw comportent des pluies d'été et une saison sèche d'hiver (w = *winter*, hiver) ;
– Am correspond au climat tropical de la mousson (m), les précipitations compensent la sécheresse hivernale à la différence du type Aw ;
– Af, Cf et Df comportent des pluies en toutes saisons (f = *feucht*, humide en allemand) ;
– Cs comporte des pluies d'hiver et une saison sèche d'été (s = *summer*, été).

Les climats de type B et E esquissent respectivement le degré l'aridité ou de froid :

– le climat aride (B) des zones désertiques est symbolisé par les lettres BW, celui des steppes subarides par les lettres BS ;
– le climat froid (E) est aussi subdivisé en deux, EF désigne un climat où la température moyenne du mois le plus chaud est comprise entre 0 et 10 °C (10 °C est un bon indicateur de la limite de la forêt boréale), ET désigne un climat où le froid est plus permanent (température moyenne du mois le plus chaud inférieure à 0 °C).

Les climats de type C et D sont ensuite subdivisés en fonction des caractéristiques thermiques de l'été (non montré).

Les climats de montagne sont rattachés au type de climat le plus proche, par exemple, les montagnes des basses latitudes correspondent au climat tempéré (C), les montagnes des moyennes latitudes au type D ou E.

Bien évidemment les seuils proposés par Köppen ont parfois été discutés et d'autres auteurs en ont proposé d'autres. L'intérêt ici est simplement de montrer la philosophie de la démarche.

À partir des années 1960, la diversification des thèmes de recherche

À la fin des années 1930, M. Sorre propose une nouvelle définition (« le climat est la série des états de l'atmosphère au-dessus d'un lieu dans leur succession habituelle »), proche de celle retenue en 1966, par l'Organisation météorologique mondiale : « le climat est la synthèse des conditions météorologiques dans une région donnée, caractérisée par des statistiques à long terme (valeur moyenne, probabilité…) des éléments météorologiques de cette région ». Alors que, dans la première moitié du siècle, les climatologues privilégiaient l'analyse séparée de chaque élément du climat, cette nouvelle définition va dans le sens d'une approche plus globale et d'une vision synoptique des processus, ce qui n'exclut pas des études spécifiques en particulier aux échelles spatiales plus fines.

À partir des années 1960, la climatologie se diversifie, les approches sont essentiellement orientées vers la compréhension des causes physiques des processus. Ce n'est que plus tard, dans les années 1970-1980, que certains climatologues s'orientent vers la dimension humaine, ce qui n'a pas empêché, en parallèle, un fort développement de la recherche sur la compréhension des systèmes physiques.

Nous indiquons ici succinctement quelques-unes des orientations de la recherche des géographes-climatologues, durant les quatre dernières décennies.

Les notions de type de circulation, de type de temps ou de situation synoptique ont été introduites au tout début de cette période (Pagney et Péguy, 1972). L'échelle régionale est privilégiée pour ces descriptions et explications géographiques des climats (mais la taille des « régions » peut-être très variable…). Cette climatologie synoptique (vue d'ensemble du temps au même instant sur une vaste région d'échelle continentale) s'intéresse à la dynamique atmosphérique, elle s'appuie sur des documents représentant de vastes espaces (cartes météorologie, images satellitales…), permettant par exemple le suivi des systèmes nuageux ou des fronts… Le temps qu'il fait correspond à une situation synoptique, mais il est aussi influencé localement par la couche d'air à la base de l'atmosphère (couche limite) qui dépend des conditions géographiques de la surface (nature de la surface, rugosité, humidité…). Les différences locales du climat sont fonction de tous ces paramètres : deux situations synoptiques similaires peuvent donner localement des temps différents.

L'étude des systèmes climatiques permet la compréhension globale, ou à des échelles plus fines, de la circulation atmosphérique et donc des climats (un système peut-être défini comme un ensemble de processus physiques, chimiques et biologiques agissant, à différentes échelles spatiales et temporelles, entre l'atmosphère, l'hydrosphère, la cryosphère, la lithosphère et la biosphère). Les chercheurs montrent que la répartition des climats sur une aire géographique ne peut s'expliquer que par la combinaison de plusieurs causes. Ces travaux permettent de mieux comprendre et éventuellement de prévoir l'apparition des systèmes atmosphériques. Ainsi, la compréhension du modèle du front polaire, qui a évolué depuis sa première formulation dans les années 1920 (voir chap. 3), a permis des progrès significatifs dans la prévision météorologique. C'est grâce à ce type de démarche que le fonctionnement des phénomènes est mieux compris. À l'échelle globale, le système Terre-Océan-

Atmosphère met en évidence les interactions, les processus et les mouvements qui sont représentés par une série de boucles fermées. Chacune de ces boucles constitue un sous-système particulier, tel le système du front polaire ou celui de la cellule de Hadley, et ces sous-systèmes sont reliés entre eux. L'analyse de la circulation atmosphérique nécessite la distinction des différents processus (frontaux, thermodynamiques, orographiques) qui ont des répercussions sur les déplacements de l'atmosphère : par exemple, les processus frontaux engendrent les mouvements verticaux qui, à leur tour, libèrent la chaleur latente...

Le schéma ci-dessous, de F. Durand-Dastès (1990), illustre ce type de démarche et montre la complexité des interférences entre la circulation atmosphérique et celle des océans (fig. 39). Les vents ont une influence sur les courants marins et les précipitations modifient la salinité (donc la densité) de l'eau de mer. La circulation atmosphérique, par ces composantes verticales et horizontales (vent et précipitations), a des conséquences sur les courants marins qui transportent la chaleur et permettent l'évaporation...

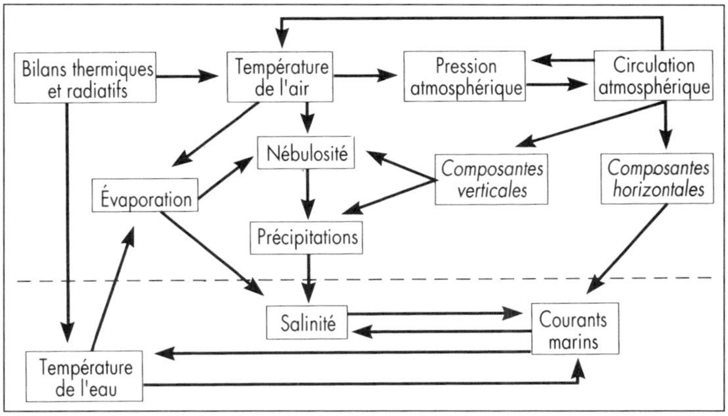

Figure 39 : **Le système continent-océan atmosphère**
Source : d'après F. Durand-Dastès, 1990

Parallèlement, quelques climatologues commencent à quantifier par la statistique les relations de cause à effet entre les anomalies climatiques aux échelles régionales. C'est le domaine de la climatologie diagnostique, des téléconnexions, c'est-à-dire des liaisons statistiques observées entre des variables climatologiques appartenant à des régions pouvant être éloignées les unes des autres. Alors qu'auparavant les études climatiques se focalisaient presque exclusivement sur les terres émergées, les recherches prennent de plus en plus en compte l'influence de l'océan. Celui-ci, par sa très forte capacité de stockage de la chaleur et par le fait que les courants marins sont beaucoup plus lents que ceux de l'atmosphère, apporte au système climatique une variabilité à des échelles temporelles sensiblement plus longues que celles de l'atmosphère. Cette branche de la climatologie a permis des avancées significatives sur la compréhension des phénomènes couplés océan-atmosphère et comme certaines données mesurées sur les océans ou sur les continents (température de l'eau, pression, humidité des sols) sont des indicateurs de la formation et du transport de vapeur d'eau, pouvant être à l'origine des précipitations, elles sont utilisées pour établir des prévisions statistiques de la pluviométrie. Dans certaines régions des basses latitudes, depuis une dizaine d'années, ces prévisions statistiques du climat à l'échelle saisonnière s'avèrent utiles pour les gestionnaires de l'eau et pour la planification agricole.

Aux échelles climatiques, la modélisation numérique du climat, à partir des équations et des lois de la thermodynamique et de la mécanique des fluides, concerne surtout de très vastes domaines avec une maille large de quelques centaines de kilomètres de côté. Cette modélisation, qui a pour objectif principal de simuler l'évolution des climats, échappe pour l'essentiel aux géographes qui ne sont pas préparés pour résoudre les nombreux problèmes rencontrés par les physiciens et les météorologues. Pour une prévision climatique à l'échéance de quelques mois, il faut faire intervenir dans le modèle les composantes du climat autre que l'atmosphère, en premier lieu l'océan superficiel, les calottes glaciaires… Les simplifications inévitables apportées pour la construction des modèles sont une première source d'incertitude et d'autres composants du système climatiques ne sont pas encore pris en compte de manière satisfaisante, soit parce qu'ils sont mal connus (circulation océanique profonde, variation de l'activité solaire…), soit parce que l'on commence seulement à comprendre leur intérêt (processus chimiques ou biologiques de l'océan). Les géographes-climatologues sont cependant concernés par cette forme de modélisation. En amont, ils le sont car il faut caractériser les états de surface, interpoler des données ponctuelles (stations), ou calculer des champs climatologiques sur des grilles compatibles avec celles utilisées dans les modèles. En aval, les géographes-climatologues peuvent aussi participer à des recherches visant par exemple à valider certaines « sorties de modèles climatiques » : champs de vent, température de surface couverture nuageuse…

Enfin, un certain nombre de chercheurs s'intéressent aux relations entre l'homme et le climat. Comme la climatologie a été fortement influencée par les géographes, ce thème a été naturellement abordé bien avant le XXe siècle et depuis des millénaires, les hommes dépendent largement de l'agriculture qui a beaucoup de rapport avec le climat. Plusieurs savants ont tenté d'expliquer les modes de vie des sociétés humaines à partir du milieu physique, et le climat était souvent un élément essentiel de l'explication. Ce déterminisme a été décrié par la suite pour des raisons diverses et l'intérêt pour l'étude des relations homme-climat s'est un peu estompé, jusqu'au milieu des années 1970. La situation s'est ensuite renversée, lorsque progressivement les chercheurs ont montré que l'homme peut modifier involontairement les caractéristiques de l'air (rejets de gaz à effet de serre, modification du cycle de l'eau par déboisement…), et perturber fortement le fonctionnement des écosystèmes (imperméabilisation excessive des surfaces, aménagement des cours d'eau…). En retour, la « nature » peut engendrer des risques nouveaux (le changement climatique en est un) et surtout elle peut amplifier des risques existant depuis les débuts de l'humanité. Les aléas atmosphériques des dernières décennies, à l'origine des inondations ou des sécheresses, n'ont probablement pas grand-chose à voir avec le possible changement climatique. L'étude des risques liés au climat permet de s'interroger à la fois sur la fréquence des aléas et sur la vulnérabilité des sociétés. Aux échelles spatiales fines, les recherches ont de nombreuses applications dans des domaines très variés. Par exemple, l'étude de la morphométrie de la surface permet de détecter les espaces où l'air froid, relativement dense, va stagner sous certaines conditions météorologiques, cela permet de mieux choisir les moyens de lutte antigel adaptés au milieu à protéger ou de proposer des aménagements lorsque les obstacles à l'écoulement de l'air sont implantés par l'homme (remblai routier par exemple).

Qu'elles soient fondamentales ou appliquées, les recherches climatologiques font donc souvent appels à la pluridisciplinarité et à des méthodes et outils d'une grande diversité. Les quelques lignes consacrées à cette description n'en donne qu'un aperçu rapide, et uniquement pour ce qui concerne les géographes-climatologues.

Les mesures et les observations météorologiques

Les mesures météorologiques ont constitué pendant longtemps une donnée quasi incontournable pour la climatologie, puis, les sources d'information et les échelles d'étude se sont diversifiées.

Les mesures météorologiques dans les stations de surface sont effectuées de façon régulière, soit dans des stations météorologiques gérées par un personnel spécialisé, soit dans des postes avec observateur bénévole (depuis quelques dizaines d'années des stations automatiques remplacent ces personnes au moins pour un certain nombre de tâches). D'autres capteurs sont aussi employés pour observer l'atmosphère et ses mouvements, c'est notamment le cas de ceux qui sont embarqués sur les satellites et des radars météorologiques, qui sont aujourd'hui des instruments utilisés en routine pour la prévision du temps, à l'échéance de quelques heures.

Les principales mesures de surface dans les stations météorologiques

La température de l'air et les précipitations sont les deux variables météorologiques les plus mesurées, mais d'autres types de données sont aussi collectés tous les jours en de nombreux points de la surface des terres et des mers (bouées, navires) : pression atmosphérique, vent, nébulosité, humidité de l'air… Les principales mesures effectuées sont évoquées ci-dessous en évoquant succinctement quelques instruments classiques employés. L'état thermique de l'atmosphère, qui résulte des échanges de chaleur avec la surface du substrat ou avec l'espace, est évalué à l'aide de la température de l'air exprimée en degré Celsius (°C). Par convention, les thermomètres à maximum et à minimum sont placés dans des abris météorologiques fermés et ventilés, pour éviter les effets de la radiation solaire sur le thermomètre. Ces instruments sont placés à 2 mètres, en principe, au-dessus d'une pelouse, pour uniformiser les conditions de mesures et pour comparer les données mesurées dans diverses stations du globe. Dans le domaine agronomique, on mesure aussi la température de l'air hors abri, par convention à 10 cm de la surface (pour certaines applications, la hauteur de ce capteur peut être différente, par exemple 50 cm pour la viticulture). Cette donnée, appelée température en indice actinothermique, est plus proche de celle que connaît la végétation, sauf lorsque le capteur reçoit directement les rayons du Soleil (dans ce cas elle n'a pas grand intérêt). En plus de la température de l'air, on peut aussi mesurer celle des surfaces (continent, océan, surface particulière) à l'aide de capteurs de mesure de l'émission infrarouge, installés par exemple sur une station météorologique portative ou sur un satellite… Il existe d'autres types de capteurs, qui reposent sur des principes physiques différents et, si toutes les données mesurées avec des capteurs de type différent donnent une valeur de température, elles ne peuvent être directement comparées sans prendre des précautions. Sur des périodes de temps plus longues que celle couverte par les instruments, il existe des méthodes qui permettent d'avoir une idée de la température (encadré cidessous).

Les précipitations (pluie, neige, grêle) sont mesurées, en millimètres, à l'aide d'un pluviomètre, par lecture directe d'un observateur qui note la hauteur cumulée d'eau à intervalle fixe. La mesure peut aussi se faire automatiquement avec un système mécanique (pluviographe à auget, à siphon…), ce qui permet d'avoir une résolution temporelle beaucoup plus fine et, par conséquent, une meilleure évaluation de l'intensité des précipitations. Apparemment facile à obtenir, la mesure de la lame d'eau précipitée est souvent peu précise (effet du vent par exemple…), et, comme les précipitations sont très variables dans l'espace, les valeurs ne donnent qu'un ordre de grandeur parfois grossier et leur représentativité spatiale est limitée.

La pression atmosphérique, est mesurée à l'aide du baromètre. Cet instrument, qui doit être minutieusement étalonné, donne une valeur en centimètres de mercure, pour le baromètre à mercure, ou en hectoPascal (hPa). Cette dernière étant l'unité officielle, elle remplace le millibar (mb) : 1 mb = 1 hPa. La pression moyenne à l'altitude 0 mètre est de 1 013,25 hPa.

La force et la direction du vent se mesurent dans les stations météorologiques à l'aide de capteurs installés à 10 mètres de la surface dans un endroit bien dégagé (norme internationale), mais pour des applications spécifiques la hauteur peut-être différente (2 mètres par exemple). La force du vent se mesure avec un anémomètre (les plus courants sont constitués d'un moulinet

La mesure de la température et son exploitation

L'évaluation de la température, avant la période couverte par les instruments de mesure, se fait de manière indirecte à partir d'un certain nombre d'archives naturelles (pollens, cernes des arbres...), qui donnent une information sur le climat global d'une période donnée. Ainsi, les glaciologues prélèvent des carottes jusqu'à des profondeurs dépassant 2 000 mètres sur les grandes masses de glace formées par les précipitations de neige qui, en emprisonnant de l'air, s'accumulent chaque année sur les continents des latitudes polaires. L'analyse physico-chimique de ces carottes permet d'évaluer les conditions climatiques au moment de leur dépôt. Le rapport entre l'isotope lourde de l'oxygène ^{18}O et l'isotope léger ^{16}O est d'autant plus grand que la température des océans qui ont donné naissance aux précipitations est plus élevée. L'âge des couches est évalué par comptage des strates. Cette méthode permet actuellement d'avoir une information de la température des 400 000 dernières années.

Les premiers thermomètres à graduation datent du milieu du XVIIe, et plusieurs savants concevront de tels instruments basés sur la dilatation des liquides en fonction de la température : par exemple, en 1715, Fahrenheit substitue le mercure à l'alcool. Aujourd'hui, il existe trois grands types de capteurs : des capteurs de dilatation (liquide ou métaux), des capteurs thermoélectriques (thermocouples) et des capteurs à infrarouge. Tous ces capteurs donnent une valeur numérique de la température, mais la comparaison de ces valeurs nécessite quelques précautions...

Par respect des normes internationales de l'Organisation météorologique mondiale, les thermomètres du réseau mondial sont placés, à 2 mètres de la surface, à l'intérieur d'abris météorologiques (pour réduire les effets parasites du vent et du rayonnement solaire...). Dans chaque station, les relevés de températures et des autres variables du temps, sont effectuées au moins deux fois par jour, mais depuis quelques années des stations automatiques, éventuellement consultables à distance, remplacent progressivement les stations traditionnelles, plus coûteuses en frais de personnel. Le traitement statistique des données collectées, sur des périodes plus ou moins longues, permet de dégager les caractéristiques thermiques d'un lieu : amplitude quotidienne, températures minimales et maximales moyennes sur une période donnée, fréquence de dépassement d'un seuil donné (ex. : gel...). Les possibilités de calcul sont nombreuses. Les calculs peuvent concerner un ensemble de stations d'une région donnée pour définir par exemple un indice thermique régional.

à trois coupelles ou d'une hélice...), les valeurs sont exprimées en m/s ou, dans le milieu nautique, en nœuds [le nœud équivaut à une vitesse d'un mille marin (1 852 mètres) par heure, soit 0,5144 m/s]. Comme la vitesse du vent peut varier assez rapidement, on calcule généralement la moyenne des mesures instantanées durant les 10 minutes qui précèdent l'heure officielle du relevé : pour la mesure du vent à 12 heures, on calcule la moyenne du vent entre 11 h 50 et 12 h... La direction se mesure avec une girouette, elle est exprimée soit par rapport aux points cardinaux (nord, sud/sud-est...), soit en degrés à partir du nord géographique, dans le sens horaire (90° pour l'est, 180° pour le sud...). Comme pour la vitesse, lorsque les instruments le permettent, la direction indiquée, pour une heure donnée, correspond à la moyenne des 10 minutes qui précèdent cet instant.

La nébulosité qui s'exprime en octas (c'est-à-dire en huitième de la voûte céleste), ou l'humidité de l'air (définie dans le chap. 3) sont aussi des mesures courantes effectuées tous les jours, à intervalles réguliers, dans de nombreuses stations météorologiques.

La structure verticale de l'atmosphère est aussi mesurée tous les jours dans quelques centaines de stations un réseau mondial d'observation, à l'aide de ballons sondes. Certaines variables de l'atmosphère sont aussi suivies à distance (télédétection), soit par des observateurs spécialisés (par exemple pour mesurer le taux de couverture nuageuse, ou des genres de nuages), soit à l'aide d'instruments qui sont maintenant perfectionnés : c'est le cas des satellites météorologiques et des radars.

Les observations à distance de l'atmosphère : l'exemple des satellites géostationnaires et des radars Doppler

Les satellites météorologiques sont des objets gravitant autour de la Terre. Ils sont utilisés d'une manière opérationnelle par les météorologues, pour le suivi à distance des phénomènes atmosphériques (le premier satellite Tiros 1 a été lancé en avril 1960). Les plus connus sont les satellites géostationnaires. Positionné à près de 36 000 kilomètres au-dessus de la surface terrestre, un satellite géostationnaire décrit une orbite circulaire dans le plan équatorial de la Terre. Comme il a aussi la même vitesse angulaire que la Terre, sa période de révolution est de 24 h. Il est donc fixe par rapport à un repère terrestre et son « champ de vision » est très important (environ 1/3 de la planète, mais avec une résolution plus faible au pôle qu'à l'équateur). Les deux principaux canaux mesurés par les capteurs des satellites sont le visible et l'infrarouge. Dans le canal visible (longueurs d'onde autour de 0,75 μm), le capteur n'est utilisable que dans les régions éclairées par le soleil. Il mesure la réflexion naturelle du spectre solaire sur la planète. Le canal infrarouge tellurique mesure le rayonnement émis autour de 10 à 12 μm. Dans cette bande spectrale, l'émission infrarouge augmente avec la température de surface du corps observé. Ce canal est utilisé en particulier pour le suivi des systèmes nuageux et, à la différence du canal visible, il est utilisable aussi bien la nuit que le jour. Les satellites géostationnaires, tout comme les satellites à défilement (non présentés) connaissent des améliorations techniques fréquentes, ils sont devenus des outils indispensables pour les prévisionnistes.

Les météorologues utilisent aussi des radars (acronyme de l'anglais *Radio Detection And Ranging*, détection et télémétrie par radio). De tels instruments électroniques permettent la détection à distance des objets par leurs propriétés de rétrodiffusion du rayonnement radio. Le radar Doppler (du nom du physicien autrichien qui, en 1842, a mis en évidence ce phénomène sur les ondes sonores) a un balayage conique. Il émet des impulsions électromagnétiques de durée très brève (quelques microsecondes) dans une direction d'azimut et d'élévation. Les hydrométéores contenus dans le volume de résolution du capteur sont irradiés par l'onde électromagnétique qu'ils diffusent dans toutes les directions, en particulier dans celle du radar (on parle de rétrodiffusion). Comme les cibles (les hydrométéores) se déplacent par rapport à la source émettrice (le radar), le long du faisceau, un décalage de fréquence se produit, proportionnel à la vitesse radiale des gouttelettes. L'information extraite du signal radar permet d'obtenir en tout point du système précipitant, après correction des mesures, la valeur de la vitesse radiale de l'air (Sauvageot, 1992). L'analyse de cette vitesse permet de différencier les cibles météorologiques des échos fixes dont la vitesse est nulle. Tous les échos ayant une vitesse radiale non nulle sont ainsi identifiés et distingués : échos météorologiques, biologiques (oiseaux) ou anthropiques (avions). Divers types d'instruments au sol ou aéroportés sont utilisés et, à l'aide d'algorithmes de calculs complexes, ils permettent par exemple, d'obtenir des champs tridimensionnels du vent, ou le suivi des systèmes météorologiques dangereux, en particulier pour la prévision des phénomènes hydrologiques potentiellement dangereux. Dans le domaine de la prévision du temps, à court terme, l'utilisation du radar va probablement continuer à se développer dans les années à venir.

Ces données satellitales et radars permettent d'améliorer la prévision du temps à court terme, elles sont aussi utilisées par quelques climatologues et offrent des possibilités multiples et originales de recherche.

La situation météorologique et le temps

Le temps qu'il fait à un moment précis ou pour une journée donnée est souvent apprécié en termes subjectifs : temps chaud ou froid, torride et sec ou pluvieux, beau temps ou mauvais temps… Il peut aussi être évalué à partir des données qui sont mesurées dans les stations météorologiques. Sur les cartes, certaines des variables atmosphériques se prêtent à l'interpolation (par exemple la pression), les autres sont généralement indiquées par des figurés ponctuels représentés de manière conventionnelle.

Les variations temporelles des états de l'atmosphère en un lieu donné et la carte du temps

La figure 40 montre les variations de quelques variables atmosphériques quotidiennes (température, précipitations, humidité relative et insolation) dans une station (Barzy dans la Marne, France) au cours du mois de mars 2000. L'analyse comparative des courbes montre, par exemple, que les trois premiers jours de la période, il y a eu quelques précipitations (5 mm le 1er mars, 13 mm le 3) ; durant cette période, les températures moyennes étaient autour de 5 à 7 °C, mais le 2 mars, journée sans précipitations, les températures minimales étaient proches de 0 °C. Entre le 4 et le 13 mars, il n'y a pas eu de précipitations et les températures minimales ont baissé (– 4 °C le 5 et le 6), en revanche les maximales ont augmenté ainsi que la durée d'insolation et l'humidité relative maximale était moins importante que les jours précédents... Les derniers jours du mois ont reçu de nouvelles précipitations, l'insolation était faible et les températures maximales ont baissé de nouveau, alors que les minimales étaient moins froides que les jours sans nuages. L'humidité relative a augmenté durant ces derniers jours du mois, en particulier le 30 mars qui a reçu 15 millimètres de pluies.

Les observations météorologiques sont effectuées à intervalle de temps régulier (par exemple toutes les 3 heures, ou deux fois par jour), sur un réseau relativement irrégulier (en France, environ une station tous les 50 kilomètres, beaucoup moins dans certaines régions du globe). Compte tenu de la densité de ces réseaux, la plupart des phénomènes de courte durée de vie et de taille réduite ne peuvent donc être pris en compte (par exemple les tornades), mais ils peuvent cependant être observés par télédétection (radar, satellite...) si leur dimension est compatible avec la résolution des capteurs. Les mesures sont collectées et centralisées dans des centres météorologiques, où, après vérification, elles sont reportées sur des documents cartographiques et archivés. Ces cartes dites synoptiques donnent sur des aires géographiques, des indications ponctuelles ou interpolées, permettant de caractériser l'état de l'atmosphère en surface, ou pour un niveau de pression donnée (niveau isobarique). Les prévisionnistes peuvent les enrichir d'informations complémentaires, par exemple la position et la nature des fronts...

Les cartes classiques de la situation en surface portent des indications se référant au temps observé à un moment précis (le plus souvent à 0 et à 12 h en temps universel, UTC), dans les stations de mesure du réseau synoptique. Ces données représentées par des symboles – adoptés à l'échelle internationale – concernent la direction et la vitesse du vent, la nébulosité, le genre de nuage, la visibilité, la pression atmosphérique au niveau de la mer, la température de l'air sous abri, la température du point de rosée, la tendance barométrique (voir encadré : La légende de la carte météorologique). Les données de pression sont aussi interpolées par des lignes d'égale pression (les isobares), espacées en général de 5 en 5 hPa (ex. : 1 010, 1 015, 1 020...), permettant d'évaluer l'organisation spatiale du champ de pression.

Pour la France, pays de la façade atlantique de l'Europe, en première approche, on peut distinguer quelques grands types de situations météorologiques particulières, associées chacune à un type d'ambiance atmosphérique, même si la limite entre les classes d'ambiance n'est pas facile à définir.

Les deux exemples suivants, pris en janvier, donne une petite idée de cette diversité :

– *Temps perturbé d'ouest : vent et humidité*. Le 20 janvier 1993, un secteur de basses pressions (minimum autour de 965 hPa) est centré sur le nord de l'Atlantique à l'ouest de la Scandinavie et une vaste aire de hautes pressions est installée sur le sud-ouest de l'Europe et le nord de l'Afrique . Un flux de sud-ouest véhicule des masses d'air d'origine océanique sur une grande moitié nord de la France. Plusieurs perturbations, caractérisées par leur front chaud et leur front froid, traversant la moitié nord du pays, sont visibles sur la carte

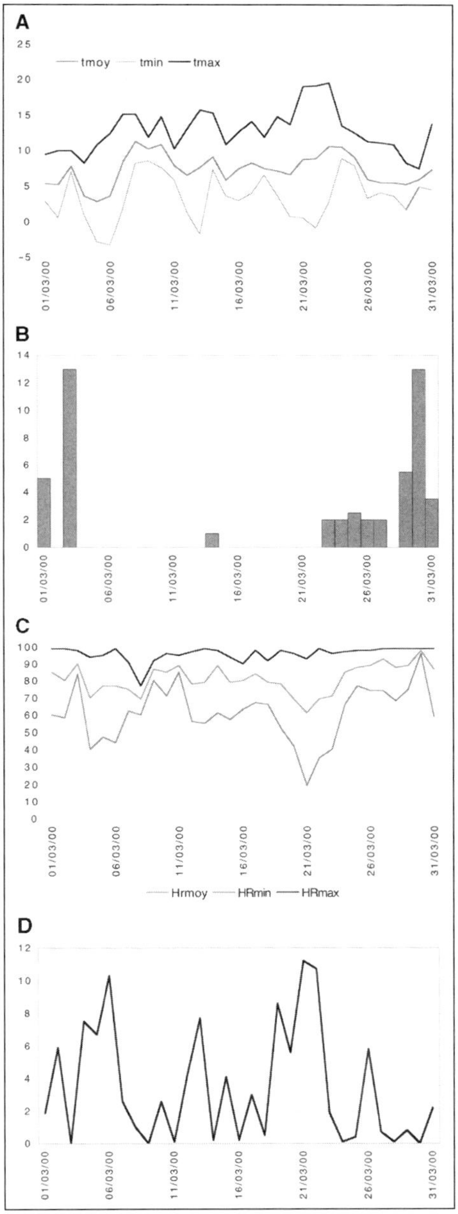

a) température minimale, maximale et moyenne (en °C), **b)** hauteur des précipitations quotidiennes (en mm), **c)** humidité relative minimale, maximale et moyenne (en %), **d)** insolations (en heures)

Figure 40 : **Observations météorologiques quotidiennes du mois de mars 2000 à Barzy**

Source : données Comité Interprofessionnel du Vin de Champagne, Épernay

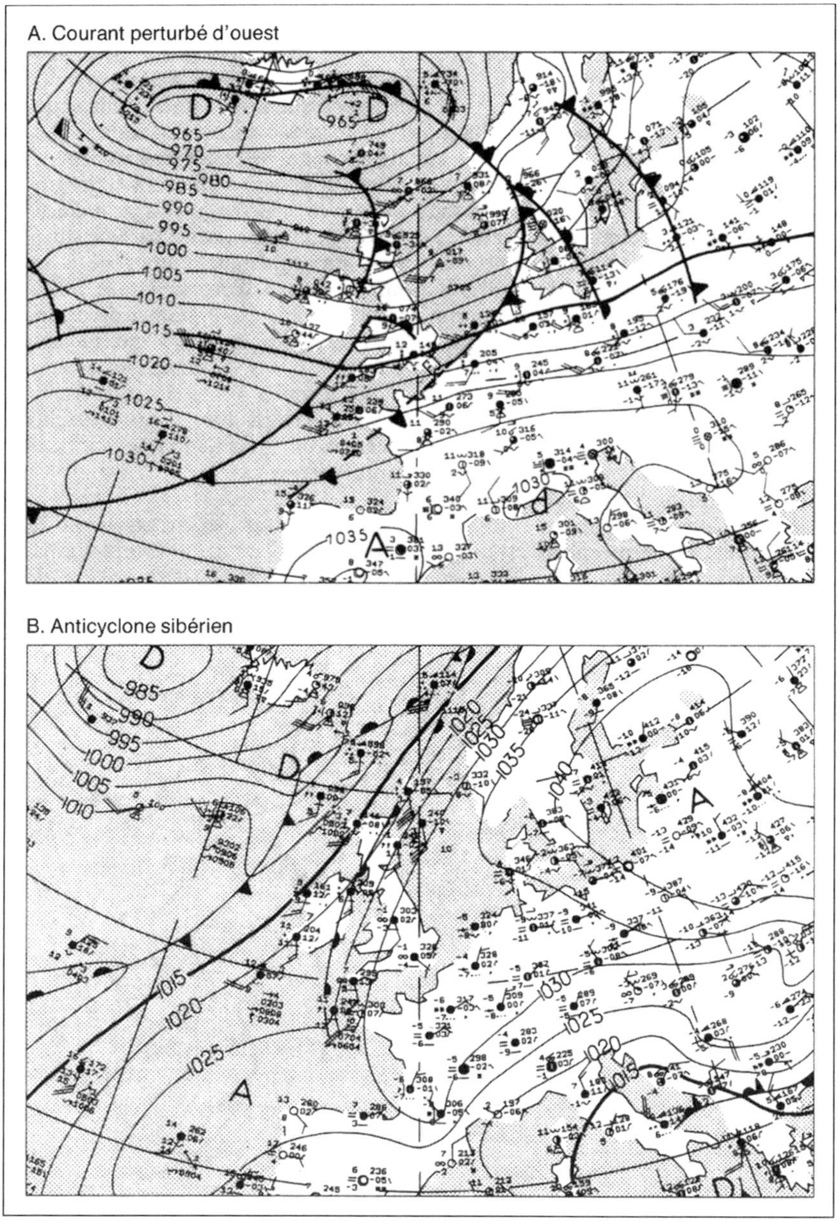

Figure 41 : **Deux situations météorologiques affectant la France : A. Courant perturbé d'ouest (20/01/93) et B. Anticyclone continental (19/01/87)**

Source : Bulletin hebdomadaire d'Étude et de Renseignements de Météo France © *in* G. Beltrando, L. Chémery, 1995

Bulletin hebdomadaire d'études et de renseignements (extrait de la notice explicative)

CA* Front chaud "C" — FA* Front froid "F"

QA* Front quasi stationnaire "Q" — OA* Occlusion "O"

*"A" : numérotation alphabétique identifiant la perturbation

Un front est dit "chaud" lorsque, au cours de son déplacement, l'air chaud remplace l'air froid ; il est dit "froid" lorsque l'air froid remplace l'air chaud.
L'association d'un front chaud et d'un front froid constitue une "perturbation".
La formation d'une "occlusion" intervient lorsque le front froid plus rapide rattrape le front chaud et que l'air chaud est rejeté en altitude. L'occlusion est à caractère de front froid ou de front chaud selon que l'air postérieur au front froid est ou non à une température inférieure à celle de l'air antérieur au front chaud.

Les renseignements suivants sont indiqués pour chaque lieu d'observation :

○ Station d'observation — △ Station automatique

□ Station d'observation par avion ou bouée — Station d'observation par satellite

Symboles utilisés

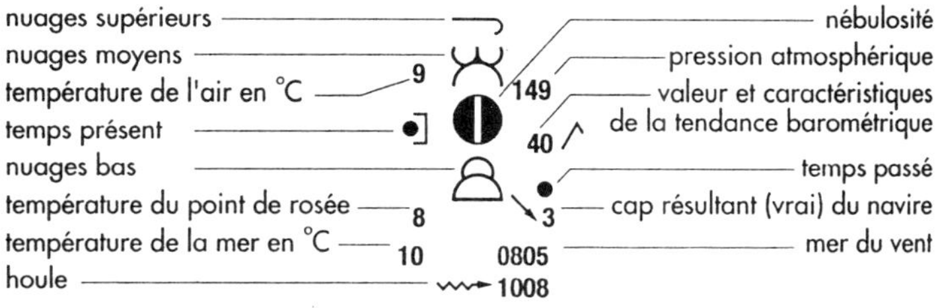

Nébulosité

nulle — 1/8 — 2/8 — 3/8 — 4/8

5/8 — 6/8 — 7/8 — 8/8 — ciel invisible

Vent

vent calme — V = 1 ou 2 nœuds — V = 5 nœuds

et à 12 h UTC. Ainsi, un front froid aborde la façade ouest du pays, de la Bretagne au nord de la France. En surface, sur la moitié nord du pays, le ciel est nuageux et le temps est pluvieux. La couverture nuageuse limite le réchauffement diurne, mais la nuit précédente a été relativement douce pour la saison. Cette situation en surface est associée en altitude à un flux d'ouest et à un courant-jet particulièrement actif ce jour-là (figure non montrée). Ce type de temps, plus fréquent en saison hivernale qu'estivale, est d'ordinaire ressenti comme « le mauvais temps ». Il ne concerne pas le sud du pays qui, en marge des perturbations, connaît un temps plus stable, moins venteux…

– *Temps anticyclonique continental : des températures glaciales.* Le 19 janvier 1987, une puissante cellule anticyclonique (pression supérieure à 1040 hPa), d'origine thermique centrée sur l'ouest de la Russie, s'étire jusqu'à la façade atlantique. Cette cellule est à l'origine du vent de nord, nord-est qui apporte des masses d'air d'origine continentale sur la France : l'air est subsident, les températures glaciales (– 4 à – 7 °C en plaine sur le pays à 12 h) et relativement sèches. Plus au sud, sur la péninsule ibérique, le temps est aussi anticyclonique, mais l'origine de cette cellule est plus dynamique, et elle est renforcée en surface par un substrat océanique ou continental relativement froid. Ce type de configuration provoque un blocage de la circulation d'ouest qui, ne pouvant traverser la France, passe sur l'Europe du Nord.

Le type de temps : association d'une situation météorologique et des conditions locales

L'atmosphère fluctue en permanence, chaque instant est unique, il n'y en a pas deux qui soient strictement identiques. Cependant, l'analyse des variables de l'atmosphère fait ressortir un certain nombre de constantes qui reviennent saison après saison. À toutes les échelles, les masses d'air empruntent des trajectoires préférentielles et les caractéristiques ainsi que les fréquences d'apparition de ces masses d'air varient à l'échelle saisonnière.

La notion de type de temps a été très discutée, dans les années 1970, par les géographes français, sans qu'un consensus clair ait pu en ressortir. Ici, comme A. Hufty (2000), nous considérons qu'un type de temps correspond à l'association entre une situation météorologique et des conditions locales :

– la situation météorologique est généralement appréciée à l'échelle synoptique (aire de quelques centaines à quelques milliers de kilomètres de côté), ainsi qu'au moyen de sondages aérologiques traduisant le niveau de stabilité ou d'instabilité de l'atmosphère (voir chap. 3). Dans ces grandes lignes, ces situations ont une durée de vie variant de quelques heures à quelques jours.

– les conditions locales du temps sont celles perçues par les hommes, elles sont la conséquence d'un certain nombre de facteurs comme les caractéristiques de la masse d'air (maritime, continentale…), mais aussi de l'environnement d'un lieu. Le temps qu'il fait, à un instant donné, se manifeste dans la température de l'air, la pluviométrie, la force et la direction du vent, la nébulosité…

La représentation des données et les échelles d'étude du climat

La climatologie, telle qu'elle vient d'être définie, est une science dont un des objectifs premiers est de décrire de manière synthétique et d'expliquer la répartition des ambiances atmosphériques dans l'espace. Cependant, à la différence d'autres branches de la géographie de l'environnement, le climat n'est pas directement perceptible, seuls ces effets le sont ; sa description demande une analyse statistique et une modélisation, par exemple sous forme de diagrammes. Une définition préalable des principaux niveaux d'échelles d'étude s'avère utile.

Les échelles d'étude

Le climat ne renvoie à aucune dimension précise : on peut parler du climat de la Terre pour une période donnée (parfois de plusieurs milliers d'années...), ou de celui d'un espace très réduit (par exemple d'une rue). Il se manifeste donc à plusieurs échelles spatiales et, pour faciliter la communication entre chercheurs, quelques niveaux d'échelles ont été définis. Pour la période couverte par les instruments où les caractéristiques de l'atmosphère peuvent être mesurées, on peut envisager un système d'échelles emboîtées. Sur d'autres périodes de temps plus longues, le climat est aussi étudié, avec d'autres méthodes et par des sciences relativement autonomes qui sont simplement évoquées dans cet ouvrage (palynologie, dendroclimatologie...). Les résultats obtenus à ces échelles permettent de mieux comprendre certaines caractéristiques de la surface terrestre (par exemple dans le domaine de la géomorphologie glaciaire), ils permettent aussi de mieux comparer les grandes caractéristiques actuelles du climat par rapport à celles des périodes qui ne sont pas couvertes par les mesures.

Les échelles spatiales et temporelles du climat pour la période couverte par les instruments

La hiérarchisation des phénomènes atmosphériques permet l'étude climatique suivant un système d'échelles imbriquées, présenté ici en quatre grands niveaux emboîtés, depuis les climats à large extension jusqu'aux climats à extension réduite. Bien évidemment cette énumération n'est pas exhaustive, d'autres niveaux d'analyse et d'autres termes sont aussi employés, ils ne sont pas évoqués ici, car l'objectif est de caractériser simplement l'ordre de grandeur des niveaux les plus caractéristiques.

Schématiquement, la compréhension du concept de climat augmente au fur et à mesure que l'espace concerné par cette description se réduit et à chaque échelle, caractérisée par ces dimensions horizontales et verticales, des phénomènes spécifiques correspondant à des modèles physiques sous-jacents à l'explication sont cités.

En partant des climats à forte extension vers les climats à faible extension, on distingue successivement : le climat zonal, le climat régional, le climat local et le microclimat (Tab. 2).

– *Le climat zonal*. Le terme « zonal » s'applique au sens strict à une bande comprise entre deux parallèles. Même si l'observation des climats de la Terre montre que la répartition n'obéit pas strictement à cette règle, on sait depuis

Tableau 2 : **Les échelles d'étude du climat (ordre de grandeur et phénomènes caractéristiques de l'échelle considérée)**

Climat	Dimensions	Types de phénomènes
Zonal	> 1 000 ou 2 000 km ; décades à décennies	Alizé/mousson, ZCIT, cellules...
Régional	100 à 1 000 km ; journée à décades	Perturbations d'ouest et tropicales...
Local	100 m à 100 km ; heure à journée	Brises thermiques, effet urbain...
Microclimat	< 100 m, minutes à l'heure	Gelée, évaporation, rugosité des vents

l'Antiquité que la hauteur du Soleil (facteur astronomique) est un critère d'explication de la répartition des grands ensembles climatiques. L'échelle zonale oppose, en premier lieu, les moyennes et les hautes latitudes, où le bilan radiatif annuel est déficitaire, aux basses latitudes, où il est excédentaire (la limite entre les deux se situe vers 38-40° de latitude). À cette échelle, on peut aussi distinguer les grandes aires géographiques en combinant leur bilan énergétique et leur pluviométrie (climat chaud et humide, chaud et aride, tempéré à hiver froid, polaire). La circulation atmosphérique générale moyenne, analysée à partir des mouvements horizontaux (alizé, circulation d'ouest) et de la circulation cellulaire (Hadley, Ferrel), explique pour l'essentiel ce premier niveau de découpage. À noter que certains auteurs n'emploient pas le terme « zonal » et préfèrent utiliser celui de « général » ou de « macroclimat », pour évoquer le climat à cette échelle.

– *Le climat régional.* Du point de vue spatial, il peut correspondre à ce que l'on appelle l'échelle synoptique, qui est en fait une vaste portion de continent et/ou d'océan permettant le suivi de phénomènes tels les perturbations d'ouest des moyennes latitudes ou celles des basses latitudes. La distance de la mer, la présence de reliefs importants qui font obstacles aux déplacements des masses d'air, l'étendue des masses continentales dont les propriétés thermiques sont à l'origine de la formation de vastes cellules thermiques, sont des exemples de phénomènes caractéristiques de cette échelle. Les facteurs géographiques majeurs (proximité de l'océan, grandes barrières orographiques, continentalité), peuvent être à l'origine de grandes différences pour une même latitude, on parle alors de climat azonal (voir chap. 5). À ce niveau, un pays comme la France, n'a guère que deux ou trois climats (climat tempéré océanique, méditerranéen et de montagne), ce qui bien sûr peut être discuté, mais n'oublions pas que l'échelle dépend du but de l'étude.

– *Le climat local.* Il est sensiblement dépendant des particularités de la topographie, qui détermine des écoulements spécifiques de l'air et de la nature des surfaces à l'interface substrat-atmosphère, qui détermine les échanges énergétiques et les transferts d'eau. Dans la littérature, la dimension des aires géographiques correspondant à ce que l'on appelle un climat local est très large, tout comme les types de phénomènes étudiés à cette échelle : brises thermiques, cellules thermiques de la troposphère... On parle de climat local pour une ville, une forêt, les rives d'un lac et lorsque l'effet du relief est suffisamment important pour imprégner le climat, et lorsque l'étude vise à analyser l'influence particulière qu'impose la topographie, on parle plutôt de topoclimat. La montagne est un milieu où les contrastes sont plus marqués que dans les plaines, elle connaît donc des topoclimats qui peuvent être bien différenciés les uns des autres. La bande côtière, qui est le siège de l'alternance quotidienne des brises de mer et des brises de terre, peut aussi correspondre à un climat local. J.-P. Besancenot (1999) s'intéressant à l'action physiologique de ces climats propose de fixer son extension à trois ou quatre kilomètres à l'intérieur des terres. L'auteur note qu'à l'intérieur de cette bande il y a un ensemble de microclimats dont celui « du trait de côte » qui s'étend sur les premiers mètres à partir de la côte. Dans tous les cas, les phénomènes caractéristiques de cette échelle (brises, cellules thermiques...) ne concernent que la couche inférieure de la troposphère : la couche limite.

– *Le microclimat*. L'extension d'un microclimat varie de quelques dizaines de mètres à quelques centimètres. On parle de microclimat pour la petite couche atmosphérique adjacente à une surface quelconque : berges d'un lac, prairie, talus... Le microclimat est étroitement dépendant des mouvements turbulents de l'air, eux-mêmes conditionnés par de nombreux facteurs tels l'ombre portée, la rugosité de la surface (haies, talus...), ou les différences de températures et d'humidité du substrat. Une parcelle irriguée, un réseau de haies brise-vent, un talus routier ou ferroviaire, une rue abritée des rayons du Soleil peuvent expliquer la présence de microclimats bien délimités. Les milieux urbains sont particulièrement favorables à la juxtaposition d'une multitude de microclimats.

Le vocabulaire employé par les climatologues et la dimension des phénomènes caractéristiques de chaque échelle peut varier sensiblement d'un auteur à l'autre, en particulier pour les échelles intermédiaires. Par exemple, pour Yoshino (1975) le mésoclimat correspond à une échelle horizontale entre 10^3 et 2.10^5 m et le climat local est compris entre 10^2 et 10^4 m, mais cet auteur détermine une échelle verticale et temporelle pour chacun de ces niveaux d'échelle ce qui le contraint à harmoniser les trois dimensions (horizontale, verticale, temporelle).

Il n'y a manifestement pas de consensus sur la terminologie employée pour évoquer des niveaux d'échelle, mais cela n'est guère gênant, l'essentiel étant de bien préciser l'objet et la définition d'une étude qui peut d'ailleurs être abordée à diverses échelles de temps et d'espace.

Les échelles d'analyse sur de longues périodes

De manière extrêmement schématique, lorsque l'on traite des climats sur des périodes longues (du siècle au milliard d'années), on peut distinguer trois niveaux d'échelles qui à nouveau peuvent se recouper partiellement.

– *L'échelle paléoclimatique*. Elle s'appuie sur l'étude de divers traceurs naturels (sédiments, niveaux marins, calottes glaciaires, pollens...), couvrant chacune des périodes plus ou moins longues et ayant des résolutions plus ou moins précises (Tab. 3). C'est à cette échelle, que Milankovitch a expliqué certaines oscillations de la température du quaternaire dans les régions tempérées à partir de la théorie astronomique des climats (voir chap. 1). C'est aussi à cette échelle, que l'étude des bulles d'air contenues dans les glaces des régions polaires permet de reconstituer la concentration en CO_2 et en CH_4 sur des périodes pouvant atteindre plus de 400 000 ans avant l'époque actuelle (voir chap. 7).

Tableau 3 : **Types d'archives utilisés en paléoclimatologie**

Archives	Période couverte	Résolution
Documents historiques	1 000 ans	Jour/heure
Cerne des arbres	10 000 ans	Année/saison
Dépôts coralliens	100 000 ans	Année
Carottes glaciaires	1 000 à 100 000 ans	Année
Paléosols	100 000 ans	Siècle
Pollens	100 000 ans	Millénaire
Sédiments lacustres	10 000 à 1 000 000 d'années	Année
Lœss	1 000 000 d'années	Décennie
Roches sédimentaires	10 000 000 d'années	2 ans
Carottes océaniques	100 000 000 d'années	Siècle

D'après H. Oeschger et J.A. Eddy, *in* A. Berger, 1992

Les études à cette échelle font généralement appel à des techniques et à des sciences autonomes. Les résultats permettent de mieux comparer la période actuelle par rapport aux périodes passées et ils sont utilisés pour calibrer ou valider certains aspects des modèles globaux sur le changement climatique. Pour les reconstitutions climatiques sur les périodes les plus longues, au-delà du million d'années, la géologie est l'outil essentiel (nature des roches, faune et flore fossilisée...). L'étude du climat des temps géologiques permet de distinguer quatre grandes périodes depuis les origines de la Terre, elles-mêmes subdivisées en plusieurs périodes caractérisées chacune par leurs températures globales. À l'échelle de dizaines de millions d'années, la position des continents a changé (dérive des continents). La position et la répartition des masses continentales, l'altitude des reliefs qui peuvent faire obstacle à la circulation de l'atmosphère sont deux exemples de facteurs explicatifs à ces échelles.

Mais, pour les périodes les plus éloignées du présent, la description peut être perturbée car les archives naturelles ont pu être effacées ou altérées par les périodes ultérieures.

– *L'échelle « historique »*. C'est aussi une échelle paléoclimatique, mais elle est un peu particulière dans la mesure où elle repose sur l'analyse des documents d'archives laissés par les hommes, tels la date des inondations, des moissons ou des vendanges. Ces informations, bien qu'irrégulières dans le temps et ne se recoupant pas toujours d'une source à l'autre, ont l'avantage de pouvoir être datées avec précision. C'est à cette échelle et en recoupant de nombreuses sources que E. Le Roy Ladurie (1983) a reconstitué le Climat depuis l'An Mil. Le croisement de diverses données a permis par exemple la reconstitution d'une courbe des températures annuelles du deuxième millénaire (voir chap. 7, fig. 58). Ce type de données peut être d'un grand intérêt, par exemple pour repérer les zones recouvertes par les eaux lors des inondations des siècles passés, ce qui permet de relativiser l'importance des épisodes pluvieux de l'époque actuelle qui ne sont pas « exceptionnels » (voir chap. 6).

– *L'échelle « instrumentale »*. Elle est appréciée à partir des données mesurées dans les stations météorologiques. Ces informations sont disponibles depuis plus d'un siècle pour quelques dizaines de stations et depuis les années 1950 pour quelques milliers d'autres. Si ces données sont généralement plus précises que celles estimées à partir d'archives naturelles ou historiques, elles posent aussi un certain nombre de problèmes. L'environnement des stations météorologiques (extension d'une zone bâtie, de la végétation) et les capteurs peuvent changer ou perdre de leur précision, ce qui a des incidences importantes sur les mesures… Dans certaines régions du globe, la densité des postes de mesures est particulièrement faible (Afrique, Amérique du Sud, océans…), et, en raison de difficultés matérielles, des centaines de stations sont abandonnées après quelques années de fonctionnement. Certes, il existe des méthodes statistiques pour tester les données, pour repérer les anomalies, voire pour les corriger, mais dans ce cas-là, les résultats des analyses sont influencés par ces traitements. C'est à cette échelle que travaillent de nombreux géographes-climatologues que ce soit pour caractériser les climats à diverses échelles spatiales ou pour établir des relations statistiques entre des séries de données atmosphériques de diverses régions du globe.

Quelques représentations élémentaires du climat

Les valeurs moyennes, mensuelles et annuelles, généralement sur 30 ans, sont les plus diffusées, que ce soit sous forme de tableaux, de graphiques ou de cartes. Si de telles valeurs sont utiles pour avoir un ordre de grandeur et pour une comparaison des données d'une station à l'autre, elles masquent bien évidemment la variabilité climatique du temps au quotidien. D'autres calculs classiques permettent de mettre en évidence certains traits de cette variabilité : les déciles supérieurs ou inférieurs, l'écart-type, le coefficient de variation (rapport écart-type sur moyenne). Le résultat de ces calculs se prête aussi à la représentation graphique (carte ou diagramme). D'autres types de calculs, dont les résultats se prêtent à la cartographie, sont aussi utilisés, par exemple pour repérer les groupes de stations qui subissent ensemble les mêmes variations (analyse multivariée), ou pour caractériser les relations entre plusieurs séries de données pouvant avoir un lien entre elles (par exemple la température de surface de l'océan avec les précipitations à plusieurs centaines de kilomètres de cet océan…). C'est le domaine des téléconnections, évoqué plus haut, qui a permis des avancées significatives dans la compréhension de la dynamique des climats (cet aspect n'est pas développé dans cet ouvrage).

Quelques-uns des modes de représentation les plus ordinaires sont évoqués ici.

Les diagrammes et les indices

Pour représenter le climat d'une station, plusieurs types de graphiques sont employés. Les plus simples sont les diagrammes ombro-thermiques et les climatogrammes, deux types de figure montrant les températures (t) et les précipitations (p) mensuelles moyennes. Simples à construire, ces diagrammes ont l'avantage de représenter ensemble deux séries de variables (P et T, T et HR…), ce qui donne une synthèse partielle mais relativement synthétique.

Le diagramme ombro-thermique, superpose les deux courbes de températures et de précipitations moyennes (sur les 2 axes verticaux), pour les 12 mois de l'année (axe horizontal). Il existe quelques variantes à ce graphique, par exemple la courbe des températures moyennes peut être complétée ou remplacée par celles de la moyenne des températures minimales et maximales (fig. 42A). Pour comparer entre elles plusieurs stations, le rapport d'échelle entre p et t doit être le même. Le rapport $p/t = 2$ proposé par H. Gaussen est le plus utilisé : lorsque $p > 2$ t, le mois est considéré comme humide dans le cas contraire, il est qualifié de sec. Mais comme cette comparaison ne peut s'appliquer à toutes les régions du globe, d'autres rapports d'échelles, sont parfois appliqués ($p/t = 5$ par exemple).

Le climogramme correspond à une ligne brisée et fermée, tracée sur des axes de coordonnées figurant température (par exemple sur l'axe horizontal) et précipitations (axe vertical). La ligne joignant les douze points correspond aux douze mois de l'année, repérés par l'initiale du mois correspondant. Un des avantages est de pouvoir superposer, sur le même graphe, les données de plusieurs stations ou de plusieurs années pour une même station. S'il n'y a pas de véritable règle quant au rapport d'échelle entre p et t, un rapport p/t de 5 (fig. 42B) est souvent utilisé, mais d'autres rapports d'échelles sont aussi utilisés. Avec un tel rapport de 5, lorsque la figure est allongée, la station connaît un climat très contrasté d'une saison à l'autre (cas de Iakoutsk, en climat hypercontinental pour les températures et de Calcutta en climat tropical

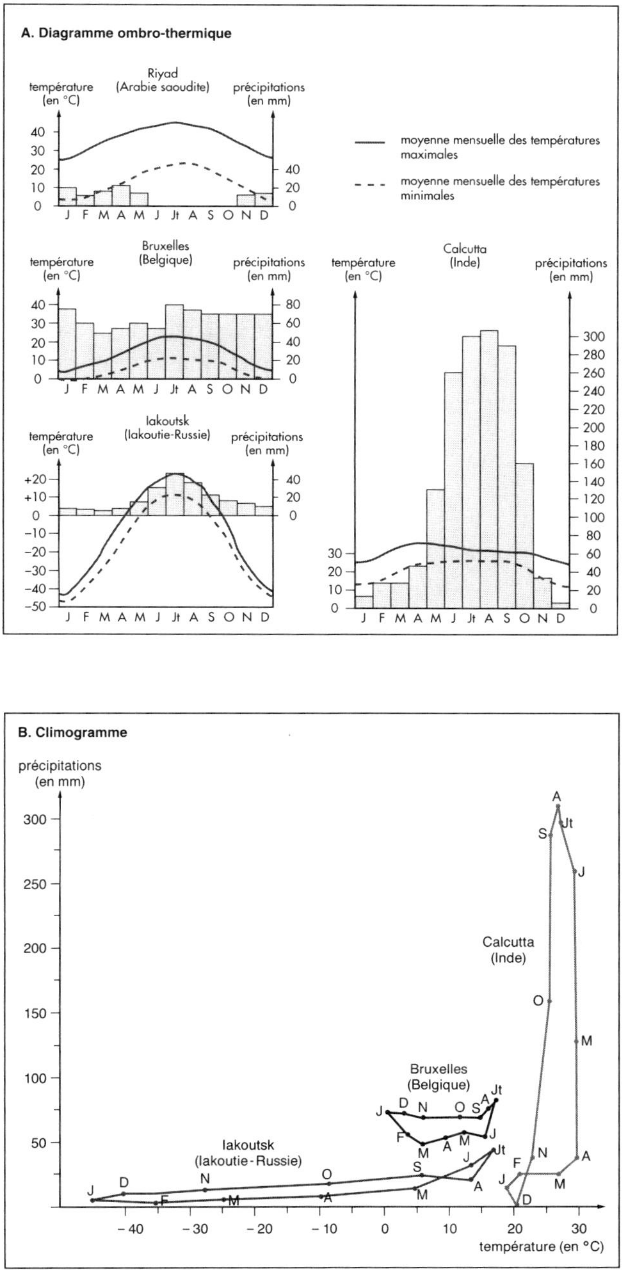

Figure 42 : **Diagramme ombro-thermique et climogramme de Calcutta, Iakoutsk, Riyad et Bruxelles (moyenne 1951-1980)**

Source : G. Beltrando, L. Chémery, 1995

humide pour les précipitations). Sur un climogramme, on peut faire apparaître des droites, par exemple p + 2 t, qui permettent facilement de repérer les mois secs.

Le diagramme thermo-isoplètes, présente en ordonnée l'évolution des températures mensuelles moyennes horaires (ou toutes les 3 heures), et en abscisse les 12 mois de l'année (ou l'inverse). Un tel diagramme qui peut être établi pour une année particulière, ou à partir de valeurs moyennes, permet par comparaison entre stations, d'évaluer les amplitudes thermiques saisonnières et quotidiennes : lorsque l'amplitude saisonnière est plus importante que l'amplitude quotidienne, les lignes verticales l'emportent…

W. Terjung a établi un abaque simple à partir des températures et de l'humidité relative de l'air : il détermine par calage empirique 6 classes de « confort » pour l'homme : très frais, oppressant… (fig. 43). Le graphique montre que le niveau d'inconfort apparaît pour des températures d'autant moins élevées que l'humidité relative est plus forte. En reportant mois par mois la moyenne des températures et de l'humidité relative (valeur moyenne sur plusieurs années ou pour une période particulière), on peut ainsi évaluer empiriquement le niveau d'inconfort moyen pour une station donnée.

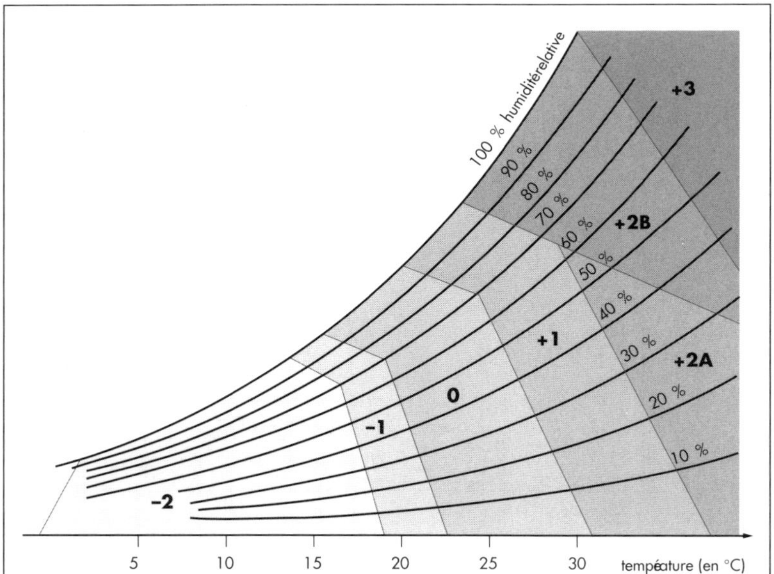

Figure 43 : **Indice de confort selon Terjung**
Source : G. Beltrando, L. Chémery, 1995

Les climatologues utilisent de nombreux autres graphiques, plus ou moins sophistiqués, pour illustrer la variabilité des climats ou la structure verticale de l'atmosphère (non montré). Ils utilisent aussi des indices pour analyser les variables de l'atmosphère. Ainsi, dans les années 1920, E. de Martonne a proposé un indice pour définir le degré d'aridité (voir chap. 5). Dans les années 1940 à 1960, de nombreux climatologues ont travaillé sur l'Évapotranspiration Potentielle (ETP) et ont proposé des formules pour l'estimer (voir chap. 3). Dans les années 1970-1990, des indices plus ou moins sophistiqués ont été définis pour caractériser les oscillations de la circulation océano-atmosphérique, dont les plus connus sont l'Indice d'Oscillation Australe et l'Indice nord-Atlantique (voir chap. 2).

Les cartes climatiques

Les cartes les plus ordinaires montrent la répartition spatiale des valeurs moyennes des variables telles les précipitations, les températures, la pression ou l'insolation. Les calculs reposent, dans le cas le plus courant, sur des données recueillies pendant un laps de temps assez long pour garantir une certaine représentativité (ex. : 30 ans). Les valeurs sont interpolées, soit de manière empirique en tenant compte de l'organisation générale du relief, soit avec des méthodes statistiques diverses afin d'obtenir des lignes d'égale valeur : les isolignes (isobare, isohyète, isotherme...). Un deuxième type de cartes concerne la représentation des classifications climatiques. Si l'on considère les climats comme des systèmes physiques qui repassent périodiquement par des états semblables, le classement peut se faire et la représentation symbolique repose sur une sélection de critères permettant de distinguer une aire géographique par rapport à d'autres (voir chap. 5, fig. 47). Les limites entre les classes ne sont en fait que des lignes imaginaires, où le climatologue juge que les caractéristiques changent plus que sur les aires voisines. Ce choix n'est pas facile à faire car le climat d'un lieu quelconque est toujours une transition entre les climats qui l'entourent...

D'autres cartes, plus élaborées, tentent de donner une représentation synthétique du climat à partir des principales variables qui le caractérise. Par exemple, en France, grâce aux travaux de P.-C. Péguy et de son équipe, une partie du territoire est couvert par des cartes au 1/25 000 comprenant un fond de couleur représentant l'ambiance thermique et une trame superposée qui montre les régimes pluviométriques. Des diagrammes représentant le régime et la fréquence des précipitations pour les principales stations sont aussi indiqués sur la carte principale qui est accompagnée de petites cartes complémentaires, indiquant d'autres éléments du climat tels le nombre de jours de précipitations ou la durée d'ensoleillement...

Tous ces types de cartes reposent sur des valeurs moyennes et éventuellement sur des fréquences ou des valeurs extrêmes. Cependant, les limites spatiales des classes peuvent évoluer dans le temps car le climat n'est pas figé. Une suite d'événements exceptionnels (quelques hivers beaucoup plus froids que les autres, quelques étés beaucoup plus secs…) peut modifier sensiblement les moyennes. Le climat peut aussi évoluer lentement sous l'action des activités humaines (rejets de gaz carbonique, de méthane, d'oxyde d'azote…), ou lorsque le cycle de l'eau est fortement perturbé : ainsi les espaces urbanisés sont devenus plus chauds que les espaces ruraux.

Le climat : un système influencé par l'état et la nature de la surface

Aux échelles régionales, ou plus fines, les propriétés de la surface (humidité, capacité d'absorption du rayonnement solaire, rugosité…) influencent directement les caractéristiques de la couche limite, qui est la partie inférieure de la troposphère qui subit l'influence de la surface (frottement) et évolue à son contact. Les caractéristiques de cette surface influencent les propriétés de l'air sus-jacent et par conséquent le climat aux échelles correspondantes. Aux échelles locales et microclimatiques, ce processus peut être influencé par l'homme qui, par ces actions sur le milieu et ses aménagements, modifie l'état des surfaces (irrigation, déforestation, boisement, imperméabilisation, constructions de remblais faisant obstacle à l'écoulement de l'air…).

Les deux exemples suivants illustrent l'influence de l'état de surface, le premier montre les relations entre la surface urbaine et la couche atmosphérique qui la surmonte, le second la relation entre la couverture végétale et le climat.

Les spécificités du climat urbain

Les effets sur le climat et la santé, de l'urbanisation et de la concentration spatiale des activités émettrices de polluants atmosphériques, sont évoqués depuis le début du XXe siècle par les scientifiques. Depuis les années 1970-1980, l'impact de ces phénomènes est devenu suffisamment préoccupant pour que des réseaux de mesures spécifiques aient été mis en place. Dans certaines grandes agglomérations des programmes de recherches ont permis de mieux comprendre l'influence de ces espaces sur le climat local. Un des plus anciens est le programme METROMEX (années 1970) réalisé dans la région de Saint-Louis aux États-Unis, dont une des expérimentations a permis, par exemple, d'établir un lien entre une hausse des pluies d'été observée en ville et une hausse de la convergence locale des vents. Mais, cette hausse est-elle explicable par la seule présence de la ville ? La grande difficulté des études sur le climat des villes est de discerner la part des impacts dus à l'urbanisation et aux activités humaines de ceux dus à la topographie du site. Cela est d'autant plus vrai, que la plupart des villes sont installées sur des sites particuliers (cuvette, estuaire, méandre…), qui ont des spécificités climatiques bien marquées.

Des flux radiatifs modifiés par l'environnement urbain

La nature des surfaces urbaines (matériaux, imperméabilité...), et les rejets industriels et domestiques liés aux activités humaines perturbent les caractéristiques de la partie inférieure de la troposphère, la couche limite atmosphérique. Cela entraîne, en particulier pour les situations météorologiques stables (type anticyclonique), des modifications du temps et donc du climat. Cette couche limite urbaine (*Urban Boundary Layer*), dont l'épaisseur est de quelques centaines de mètres, est en général moins épaisse la nuit où l'air est plus stable que le jour, période où l'air est plus turbulent (fig. 44).

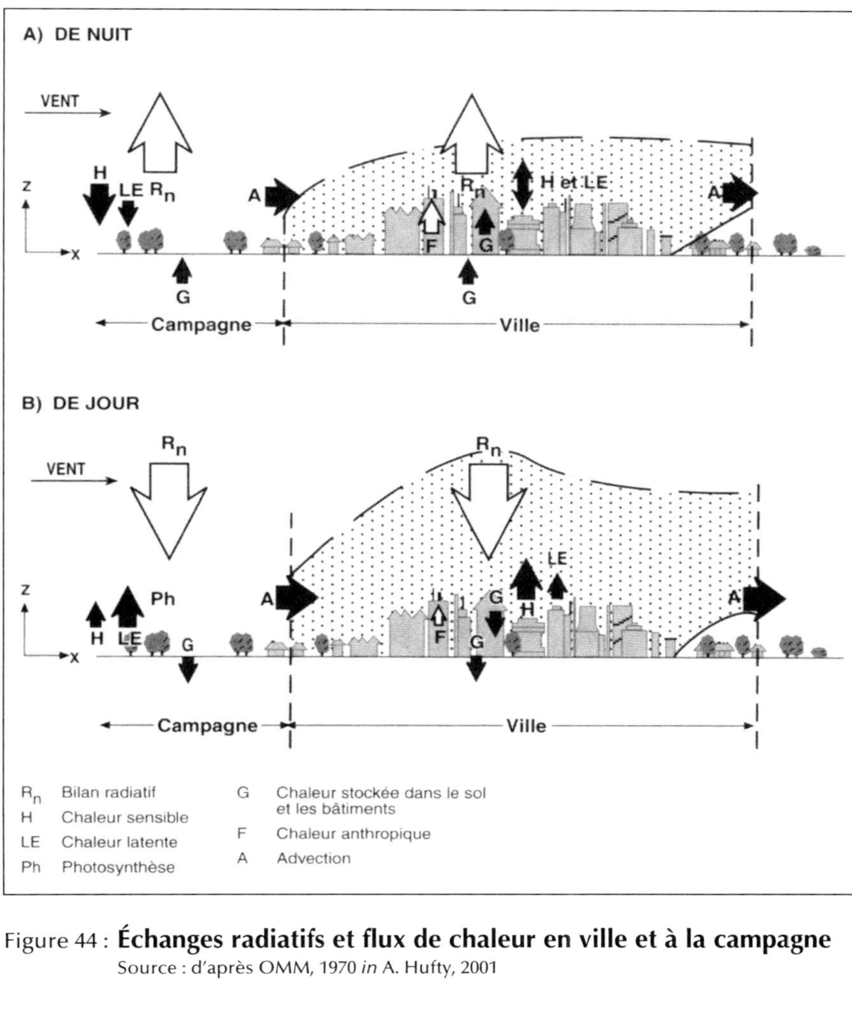

Figure 44 : **Échanges radiatifs et flux de chaleur en ville et à la campagne**
Source : d'après OMM, 1970 *in* A. Hufty, 2001

Les températures moyennes sont plus élevées dans sa partie centrale formant ce que l'on appelle un « îlot de chaleur urbain », expression un peu expéditive pour décrire un phénomène caractérisé en réalité par une très grande variabilité spatiale même aux échelles fines : dans un même quartier, la différence de température entre un parc urbain et une rue voisine peut être aussi importante que celle qui existe entre la « campagne » et le « centre ville ». L'environnement proche du capteur de mesure est alors déterminant et la densité des réseaux de stations classiques ne permet guère, la plupart du temps, la mesure d'un différentiel qui soit représentatif. Plusieurs constats peuvent être faits, au niveau des propriétés thermiques des surfaces, du bilan radiatif ou des transferts de chaleur vers l'atmosphère :

– Les variations quotidiennes d'absorption par les matériaux de la ville sont plus importantes que celles des campagnes. La restitution de la chaleur est retardée d'une heure ou deux en ville : c'est en début de nuit, lorsque les temps sont calmes (pas ou peu de brassage de l'air), que les différences villes-campagnes sont les plus importantes.

– Dans l'air de la couche urbaine, il y a beaucoup plus de particules et d'aérosols, ce qui intensifie l'absorption atmosphérique et réduit le rayonnement solaire direct reçu par la surface. Par contre, ces éléments en suspension permettent une augmentation du rayonnement solaire diffus. La réflexion (albédo) des villes est légèrement inférieure à celle des espaces ruraux, mais les disparités du tissu urbain peuvent être très grandes : la réflexion d'un quartier densément couvert d'immeubles aux façades claires est plus forte que celle d'un quartier pavillonnaire avec de vastes surfaces végétales… Dans certains cas, la différence d'albédo est encore plus nette, c'est le cas en hiver quand la neige recouvre la campagne alors qu'elle est partiellement absente en ville.

– Le rayonnement solaire global (R_g = rayonnement direct plus diffus) reçu par une surface urbaine serait inférieur d'environ 10 % à celui reçu par les surfaces rurales. Bien évidemment ce chiffre est très variable d'une situation météo à l'autre, et sous les moyennes latitudes cette diminution est nettement plus forte en hiver, pour H.E. Landsberg elle serait d'environ 30 % dans une grande ville, car à cette saison, en raison de l'inclinaison, les rayons doivent traverser une couche d'atmosphère polluée plus importante.

– En zone urbaine, le rayonnement de la surface vers l'atmosphère est à l'image de la réflexion, très variable d'une surface à l'autre. En moyenne, la plupart des auteurs s'accordent pour reconnaître que ce rayonnement est légèrement supérieur à celui des campagnes. Par contre le rayonnement de l'atmosphère vers la surface est sensiblement plus important en zone urbaine à cause du plus grand nombre de particules en suspension. (accroissement de l'effet de serre).

Au total, il semble que les différences moyennes du bilan radiatif net entre la ville et la campagne sont négligeables. L'îlot ne peut s'expliquer uniquement de la sorte.

Des flux de chaleur modifiés par l'étendue de l'espace imperméable

À quantité égale d'énergie solaire absorbée par la ville et la campagne, les flux de chaleur latente et sensible (non radiatifs) ne sont pas équivalents dans ces deux milieux. En ville, le flux moyen de chaleur latente (LE) est inférieur à celui émit dans les espaces ruraux, sauf sous les climats chauds et secs, lorsqu'une grande part de la surface est aquatique ou irriguée (parc, jardins, lacs). Mis à part ce cas particulier, en ville, l'eau précipitée s'écoule rapidement des toitures et des rues bitumées et elle rejoint vite les réseaux d'évacuation. Le flux de chaleur sensible (H) est donc relativement élevé par rapport à la campagne où l'eau précipitée s'infiltre en partie dans la couche superficielle du sol avant d'être évaporée ou transpirée. Le flux de chaleur latente est alors relativement élevé par rapport à celui d'un milieu urbain.

L'évapotranspiration est, bien sûr, fonction d'autres facteurs qui expliquent une grande variété de situations rendant les comparaisons difficiles. Elle dépend en particulier de :

– la morphologie et du site de la ville, ainsi que de l'efficacité du réseau d'évacuation d'eau qui facilite plus ou moins l'écoulement (rue en pente, taille des bouches d'évacuation, type de revêtement…) ;

– la dimension et la proximité des espaces verts qui permettent l'infiltration de l'eau (surtout lors des pluies fines et durables), puis sa restitution à la couche d'air superficielle par évapotranspiration.

L'écart de température entre la ville et la campagne a tendance à être inversement proportionnel à la vitesse du vent (le vent brasse l'air et homogénéise des températures). Par conséquent, les temps anticycloniques sont plus favorables à la formation d'îlots de chaleur que les temps perturbés. De même, l'absence de vent, tout comme la stabilité de l'atmosphère (liée au gradient vertical de température), joue un rôle essentiel dans la dispersion des polluants (voir encadré : rôle du gradient vertical et du vent…). La fréquence d'apparition des temps anticycloniques entre donc en compte dans l'explication de l'îlot de chaleur urbain. Au-delà d'une certaine vitesse (certains auteurs donnent la valeur seuil de 3 m/s, d'autre la fixe à 10 m/s), ces écarts deviennent négligeables car le brassage de la couche d'air devient suffisamment puissant pour empêcher la stagnation de l'air froid dans les sites en creux. De manière très schématique, l'îlot de chaleur urbain se développe donc surtout dans le centre ville et sous le vent de celle-ci.

Plusieurs auteurs montrent qu'une ville peut générer, pour les temps calmes, un gradient de température suffisant pour provoquer la mise en place de brises de compensation convergeant des espaces périphériques, relativement froids, vers les espaces centraux, relativement chauds (Lee, 1979 ; Béniston, 1987 ; Escourou, 1990). En s'élevant, l'air urbain attirerait vers le centre l'air des campagnes. Ce concept est certes facile à imaginer, mais comment le mesurer étant donné qu'il se combine au vent synoptique, et même sans vent, la morphologie urbaine du site où est implantée la ville rend cette mesure quasi impossible. Nous l'avons déjà évoqué, la ville juxtapose en fait une multitude de microclimats et, comme le souligne P. Carrega (1994), les façades des bâtiments et les revêtements routiers jouent un rôle essentiel. Le « canyon urbain » (largeur des rues et des places, hauteur des bâtiments) en piégeant le rayonnement suivant sa température influence la répartition des températures qui est aussi fonction, en hiver, du chauffage dans les habitations.

Couverture végétale et climat

La végétation est un facteur essentiel d'explication de la variabilité du système atmosphérique. Les échanges entre la surface et la couche limite sont contrôlés par :

– l'albédo, qui affecte la quantité d'énergie disponible en surface ;

– la rugosité, qui perturbe l'écoulement des flux et engendre la formation de tourbillons qui facilite les transferts de chaleur de la végétation vers l'espace ;

– les flux de chaleur latente et sensible.

En parallèle, l'humidité du sol, qui est partiellement liée à la végétation, interagit avec l'atmosphère via l'albédo et les flux de chaleur.

Ces variables interviennent sur l'épaisseur, la température et l'humidité de la couche limite, et par conséquent sur l'énergie potentiellement disponible pour la convection (voir chap. 3).

Le modèle de Charney et ses limites

J. G. Charney (1975) a montré qu'au-dessus d'un couvert forestier, l'albédo est plus faible qu'au-dessus d'un espace dénudé (15-25 % contre 30-35 %). Sur les surfaces où le couvert végétal est moins dense (à cause du surpâturage ou du déboisement), l'albédo augmente, la part de rayonnement absorbée diminue, l'échauffement de la surface et de l'air sus-jacent ainsi que l'évaporation sont donc plus faibles. Dans ce cas-là, la convection diminue, il y a moins de nuages cumuliformes et par conséquent moins de précipitations, moins de végétation… C'est ce que l'on appelle une boucle de rétroaction positive. Selon ce modèle, l'augmentation de l'albédo, sous l'action des activités humaines, est capable d'influencer la circulation atmosphérique régionale pendant plusieurs années. Mais, s'il y a moins de nuages, il peut y avoir plus de rayonnement qui arrive à la surface, ce qui tend à augmenter l'échauffement et l'évaporation, c'est ce que l'on appelle une boucle de rétroaction négative, ce phénomène tend à compenser le précédent. Le modèle de Charney a pu être validé par la modélisation numérique, mais, en milieux sahéliens, M.-F. Courel (1985) a observé que les variations d'albédo (différence entre l'état avant et après la dégradation du couvert végétal) ne sont pas aussi importantes que ne le prévoient ces modèles. Les travaux plus récents montrent que la rétroaction avec la végétation implique plus le cycle de l'eau que l'albédo (modification du recyclage atmosphérique). Au moins dans le

Sahel, la diminution de l'humidité du sol joue manifestement un rôle majeur dans les mécanismes de persistance des sécheresses.

Le mécanisme proposé par Charney n'est probablement pas efficace à large échelle, mais l'influence de l'occupation du sol – et par conséquent de l'état de la surface – sur le climat est confirmée par plusieurs chercheurs et pour d'autres milieux. Ainsi, V. Meher-Homji (1989) a analysé la pluviométrie de deux groupes de stations des Ghâts occidentaux : l'une ayant subi une déforestation intensive, l'autre non. Dans la première, le nombre de jours de pluies de convection a fortement diminué parallèlement à la réduction de la couverture forestière alors que dans la seconde, ces pluies de convection, malgré leur faible quantité, suffisent à maintenir les récoltes et l'approvisionnement en eau nécessaires à l'économie locale. La modification locale du cycle de l'eau, indépendamment des phénomènes physiques d'échelle spatiale supérieure, est donc suffisante pour perturber l'activité agricole et les écosystèmes. Au-dessus d'une région forestière, l'évapotranspiration puis l'ascendance de l'air provoque à une certaine altitude la condensation de l'eau qui précipite, alors qu'au-dessus d'une région sans végétation, la vitesse du vent plus forte et les poussières plus nombreuses expliquent des températures plus élevées dans la basse troposphère. La subsidence est plus élevée et l'air est plus sec.

Les régions surexploitées (passage fréquent des troupeaux, coupe des arbres pour des usages domestiques…) seraient donc propices au maintien de la sécheresse, notamment en période peu favorable aux précipitations, et la forte pression démographique de ces dernières décennies favorise ce processus. Lorsque les conditions météorologiques permettent une meilleure pluviométrie pendant quelques années, la tendance s'inverse : après de longues années de sécheresse, le Sahel a reçu plus de précipitations, et la couverture végétale saisonnière est réapparue. Le processus serait donc réversible lorsque les conditions naturelles le permettent, les plantes et les sols se réinstallent progressivement.

Variabilité des précipitations et état de surface continental en Afrique de l'Ouest

La figure 45, publiée par N. Philippon (2002), montre un mécanisme de rétroaction entre l'humidité du sol et les précipitations. Ce schéma est validé par un ensemble de calculs portant sur un grand nombre de données de nature diverses et *non présenté*. Le diagramme montre que les rétroactions impliquent des mécanismes radiatifs (*boites pointillées*) et des mécanismes thermiques (*en tirets*).

Les variations d'humidité du sol jouent d'abord sur l'albédo : plus il y a d'eau, plus celle-ci assombrit la surface, ce qui entraîne une diminution de l'albédo. D'une part, la radiation solaire reçue est alors plus importante et le surplus d'énergie radiative sert à évaporer l'excédent d'eau vers l'atmosphère ; d'autre part, l'anomalie positive d'humidité tend à réduire la température de surface.

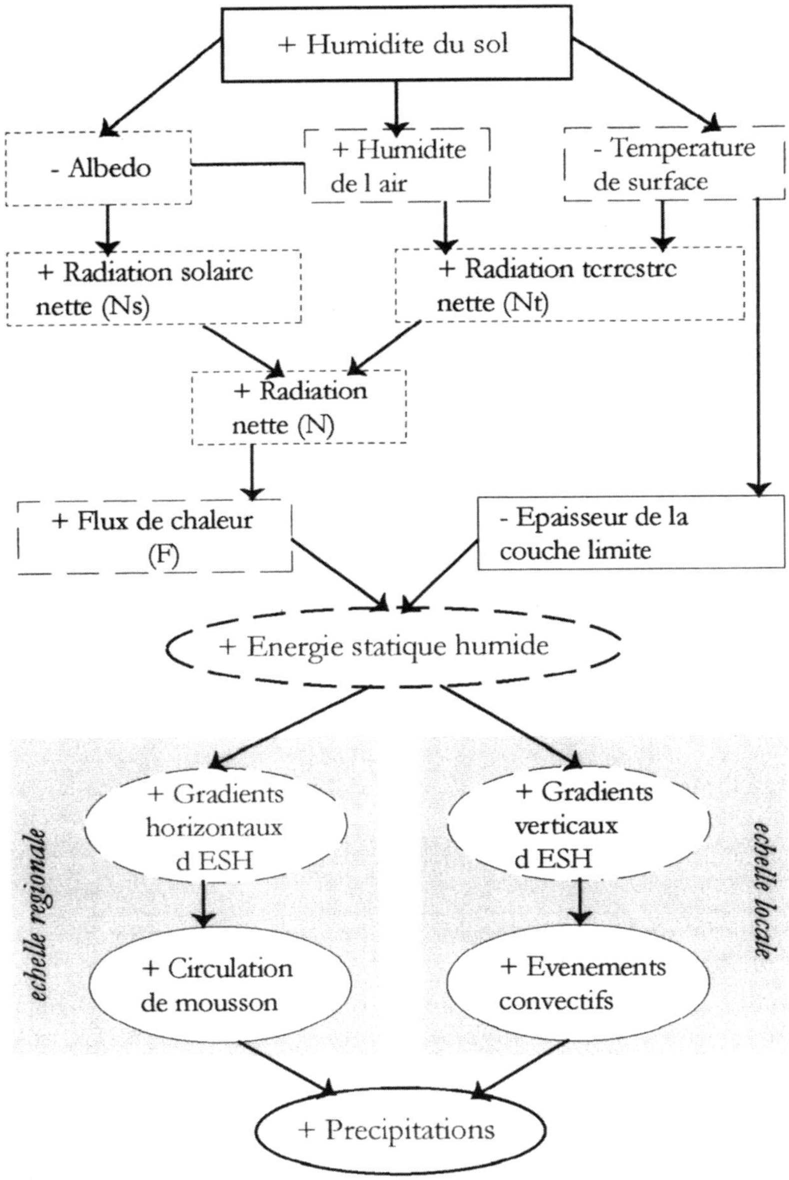

L'énergie statique humide (ESH) désigne le contenu énergétique de la masse d'air dont une partie est disponible pour la convection.

Figure 45 : **Schéma de la rétroaction humidité du sol-précipitations dans la couche limite**
Source : adapté de Eltahir, 1998 par N. Philippon, 2002

L'augmentation du contenu en eau de l'atmosphère, et la diminution de la température de surface permettent l'augmentation de la radiation terrestre en surface car l'augmentation de la vapeur d'eau intensifie l'effet de serre (flux entrant plus important), alors que la diminution de la température de surface limite le rayonnement tellurique (flux sortant plus faible), ce qui provoque une augmentation des flux de chaleur vers l'atmosphère.

La diminution de la température de surface a pour effet de stabiliser la masse d'air, et donc de diminuer l'épaisseur de la couche limite, ce qui, combiné à l'augmentation des flux de chaleur, provoque un accroissement du contenu en « énergie statique humide en surface », que l'on peut définir comme le potentiel énergétique disponible pour la convection.

Il résulte de toutes ces rétroactions, une augmentation des gradients méridiens et verticaux d'humidité qui renforcent la circulation de mousson (échelle régionale) et déstabilisent l'atmosphère (échelle locale).

L'état de la surface continentale peut donc être un indicateur de la quantité d'eau précipitée. Partant de ce constat, N. Philippon (2002) a montré que le contenu en eau du sol profond sur la région soudano-guinéenne est plus important pendant les automnes qui précèdent les saisons des pluies les plus humides au Sahel. Il existe donc une relation significative entre la pluviométrie d'été (juillet à septembre) au Sahel et la pluviométrie de l'automne (août à octobre) de l'année précédente sur le golfe de Guinée (au sud du Sahel), ce qui sous entend l'existence de mécanismes capables d'expliquer les volumes d'eau précipités avec un décalage de huit mois environ. L'état de la surface continentale en pré-saison peut donc, dans certaines régions, contribuer à l'explication de la pluviométrie d'une région.

Un tel résultat illustre l'utilité sociale de la démarche du climatologue, car ce résultat peut, dans certaines régions, contribuer à améliorer la prévision de la pluviométrie, à l'échéance de quelques mois.

Conclusion

Le climat – que nous avons défini comme la synthèse des éléments météorologiques d'une région donnée, à partir de statistiques à long terme (valeur moyenne, probabilité…) – a connu et connaîtra des changements significatifs sur des échelles de temps longues avec des transitions plus ou moins rapides d'une phase à l'autre. Le climatologue, qui travaille sur une aire géographique et sur une période donnée, doit en être conscient lorsqu'il le décrit et l'explique à partir de l'analyse des éléments météorologiques successifs. Par conséquent, le postulat de stationnarité des climats, s'il peut être admis au moins pas commodité à l'échelle de la vie humaine, ne l'est pas aux échelles de temps plus longues. De même, les événements extrêmes (vagues de chaleur ou de froid, forts abats pluviométriques ou sécheresse inattendues…) font partie de l'enveloppe climatique, et les superlatifs que l'on donne trop souvent à ces événements (exceptionnel, jamais vu…) sont forcément discutables.

La variabilité du climat est le résultat d'une multitude d'interactions entre les composants naturels du système climatique qui agissent à différentes échelles spatiales et temporelles et plusieurs de ces processus font l'objet de recherche car ils ne sont pas suffisamment compris. En plus de cette variabilité naturelle, manifestement d'une grande complexité, l'homme, en intervenant sur les milieux dans lesquels il vit (déforestation, urbanisation...), modifie les caractéristiques de l'atmosphère et donc le fonctionnement naturel des cycles (eau, carbone...), et cela a finalement des conséquences plus ou moins directes sur la variabilité des climats (Troisième partie).

Chapitre 5

La répartition des climats du globe

Décrire et expliquer la répartition des climats est une étape traditionnelle pour le climatologue. Plusieurs ouvrages y consacrent une part importante avec un niveau de détails et d'explications plus ou moins poussés. L'objectif ici n'est pas de refaire le même exercice, car ce travail serait incompatible avec les dimensions de cet ouvrage [signalons au lecteur qu'il trouvera, sur ce sujet, des informations assez détaillées et largement illustrées de croquis, dans plusieurs ouvrages, par exemple celui de J.-P. Vigneau (2000), intitulé « Géoclimatologie » ou dans celui de P. Estienne et A. Godard (1970), intitulé « Climatologie »]. Il est cependant utile de donner quelques repères, quelques valeurs numériques pour mieux évaluer la diversité des grands ensembles climatiques du globe.

Dans la classification présentée ici, le premier niveau de division tient compte des valeurs moyennes et des rythmes saisonniers de la température et de la pluviométrie qui permettent, comme l'ont fait de nombreux climatologues depuis le début du XXe siècle, de diviser les continents en cinq grandes catégories de climat plus ou moins zonales. Les grands traits de la circulation atmosphérique saisonnière moyenne permettent ensuite une subdivision. Le résultat final aboutit à un classement des climats en 13 classes qui sont succinctement décrites et expliquées. Pour faire ressortir les traits communs aux climats des espaces montagneux, ceux-ci sont présentés séparément, mais de manière globale.

La mosaïque climatique

La répartition des climats du Monde résulte, nous l'avons vu, de facteurs cosmiques, planétaires et géographiques. Schématiquement, les deux premiers facteurs déterminent un canevas climatique zonal (bande comprise entre deux parallèles) que les facteurs géographiques altèrent (importance des masses continentales et océaniques, altitude et orientation des reliefs, proximité de l'océan…).

Le canevas de base : zone et fuseau

La zonalité aérologique, thermique et pluviométrique est due aux facteurs cosmiques (rayonnement solaire) et planétaires (rotation de la terre, mouvements synoptiques) qui sont intimement liés. Les températures dépendent avant tout de la radiation solaire : basses latitudes chaudes, hautes latitudes froides, moyennes latitudes froides en hiver, chaudes en été. La pluviométrie dépend de la circulation atmosphérique et des phénomènes d'ascendance et de subsidence : bande humide sous les basses latitudes et, dans chaque hémisphère, bande subtropicale sèche, bande humide aux moyennes latitudes et à nouveau sèche aux latitudes polaires. Les variations saisonnières des aires d'ascendance et de subsidence quasi-permanentes, sous l'action du mouvement apparent du soleil autour de la Terre, déterminent les climats zonaux (fig. 46). Ainsi, la région 1 correspond au climat sous l'action permanente de l'ascendance thermo-convective des basses latitudes (climat équatorial sous l'influence des branches ascendantes de la cellule de Hadley), et les régions 2 et 3, aux climats qui ne sont affectés que périodiquement par celle-ci (climats tropicaux, où alternent saison humide longue (2) ou courte (3) et saison sèche). La région 4 correspond au climat aride en permanence (branche subsidente de la cellule de Hadley). Au-delà du 30e parallèle, le déplacement latitudinal saisonnier du front polaire (zone de contact entre l'air polaire froid et l'air tropical chaud, schématisé par un trait incliné vers le tropique car l'air froid est plus dense que l'air chaud), détermine les climats 5 à 7 (5 : marge tempérée du monde aride ; 6 : type méditerranéen ; 7 : tempéré océanique).

Ce schéma zonal est perturbé, à diverses échelles spatiales, par les facteurs géographiques qui déterminent les caractéristiques aérologiques de la couche inférieure de l'atmosphère au contact avec le substrat océanique ou continental.

Les mers et les océans, par l'intermédiaire des courants marins, par le brassage et la forte capacité calorifique de l'eau, modifient la température des masses d'air qui les surmontent. Ainsi, sous les moyennes latitudes, les masses d'air sont réchauffées par contact au-dessus des courants marins chauds ; l'air, en se déplaçant vers l'ouest (circulation dominante à ces latitudes), limite le refroidissement hivernal des régions occidentales des continents, ainsi que le réchauffement estival de ces mêmes régions. Les masses d'air sont chargées en vapeur d'eau et elles sont relativement chaudes, cela favorise la formation de systèmes frontaux pluviogènes (voir chap. 3). Les régions proches de l'océan, à l'ouest des continents, fréquemment sous l'influence des nuages associés à ces fronts sont, en l'absence de tout autre élément favorisant l'ascendance, plus arrosées que le cœur des grandes masses continentales. Aux latitudes tropicales et subtropicales, les courants froids, à l'est des océans, renforcent, par effet thermique, les cellules de hautes pressions dynamiques et les littoraux sur les marges de ces puissantes cellules sont arides.

À l'opposé, les masses continentales, par leur capacité calorifique nettement plus faible que celle de l'eau, enregistrent des amplitudes thermiques

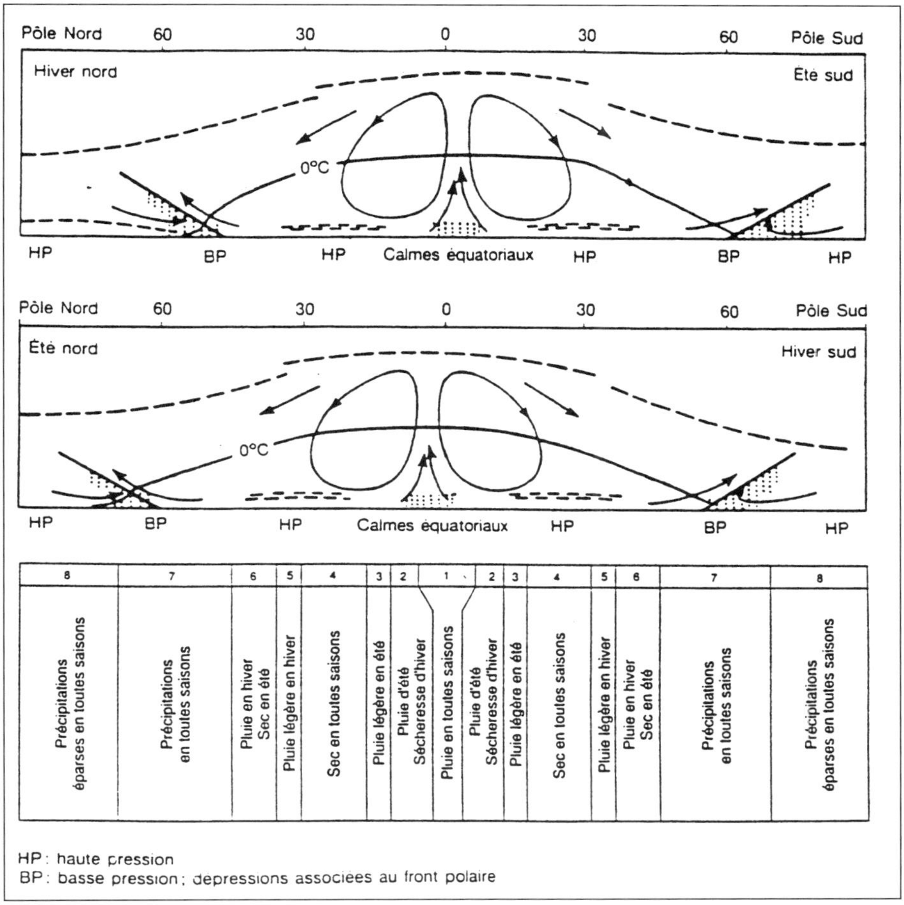

Figure 46 : **Coupe transversale théorique de la troposphère en janvier et en juillet : secteurs d'ascendance et de subsidence associés à la circulation atmosphérique générale**
Source : d'après Pettersen, *in* Berger, 1992

plus importantes. Le réchauffement superficiel du substrat et de l'air est intense durant la journée (apport énergétique) et en été lorsque la latitude augmente ; par contre, la nuit et l'hiver le refroidissement est rapide, dès que l'apport radiatif cesse. Cet effet de continentalité est surtout perceptible sous les moyennes latitudes, où les différences saisonnières d'apport énergétique sont importantes, mais il est partout perceptible lorsque les continents ont une dimension importante (par exemple, le Sahara central a un climat très continental). Les stations météorologiques de Moscou et de Copenhague sont situées approximativement à la même latitude, la première est près de la mer, la seconde en position plus continentale. En hiver, les températures sont nettement plus froides à Moscou qu'à Copenhague, alors qu'en juillet, au cœur de l'été, elles sont légèrement plus élevées à Moscou (Tab. 4). Dans ces deux stations, sous l'influence des perturbations d'ouest des moyennes latitudes, les précipitations sont assez régulièrement réparties sur l'année, bien qu'en hiver, elles soient un peu plus importantes à Copenhague qu'à Moscou et inversement l'été.

Tableau 4 : **Températures (T, en °C) et précipitations mensuelles (P, en mm) moyennes en hiver et en été à Copenhague et à Moscou (normales 1951-1980)**

		Déc.	**Jan.**	**Fév.**	**Juin**	**Juil.**	**Août**	**Année**
Copenhague	T	2,5	0,1	– 0,1	15,6	17,8	17,3	8,5
Danemark	P	49	49	39	47	71	66	602
Moscou	T	– 6,8	– 9,9	– 9,5	11,2	19	17,1	4,4
Russie	P	36	31	28	58	74	74	575

Les massifs montagneux altèrent aussi très fortement la zonalité des climats. Partout, la température diminue avec l'altitude, l'exposition des versants par rapport aux rayons solaires ou aux flux humides explique des variations géographiques du climat. Ainsi, la circulation d'ouest de la troposphère pénètre facilement sur l'Eurasie, au nord des Alpes, alors que sur le continent nord-américain, les Rocheuses limitent très vite l'extension des masses d'air humides. En Europe, la transition avec le climat continental, qui caractérise le centre du continent, est beaucoup plus lente qu'en Amérique du Nord. Pour ces raisons, on ne retrouve pas la même succession de climat sur les façades est et ouest.

À l'échelle globale, la trame climatique résulte avant tout d'un quadrillage en zones (bande latitudinale résultant des différences de rayonnement) et en fuseaux (bande longitudinale résultant de facteurs géographiques) (fig. 47).

À une échelle plus fine que celle de cette carte, les montagnes introduisent une multitude de nuances et de contrastes, parfois saisissants sur de faibles distances.

La spécificité des climats de montagne

L'analyse des gradients est un moyen classique pour dégager les spécificités climatiques des régions de montagne. La pression atmosphérique et la densité de l'air diminuent avec l'altitude suivant une loi logarithmique, car l'air a tendance à se tasser au voisinage de la surface du globe. Le rayonnement solaire qui arrive sur un substrat en altitude est donc plus important que celui qui arrive sur un substrat, de pente équivalente, à la même latitude mais à une alti-

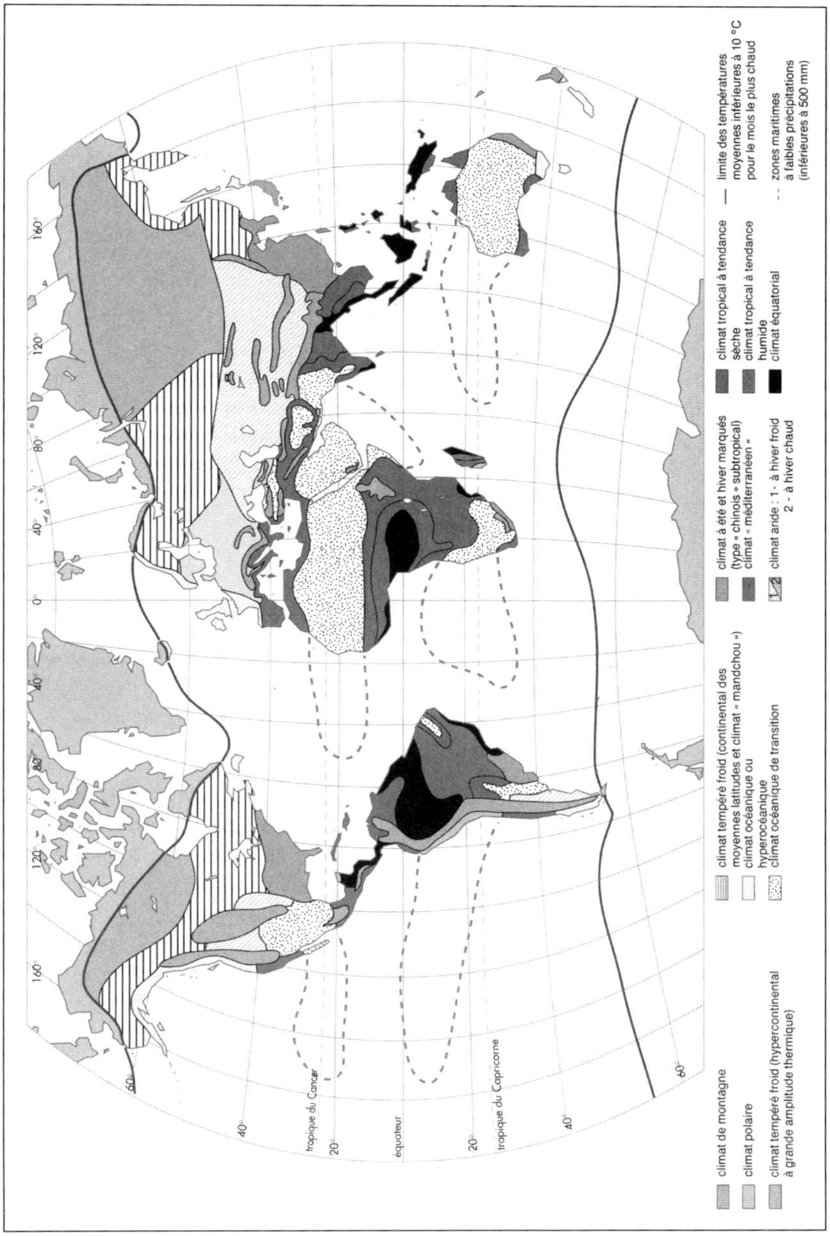

Figure 47 : **Répartition en 13 classes des climats du globe**

Source : G. Beltrando, L. Chémery, 1995

tude plus faible. Pour les mêmes raisons, les températures diminuent lorsque l'altitude augmente, car la raréfaction de l'air limite l'absorption du rayonnement solaire. Cette diminution de température (ou augmentation dans le sens contraire, lorsque l'on se déplace du haut vers le bas) est en moyenne autour de 0,4 à 0,7 °C tous les 100 mètres.

Les montagnes sont donc des îlots de froid relatif et l'altitude du gel permanent va en s'abaissant vers les pôles. L'isotherme 0 °C se situe vers 4 500 à 5 000 mètres à l'équateur, autour de 2 700 à 3 000 mètres sous les moyennes latitudes et vers 300 à 600 mètres au niveau du cercle polaire. Mais les effets du froid dans chacune de ces zones ne sont pas vraiment comparables car les rythmes quotidiens sont différents. Sous les basses latitudes, les amplitudes thermiques annuelles sont moins fortes que les amplitudes quotidiennes : toute l'année, les journées sont chaudes et les nuits fraîches et il y a peu de contrastes thermiques entre les versants (verticalité des rayons). Sous les moyennes latitudes, les amplitudes thermiques quotidiennes sont fortes en été, car les températures sont douces ou chaudes le jour, fraîches la nuit ; l'hiver est nettement plus froid et les amplitudes thermiques plus faibles. Enfin, sous les hautes latitudes, les montagnes sont en permanence des espaces froids. La faune et la flore adaptées aux conditions climatiques varient donc avec l'altitude, on parle d'étagement altitudinal et comme la force du vent s'accroît avec l'altitude et que ce dernier est canalisé par les reliefs, lorsqu'il s'engage dans les vallées, il donne aux arbres un port particulier dit « en drapeau ».

L'exposition au rayonnement solaire et la vigueur du relief apportent des nuances capitales. Sous les moyennes et les hautes latitudes, les vallées profondes et étroites ne reçoivent que très peu de rayonnement solaire direct et, en saison froide, elles peuvent rester totalement à l'ombre pendant plusieurs semaines et elles ne reçoivent alors qu'un rayonnement diffus. Lorsque les reliefs sont orientés est-ouest, les versants qui regardent vers les pôles (ubacs ou envers) sont beaucoup moins ensoleillés que ceux qui sont tournés vers l'équateur (adret ou endroit). Les adrets sont plus souvent cultivés et habités par les hommes que les ubacs souvent réservés à la forêt et depuis quelques décennies aux équipements de loisirs (pistes de ski), lorsque l'altitude (froid), la pente et l'accessibilité le permettent (fig. 48).

Par temps anticyclonique, avec ciel dégagé et vent synoptique faible ou nul, les fonds de vallées, les cuvettes et les bassins accumulent l'air froid (plus dense), il y a alors inversion de température. Lorsque, pour une région donnée, la fréquence des types de temps favorables à ce phénomène est importante, les températures moyennes peuvent être plus froides que sur les sommets voisins. À Clermont-Ferrand (329 mètres d'altitude), la température minimale moyenne (fin de nuit) de janvier est du même ordre de grandeur que celle du sommet du puy de Dôme (1 465 mètres), à quelques kilomètres de là, mais les amplitudes thermiques quotidiennes à Clermont-Ferrand sont le double de celles enregistrées sur le puy de Dôme car les journées sont plus chaudes en plaine. Les

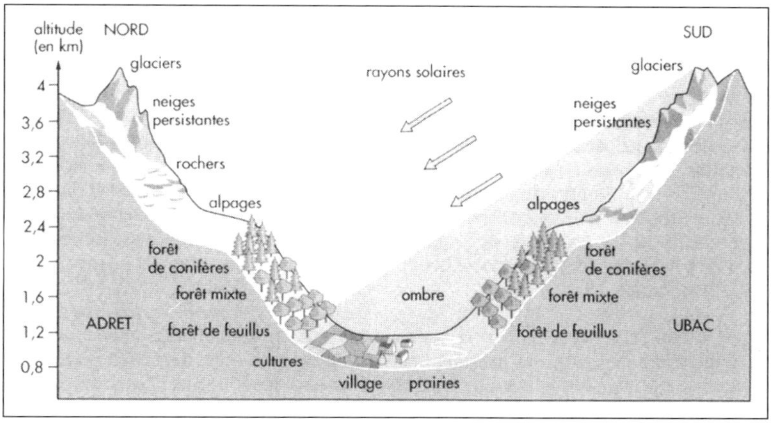

Figure 48 : **Étagement type de la végétation dans une vallée des Alpes du Nord**
Source : G. Beltrando, L. Chémery, 1995

inversions thermiques apparaissent à des échelles spatiales différentes et elles contribuent à l'explication de mosaïques climatiques plus variées qu'en plaine.

En montagne, la fréquence et l'intensité des précipitations augmentent plus ou moins régulièrement car les reliefs imposent une ascendance des masses d'air qui se traduit finalement par la condensation de la vapeur d'eau et des précipitations. Le gradient pluviométrique moyen est cependant très variable d'une région à l'autre (ordre de grandeur, 100 mm/100 m dans les Alpes, beaucoup plus sur les îles au vent des perturbations tropicales…). Cette croissance pluviométrique se poursuit jusqu'à ce qu'un mécanisme bloque l'ascendance de l'air, ce qui permet de définir l'altitude du maximum pluviométrique, dont la valeur est variable d'un massif à l'autre (ce phénomène est parfois appelé « optimum pluviométrique », expression confuse qui n'est pas employée ici). L'exposition des versants par rapport aux flux humides joue un rôle capital. Ainsi, dans les régions occidentales des moyennes latitudes, les versants exposés aux masses d'air humides venant de l'ouest (versant « au vent ») sont nettement plus arrosés que les versants exposés à l'est (« sous le vent »), en position d'abri. L'air, après avoir franchi les reliefs, redescend dans les vallées en position d'abri. Il se comprime, se réchauffe et s'éloigne du point de saturation. Les vents, alors plus secs (humidité relative plus faible) et plus chauds, favorisent la fonte des neiges ou les feux de forêts : c'est le cas du chinook, dans les Rocheuses, ou du fœhn, dans les Alpes. Dans la zone intertropicale, lorsque les flux humides de la mousson s'approchent des barrières montagneuses, les précipitations sont plus abondantes : la station de Cherrapunji (1 313 mètres d'altitude, Inde), sur les contreforts de l'Assam, avec ses 11 mètres par an en moyenne est l'une des plus arrosées de la planète. Les contrastes entre versants sont parfois saisissants : des rapports de 1 à 5 entre deux stations à la même altitude, l'une au vent (arrosée), l'autre sous le vent (sèche) sont habituels dans de nombreux massifs régulièrement exposés à un flux humide (Madagascar, Antilles, Hawaii,...). La part des précipitations neigeuses augmente aussi avec l'altitude, sur les versants bien exposés aux flux humides, la hauteur du manteau neigeux est plus importante que sur les versants opposés...

Les climats chauds et humides

Ces climats de la zone intertropicale sont caractérisés par des températures relativement élevées et par de faibles amplitudes thermiques saisonnières. Pour W. Köppen, la température moyenne du mois le plus froid doit être supérieure à 18 °C (en dessous de ce seuil, la température nocturne peut descendre en dessous de 5 ou 6 °C, ce qui a des incidences sur les formations végétales). Ce seuil est parfois discuté : H. Gaussen, par exemple, le fixe à 15 °C (qui est la moyenne des températures de la Terre), et E. de Martonne à 20 °C... Dans tous les cas, le seuil thermique permet d'exclure les zones montagneuses plus fraîches, et les régions à hiver froid aux marges polaires de ce domaine climatique (notamment en Asie).

Le total des précipitations annuelles et surtout leur répartition saisonnière permettent de distinguer :

– le climat équatorial, constamment humide recevant un total d'au moins neuf mois de précipitations supérieur à l'ETP ;

– les climats tropicaux (tendance humide ou tendance sèche) recevant au moins 450 millimètres de pluies regroupées en une ou deux saisons.

Le climat équatorial

Il est caractérisé par des températures régulièrement chaudes (la moyenne se situe autour de 27 °C en plaine à l'équateur) et par une humidité quasi permanente. Les amplitudes thermiques annuelles sont très faibles (de 1 à 6 °C), et en général inférieures aux amplitudes diurnes qui peuvent atteindre 10 °C. Les vents sont souvent faibles et sans direction prédominante, car les gradients de pression horizontaux sont peu marqués. Les quantités d'eau précipitées sont d'environ 1 500 à 2 500 m/an en plaine, sauf dans les régions régulièrement exposées aux flux humides, où elles sont beaucoup plus importantes (pied oriental de Andes, Guyane, Guinée, Indonésie). Les maximums pluviométriques se produisent assez souvent autour des équinoxes, mais pas toujours : à Cayenne, par exemple, il y a un maximum en janvier et un autre en mai. Les pluies, souvent sous forme d'averses, se produisent surtout l'après-midi.

En climat équatorial, l'évapotranspiration est inférieure à l'apport pluvial, et l'air reste humide toute l'année. L'humidité relative de l'air est en moyenne supérieure à 75 %, parfois même à 90 % et compte tenu des fortes températures, la teneur en vapeur d'eau peut être considérable. Certaines des régions concernées sont arrosées presque tous les jours (Indonésie, Nouvelle-Guinée, îles Marshall…), mais, dans d'autres, une esquisse de saison sèche s'amorce (Amazonie, Congo…). Dans ces dernières, les hauteurs d'eau précipitées peuvent varier sensiblement, cependant 9 ou 10 mois au moins reçoivent plus de 60 mm. Relèvent donc du climat équatorial les régions chaudes où il pleut moins de 60 mm, pendant 1 à 3 mois dans l'année à condition toutefois que les pluies des mois précédents soient suffisamment abondantes (un minimum de 300 millimètres dans le trimestre est souvent indiqué). À Libreville (Gabon), les précipitations totales de juin à août sont, en moyenne mensuelle, inférieures à 50 millimètres, mais le stock d'eau des mois précédents permet le maintien de la forêt équatoriale (le total des précipitations de mars à mai est supérieur à 900 millimètres).

Les températures régulièrement chaudes s'expliquent assez simplement par la grande quantité d'énergie solaire reçue au sol. À l'équateur, les rayons du Soleil sont à la verticale (au zénith) aux équinoxes, et ils forment un angle minimal de 66° aux solstices. La durée du jour est de 12 heures à l'équateur et, sur les marges du domaine équatorial, lorsque la latitude est plus élevée, elle varie de 11 à 13 heures suivant les saisons. Le rayonnement solaire est donc important et régulier tout au long de l'année, mais le réchauffement du sol et de l'air sont limités par la forte humidité de l'air et par l'albédo qui est relativement important sur les nuages de cette zone : la durée d'ensoleillement n'atteint jamais la moitié de sa durée maximale théorique (4 300 h/an). À l'inverse les températures nocturnes ne descendent pas aussi bas que dans les régions arides, car le rayonnement infrarouge de l'atmosphère est relativement important (air humide, nuages).

L'humidité de l'air est liée à la chaleur – l'air chaud a une forte capacité hygrométrique – et le potentiel évaporable est important sur les océans, comme sur le sol et la végétation. La condensation et les précipitations surviennent facilement lorsqu'un facteur déclenche l'ascendance. Le fort réchauffement de l'air peut, à lui seul, expliquer les pluies et permettre un cycle complet de l'eau (évapotranspiration, condensation et précipitations). Ce fonctionnement en circuit fermé semble relativement important au cœur des grands domaines forestiers de l'Amazonie et du Congo. Mais partout des advections d'air en provenance des océans sont nécessaires pour maintenir le stock d'eau et compenser les pertes dues à l'écoulement des fleuves. La rencontre des alizés, originaires de chaque hémisphère, dans une large bande, où les amas nuageux sont fréquents – la zone de convergence intertropicale (ZCIT, voir chap. 2) – explique aussi les ascendances et les basses pressions.

Les périodes les plus arrosées sont celles pendant lesquelles cette zone d'air instable est la plus active ; les régions le plus régulièrement humides sont celles où le déplacement latitudinal de la bande nuageuse est le plus limité. En revanche, le climat équatorial n'apparaît pas en Afrique orientale, car la ZCIT y subit un important déplacement en latitude. Cette région connaît une grande variabilité de climats, allant du sud désertique, sur les plateaux intérieurs tanzaniens et dans la dépression du lac Turkana (nord du Kenya), au climat tropical plus ou moins humide sur les régions littorales. Seule la région équatoriale de l'ouest de l'Afrique orientale (ex. : Entebbe) enregistre des totaux pluviométriques mensuels moyens supérieurs à 50 millimètres toute l'année. Le climat y est qualifié d'équatorial comme dans la cuvette congolaise plus à l'ouest (fig. 49).

Le climat tropical à saisons sèches et humides

Ce climat, tel que nous les définissons ici, est caractérisé par l'alternance saisonnière de périodes sèches et de périodes humides.

À l'exception des régions à courte saison sèches (3 ou 4 mois) et des régions caractérisées par un régime bi-modal, la saison sans pluie se subdivise schématiquement en deux périodes :

– une période moins chaude, centrée sur l'hiver de l'hémisphère. Les journées sont constamment ensoleillées et les températures comprises entre 25 et 35 °C. Les nuits sont plutôt fraîches (les moyennes se situent entre 13 et 20 °C). C'est la période de l'année où les nuits sont les plus longues (13 h 12 min sous le tropique, au solstice d'hiver) et la hauteur du Soleil la moins élevée ;

– une période sèche et torride, qui succède à la précédente (printemps de l'hémisphère), où les rayons du Soleil sont plus près de la verticale et la durée du jour équivalente à celle de la nuit. Les températures moyennes de l'après-midi peuvent dépasser les 40 °C, surtout dans les régions les plus éloignées de l'équateur géographique : à Niamey, par exemple, la moyenne des températures maximales est de 42 °C en avril.

Ensuite vient la saison des pluies, qui apporte des quantités moyennes assez différentes d'une région à l'autre, entre 2 500 et 500 millimètres d'eau environ (Calcutta : 1 590 millimètres ; Niamey : 580 millimètres). En Afrique occidentale et centrale et dans les Antilles, cette saison, appelée « hivernage », est centrée sur l'été avec un décalage d'environ 40 jours par rapport au mouvement apparent de Soleil. Sur les côtes orientales des péninsules asiatiques (Indonésie, Malaisie...), le maximum pluviométrique est en automne (octobre-novembre) et dans le Nordeste brésilien il apparaît en hiver (juin-août). Souvent, le contraste entre la saison sèche et la saison humide centrée sur l'été est saisissant (voir Calcutta, fig. 42). Quelques régions tropicales subissent un régime différent. Ainsi l'Afrique orientale connaît deux saisons des pluies, l'une entre avril et juin, l'autre entre octobre et décembre (fig. 49).

Compte tenu de la grande variabilité dans la longueur de la saison humide ainsi que dans la quantité d'eau moyenne précipitée, le climat tropical est généralement subdivisé en deux types, désignés ici :

– climat tropical « humide » (appelé aussi « tropical moyen » ou « soudanien »), où la saison pluvieuse dure de sept à dix mois et où la saison sèche et torride est peu marquée ;

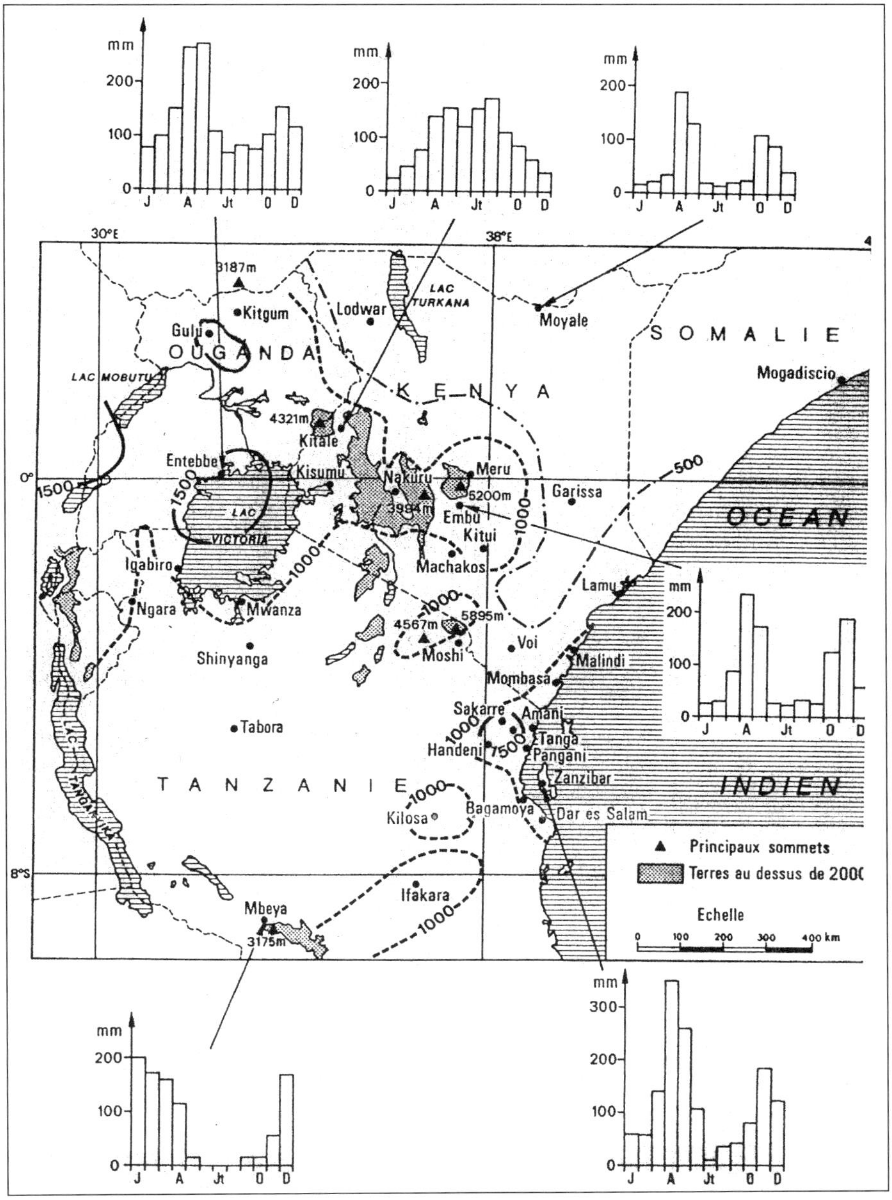

Figure 49 : **Précipitations annuelles moyennes (en mm) et types de régimes pluviométriques en Afrique orientale**

Source : G. Beltrando, 1990

– climat tropical « sec » (appelé aussi « subtropical » ou « sahélien »), où domine la saison sèche et où les pluies sont régulières d'une année à l'autre et d'une région à l'autre.

Les quantités précipitées sont, bien évidemment, plus importantes dans le premier cas que dans le second, mais elles ne sont pas toujours proportionnelles à la longueur de la saison humide, car l'exposition peut jouer un rôle important (Conakry reçoit en moyenne 4 300 millimètres avec seulement sept mois bien arrosés). Une courte saison de transition suit la saison des pluies. Les masses d'air humides se déplacent vers l'équateur et vers l'hémisphère opposé. Pour une latitude donnée, les pluies diminuent progressivement et les températures augmentent, mais sans atteindre les valeurs de la saison torride du printemps.

Les températures sous les climats tropicaux sont liées à la forte insolation et l'alternance des saisons dépend avant tout de la circulation atmosphérique. Schématiquement, les régions les moins arrosées du domaine tropical sont, la majeure partie de l'année, sous l'influence des hautes pressions subtropicales. Durant cette saison, l'air est subsident, chaud (subsidence et forte insolation), son humidité relative est faible.

Sur la bordure équatoriale des hautes pressions, dans les basses couches de l'atmosphère, s'établissent des flux d'est : les alizés. Ces vents soufflent assez régulièrement du nord-est vers le sud-ouest dans l'hémisphère Nord, du sud-est vers le nord-ouest dans l'hémisphère Sud. Lorsqu'ils circulent sur les continents arides, ou à l'est des océans, les alizés sont secs ; seules des tempêtes de sable peuvent obscurcir le ciel. En circulant longtemps sur les océans, ils se chargent de vapeur d'eau (transfert de chaleur latente de l'eau vers l'air) et lorsque l'air est suffisamment instable, des nuages verticaux se mettent en place et il peut pleuvoir abondamment. Plusieurs types de situations météorologiques sont propices à cette ascendance sous les basses latitudes. Lorsque la rencontre des flux d'air originaires des deux hémisphères a lieu près de l'équateur géographique (5°N-5°S), elle engendre un temps souvent calme, mais au-delà de cette région, celui des deux alizés qui a franchi l'équateur subit l'influence de la force de Coriolis de l'autre hémisphère. Il change progressivement de direction pour prendre une composante ouest (vent soufflant de l'ouest vers l'est), ce qui produit la mousson de sud-ouest dans l'hémisphère Nord, de nord-ouest dans l'hémisphère Sud. Les deux flux – celui d'alizé et celui de mousson – ont des directions opposées, leur rencontre est alors plus frontale, les ascendances plus fréquentes et les pluies importantes.

Le déplacement latitudinal de la ZCIT est plus important dans les fuseaux caractérisés par une masse continentale à une masse océanique (le Brésil intérieur, l'Afrique de l'Ouest et toute la région de l'Asie du Sud et de l'océan Indien) que dans les fuseaux essentiellement océaniques, où les cellules anticycloniques se déplacent peu d'une saison à l'autre (centre de l'Atlantique, centre et est du Pacifique).

De manière générale, les précipitations des régions tropicales peuvent donc s'expliquer par de l'advection d'air humide, du type mousson et par des mécanismes d'ascendance divers :

– lorsque l'air humide franchit un relief, les pluies sont importantes à l'amont des massifs dont l'orientation est perpendiculaire aux flux humides (sud et sud-ouest du mont Cameroun et de la chaîne guinéenne, ouest des Ghâts en Inde, est des Antilles et de l'Asie du Sud-est...). Dans les régions montagneuses, les précipitations sont particulièrement abondantes sur les faces bien exposées, mais, sous l'effet de l'altitude, les températures diminuent. De même, sur les continents, le sol s'échauffe de plus en plus à l'approche de l'été de l'hémisphère, et lorsque le gradient thermique vertical devient très important, une forte instabilité peut se développer localement ;

– l'instabilité peut aussi être liée à des perturbations variées, plus ou moins représentées selon les régions (ondes d'est, lignes de grain). Ainsi, sous l'effet des courants-jets circulant d'est en ouest, l'air humide se soulève brutalement et de fortes précipitations s'abattent parfois localement (lignes de grain, ondes d'est). D'après P. de Félice (1998), les précipitations associées à ces phénomènes pluvieux représentent jusqu'à 80 % du total annuel des régions sahéliennes. Dans d'autres régions, de grands systèmes dépressionnaires circulant d'est en ouest peuvent expliquer la pluviométrie. C'est le cas en Asie, grâce à la présence de baies et de péninsules. Ces perturbations tropicales, et pas seulement les plus fortes d'entre elles (les cyclones tropicaux), contribuent fortement à la pluviométrie de certaines régions tropicales.

Les variations dans le temps et dans l'espace de ces mécanismes pluviogènes sont à l'origine d'importantes fluctuations pluviométriques interannuelles et intrasaisonnières. Lorsque les pluies sont insuffisantes (par rapport aux valeurs habituelles), de profonds bouleversements socio-économiques affectent les régions tropicales, où la densité de population est souvent élevée compte tenu des possibilités du milieu (sécheresses du Sahel, de l'Inde, de l'Éthiopie...). À l'opposé, de très fortes précipitations occasionnent des dégâts considérables, mais plus localisés que lors des sécheresses et l'eau recharge les nappes phréatiques ce qui, à moyen terme, peut avoir des effets bénéfiques (voir chap. 6).

Les climats arides

L'aridité est la conséquence d'un manque d'eau dont la sécheresse constitue la cause (on parle d'aridité pour les espaces, de sécheresse lorsque l'on fait intervenir la dimension temporelle). Le manque d'eau, que l'on peut évaluer à partir du rapport évaporation potentielle/précipitations, est un facteur limitant pour la végétation (pour son développement normal ou pour son maintien), mais la seule évocation d'un seuil pluviométrique est totalement insuffisante pour définir les limites du monde aride car l'évaporation est largement tributaire de la température de l'air et du vent. En fonction de l'importance et de la nature du déficit, trois grands types d'espaces arides peuvent être distingués :

– les climats arides chauds continentaux,
– les climats arides littoraux,
– les climats à hiver froid.

L'évaluation du déficit en eau

L'évaluation de l'aridité est un problème complexe, car l'évaporation ne dépend pas uniquement des températures ; d'autres paramètres atmosphériques, comme l'humidité de l'air, la vitesse du vent ou la pression, entrent aussi en jeu. Pour évaluer le déficit en eau, on peut utiliser soit :

– la température comme un substitut de l'ETP, pour calculer un indice à partir des précipitations et de la température. L'indice est calé empiriquement sur l'observation de la végétation, il est donc utilisable sur une région particulière, et toute extrapolation sur d'autres espaces peut être hasardeuse ;

– l'ETP calculée à partir de formules ou évaluée à partir d'observation (évaporomètre type Piche, bac d'évaporation…), afin de la comparer aux précipitations (dans ces deux cas, il faut disposer d'un ensemble de données météorologiques – rayonnement, vent… – pour obtenir l'ETP).

L'intensité de l'aridité peut aussi être appréciée à partir de l'étude des peuplements végétaux et animaux : dans le Sahara, les biologistes recensent près de 3 000 espèces de plantes dont la répartition est largement tributaire des grandes divisions climatiques de ce désert couvrant près de 8 millions de kilomètres carrés (Sahara septentrional, central, méridional, atlantique et montagnes sahariennes), sans compter ces marges semi-arides.

Dans les années 1920, pour de nombreux climatologues, la zone aride se limitait aux régions caractérisées par l'aréisme, c'est-à-dire totalement privées d'écoulement superficiel, et à celles concernées par l'endoréisme, c'est-à-dire drainées par des cours d'eau sans débouché vers l'océan. Ces notions – visant surtout à expliquer la répartition des végétaux – permettaient de délimiter les milieux dans lesquels les stations de mesure des variables atmosphériques étaient relativement peu nombreuses. À cette époque, E. de Martonne (1923) proposa un premier indice d'aridité (Im) basé sur la somme annuelle des précipitations moyennes (P), en mm, et de la température moyenne annuelle (T), en °C :

$$Im = P/(T + 10)$$

si, pour une station donnée :

– Im est inférieur à 5, le climat est qualifié d'hyperaride ;
– Im est compris entre 5 et 10, le climat est qualifié d'aride ;
– Im est compris entre 10 et 20, le climat est qualifié de semi-aride.

La température – un des paramètres les plus mesurés à la surface de la Terre – permet une estimation globale de l'évaporation. Combinée aux précipitations, elle donne une évaluation empirique du déficit hydrique : une même quantité de pluie peut être plus efficace pour la végétation si les températures sont plus fraîches.

C'est dans le même esprit que W. Köppen (1931) proposa de délimiter les climats arides à partir des précipitations annuelles en fonction des températures moyennes annuelles et du rythme saisonnier des pluies... De nombreux autres indices empiriques ont été proposés pour établir un bilan de l'eau à différents intervalles de temps (annuel, saisonnier...). Pour J. Dubief (1947), qui est un spécialiste du Sahara, il y a aridité quand le total des précipitations annuelles est susceptible de s'évaporer en moins de 29 jours (précipitations annuelles inférieures au treizième de l'évaporation potentielle).

En fonction de l'intensité du déficit en eau, trois grands types d'espaces sont généralement distingués : les hyperarides, les arides, les semi-arides. En 1979, l'UNESCO a publié un document cartographique des régions arides. La classification est fondée sur le rapport précipitations/évapotranspiration, calculée pour 1 600 stations du globe (Tab. 5).

Tableau 5 : **Extension des déserts en millions de km selon les continents, d'après les critères de l'UNESCO (1979)**

Continent	Super. totale	Hyperaride	Aride	Semi-aride
Afrique et Madagascar	17 300	4 600	7 300	5 400
Asie	15 600	1 200	8 000	6 400
Amérique du Sud	3 400	400	1 400	1 600
Australie	6 200	100	3 900	2 200
Amérique du Nord et du Centre	4 200	400	1 500	2 300
Europe	900	–	200	700

Le climat hyperaride (près de 5 % des terres émergées) est localisé aux latitudes tropicales, soit au cœur des continents, où il s'étire en latitude (Sahara central, Libye, Arabie centrale et plus ponctuellement en Asie centrale) ; soit sur les côtes occidentales, où il s'étire en longitude (Atacama, Namib, désert Mojave). Les régions concernées reçoivent en moyenne moins de 50 millimètres d'eau par an et parfois beaucoup moins : à Assouan (Égypte), les précipitations moyennes sont de 2 mm/an, alors que la tranche d'eau évaporée en une année sur le lac du barrage est supérieure à 4 mètres. Les rares pluies se produisent à n'importe quel moment de l'année, souvent sous forme d'averses fortes mais brèves. Localement, il peut se passer plusieurs années sans qu'une goutte d'eau ne soit précipitée. Pour Ch.-P. Péguy, les précipitations supérieures à 5 millimètres par 24 heures (les pluies utiles) se produisent en moyenne moins de deux fois par an : dans le sud du désert libyen, les moyennes sont inférieures à 5 mm/an et dix années peuvent se passer entre deux pluies utiles pour la végétation.

Le climat aride (près de 14 % des terres émergées) est aussi très sec, à l'exception de quelques journées humides plus ou moins périodiques. Les précipitations moyennes sont comprises entre 50 et 150 mm/an (quelques auteurs fixent la limite supérieure à 200 ou 250 millimètres) et les valeurs varient beaucoup d'une année à l'autre. L'Afrique et la Péninsule Arabique possèdent les plus grands ensembles arides. Une grande partie de l'Australie, ainsi qu'une partie de l'Amérique du Nord (Californie mexicaine...) et du Sud (du désert chilo-péruvien à celui de Patagonie), possèdent également un climat aride. Plusieurs îles des latitudes tropicales (Cap-Vert, Canaries, Sainte-Hélène, île de Pâques...), et une grande partie des déserts à hiver froid de l'Asie (de la mer Caspienne à la Mongolie) entrent aussi dans cette catégorie.

Le climat semi-aride s'étend sur les marges du monde aride : Patagonie, Rocheuses, marges nord et sud du Sahara, Australie, Moyen-Orient (Croissant Fertile). Ce climat connaît généralement une esquisse de saison des pluies de un à quatre mois pendant laquelle la végétation peut se développer. Ainsi, en Afrique boréale, le nord du Sahara est arrosé en saison fraîche (novembre à avril), comme le domaine méditerranéen voisin alors que le sud de ce désert reçoit quelques pluies en été. Le cumul saisonnier des précipitations reste faible (maxima compris entre 300 et 450 mm) et il est très variable d'une année à l'autre. Le sud-ouest de l'Europe connaît aussi un climat de ce type sur la Péninsule Ibérique.

Si le manque d'eau caractérise tous les climats arides, les autres paramètres atmosphériques (température, humidité de l'air, vent...) peuvent varier sensiblement. Les différences de température opposent les climats secs à hiver froid des moyennes latitudes à ceux plus régulièrement chauds des régions tropicales, et dans la zone chaude, l'humidité de l'air individualise les régions littorales des régions continentales.

Le climat aride et chaud du cœur des continents

Toutes les régions continentales concernées par ce type de climat sont situées dans la zone tropicale ou subtropicale sous l'influence quasi permanente des hautes pressions subtropicales. La subsidence de l'air, un fort ensoleillement (supérieur à 90 % de la valeur théorique) et un angle d'incidence des rayons du Soleil proche de la verticale expliquent l'intensité du rayonnement solaire. Les températures moyennes de l'air sous abri sont élevées (25 à 30 °C) ; en milieu de journée, elles peuvent dépasser 50 °C à l'ombre. Les records sont de

57,7 °C dans le désert libyen et de 56,6 °C dans le désert Mohave en Californie (la Vallée de la Mort). Les nuits sont beaucoup plus fraîches – la température peut baisser de 30 °C en quelques heures – car la limpidité de l'air permet un intense rayonnement tellurique. Les températures hivernales en fin de nuit peuvent descendre en dessous de 0 °C sous abri, surtout en altitude (– 7 °C à Tamanrasset dans le sud de l'Algérie, à 1 405 m).

Les déserts continentaux occupent, aux latitudes tropicales africaine et asiatique, de vastes étendues depuis l'océan Atlantique jusqu'au désert de Thar en Inde : le Sahara et l'Arabie forment le plus vaste ensemble aride et hyperaride de la planète (ex. : Riyad, fig. 42).

Ces déserts apparaissent aussi en Afrique australe (Kalahari) et sur plus des deux tiers de l'Australie. En Amérique du Nord et du Sud, ils sont beaucoup moins étendus à cause de la configuration des continents, mais ils restent particulièrement chauds.

L'aridité est d'autant mieux marquée que le continent est massif. À l'exception de la péninsule arabique et d'une partie de la Corne de l'Afrique (Somalie), ces déserts sont absents des façades orientales de continents et à l'ouest des continents, les masses d'air ont des caractéristiques assez différentes.

Le climat aride littoral

Souvent aussi arides que les régions continentales situées aux mêmes latitudes, les façades littorales caractérisées par ce type de climat s'étirent en longitude, à l'ouest de continents baignés par des eaux relativement fraîches (Namib, Atacama, Basse-Californie,...). Les eaux liées à un courant marin froid (courant de Benguela, de Humboldt, de Californie,...) ou/et aux remontées océaniques profondes (les upwellings), refroidissent l'air sus-jacent. Au-dessus de cet air humide et frais règnent les hautes pressions subtropicales caractérisées par un air chaud et sec. Les mouvements ascendants de l'air et les précipitations sont impossibles, sauf lorsque les eaux deviennent plus chaudes, ce qui à certaines latitudes est tout à fait exceptionnel (Namib, Atacama). Des pluies violentes mais brèves peuvent alors s'abattre sur ces régions hyperarides : dans l'Atacama, c'est le cas lors des périodes de dérèglement de la circulation atmosphérique tropicale (phénomène El Niño Oscillation Australe, voir chap. 3). En revanche, cette situation favorise, près de la surface, la formation de brouillards et de stratus bas. L'ensoleillement est dont plus faible et les amplitudes thermiques quotidiennes moins marquées que sur les déserts continentaux aux mêmes latitudes.

Les climats arides littoraux n'intéressent que d'étroites bandes littorales, surtout dans les Amériques où des massifs montagneux longent la côte. Ainsi, en Amérique du Sud, le désert côtier s'étend sur près de 3 000 kilomètres du nord au sud et sur seulement quelques dizaines de kilomètres de large au pied des Andes (Pérou, Chili).

Le climat aride à hiver froid

Les régions continentales ou en position d'abri sont rarement atteintes par les masses d'air humides, soit parce que plusieurs milliers de kilomètres les séparent des océans où se forment ces masses d'air humides, soit parce que de hauts massifs empêchent leur arrivée.

Les premiers types en position continentale sont localisés aux moyennes latitudes, vers 35-50° N (déserts du Takla-Makan ou de Gobi en Asie). L'hiver, des hautes pressions thermiques de surface sont fréquentes et elles limitent fortement l'arrivée des flux humides des moyennes latitudes, d'autant plus que plusieurs milliers de kilomètres séparent ces régions de l'océan Atlantique. L'été, des basses pressions thermiques pourraient favoriser l'arrivée d'un air tropical plus ou moins dégénéré, mais, les massifs montagneux font franchement obstacle à ces flux (hauts plateaux tibétains, cuvettes d'Asie centrale). Seul l'ouest de cet ensemble aride (Turkestan occidental), atteint par des masses d'air originaires de l'ouest, reçoit quelques précipitations à cette saison.

Les seconds types ne sont pas spécifiques à la zone tempérée et par conséquent l'intensité du froid hivernal y varie beaucoup en fonction de la latitude. Ces déserts correspondent soit à des bassins intramontagnards (bassins semi-arides de l'intérieur des Rocheuses), soit à des bas de versant abrités des flux dominants (pied des Andes argentines, de la Pampa à la Patagonie). Ces deux facteurs de l'aridité (position d'abri et omniprésence de HP hivernales) peuvent se combiner, c'est ce qui se produit, par exemple, dans le désert de Gobi ou du Takla-Makan.

En climat aride à hiver froid, les amplitudes thermiques quotidiennes demeurent importantes, mais elles sont moins marquées que les amplitudes annuelles. Les journées d'été restent chaudes, mais les températures moyennes diminuent lorsque la latitude augmente. Les rares pluies surviennent irrégulièrement, sauf dans les déserts semi-arides, où une esquisse de saison des pluies s'amorce. La neige est donc souvent absente, d'autant plus que l'ensoleillement est important ; seule exception notable, le bord de la mer Caspienne, où le flux d'ouest hivernal humidifié sur la mer peut apporter quelques précipitations neigeuses (littoral du Kazakhstan et du Turkménistan).

Les climats à hiver froid des moyennes latitudes

Ils sont caractérisés par une saison hivernale marquée (température moyenne du mois le plus froid supérieure à –3 °C pour Köppen) et par une amplitude thermique annuelle supérieure à l'amplitude thermique quotidienne moyenne : à Lille, la différence entre la moyenne du mois le plus froid et celle du mois le plus chaud est d'environ 16 °C, la différence moyenne entre les températures mensuelles maximales et minimales est d'environ 8 °C. En fonction de la répartition saisonnière des précipitations, 3 classes sont couramment distinguées :

– le climat subtropical des façades occidentales et du pourtour de la mer Méditerranée, à sécheresse estivale (climat assez souvent qualifié de méditerranéen) ;
– le climat subtropical des façades orientales, à pluies d'été (climat parfois qualifié de chinois) ;
– le climat océanique des façades occidentales, fortement tempéré par les masses d'air originaires de l'océan (climat tempéré).

Le climat méditerranéen (ou subtropical des façades occidentales)

À la transition entre les moyennes latitudes de l'ouest des continents et la zone tropicale aride, le climat méditerranéen se singularise par une période estivale chaude et peu arrosée et par un hiver souvent doux et pluvieux. C'est là une particularité que l'on ne rencontre nulle part ailleurs. D'extension limitée, ce climat domine sur les façades ouest et sud-ouest des continents, entre 30° et 45° de latitude. C'est autour de la mer Méditerranée qu'il est le plus étendu – Europe méridionale, Maghreb, littoraux du Proche-Orient – et qu'il présente plusieurs nuances bien perceptibles. D'autres régions possèdent des caractères climatiques assez proches : Californie américaine, Chili central, province du Cap en Afrique du Sud, sud-ouest de l'Australie.

Autour de la mer Méditerranée, les températures annuelles moyennes sont supérieures à 15 °C et les amplitudes thermiques annuelles également autour de 15 °C. La saison estivale est chaude (les moyennes de juillet sont autour de 25 °C, un peu plus dans l'arrière-pays, un peu moins sur les littoraux). En milieu de journée, les températures sous abri peuvent atteindre 40 °C, surtout à l'intérieur des terres. L'hiver est généralement doux : les températures moyennes du mois le plus froid sont supérieures à 10 °C (10,5 °C en janvier à Alger), sauf sur le nord-ouest du bassin, où les advections froides sont plus fréquentes (8 °C en janvier à Nice) ou sur les régions plus continentales (5 °C en janvier à Madrid). C'est à cette saison que la variabilité thermique est la plus importante, que ce soit d'une année à l'autre ou d'un jour à l'autre (coups de froid et poussées chaudes peuvent alterner en quelques heures).

La pluviométrie annuelle moyenne à basse altitude varie de 300 à 1 200 millimètres (Nicosie 360 mm, Tirana, 1 190 mm). Les précipitations se produisent, surtout sous forme d'averses, courtes et violentes. Elles tombent principalement en saison froide (près de la moitié des précipitations annuelles tombent entre janvier et mars à Alger), sauf dans le nord-ouest du bassin où l'automne et parfois le printemps sont plus arrosés que l'hiver (120 mm en octobre, 70 mm en janvier à Nice). Le nombre moyen de jours de pluies est inférieur à 100 (78 à Nice, 76 à Alger). La neige est possible sur les montagnes méditerranéennes d'altitude modeste. L'été est sec, les pluies sont très rares, c'est la période de l'année où l'humidité relative de l'air est la plus faible (inférieure à 70 %) et le ciel peu nuageux. L'insolation est donc importante et le ciel souvent lumineux.

En saison froide, des perturbations pluvieuses circulent principalement d'ouest en est sur la Méditerranée. Les deux tiers de celles-ci se forment sur la Méditerranée ; les autres, originaires de l'Atlantique, peuvent être réactivées au contact des eaux chaudes. Le gradient thermique vertical est souvent important, ce qui active la cyclogenèse. À l'avant des perturbations, les courants aériens sont de secteur sud (sirocco et khamsin) ; à l'arrière, ils sont plutôt de secteur nord (tramontane, mistral, bora). Sur les continents, les premiers sont chauds et secs, les seconds, dont la trajectoire est canalisée par les reliefs, peuvent être violents, secs et froids en hiver. Les invasions froides sont plus marquées sur le nord que sur le sud du bassin. Dans le nord-ouest, de l'Espagne à l'Italie, elles peuvent être plus fréquentes aux intersaisons (surtout l'automne) qu'au cœur de l'hiver. Dans le nord-est, de la Grèce au Proche-Orient, les invasions apparaissent surtout au cœur de l'hiver. L'air froid atteint plus rarement le littoral nord de l'Afrique, ce qui explique la diminution progressive des pluies et l'augmentation de la saison sèche du nord vers le sud.

L'été, le mécanisme est plus simple. En raison du décalage vers le nord de tous les éléments de la circulation atmosphérique, les perturbations pluvieuses n'affectent plus les latitudes « méditerranéennes ». L'air est subsident et la sécheresse quasi absolue. Quelques advections froides d'altitude, à l'origine d'orages, peuvent apparaître, surtout sur le nord-ouest du bassin. À partir de l'automne, les cellules de hautes pressions se positionnent au sud du bassin, les temps calmes sont plus rares.

Le climat méditerranéen se dégrade en fonction de la latitude et de la continentalité. On peut distinguer :

– une dégradation océanique à l'ouest du bassin (littoral du Portugal et du nord-ouest du Maroc) : chaleur estivale moins marquée, amplitude thermique annuelle modérée autour de 8 à 12 °C (11,3 °C à Lisbonne), saison sèche réduite, précipitations plus abondantes et plus étalées entre l'automne et le printemps ;

– une dégradation continentale vers l'intérieur de l'Espagne et dans le nord-est du bassin : hivers plus froids, étés plus chauds et un peu moins arides, amplitude thermique annuelle marquée, avec des valeurs autour de 15 à 20 °C (19,3 °C à Madrid) ;

– une dégradation aride dans le sud-ouest du bassin, au contact des déserts tropicaux : hivers assez frais, étés très chauds, longue saison sèche (47 mm entre juillet et septembre à Alger qui reçoit 690 mm par an).

La montagne, bien souvent présente dans l'arrière-pays méditerranéen, introduit des nuances supplémentaires, mais les régimes thermiques et pluviométriques y sont les mêmes que près de la mer… (comme partout, l'altitude modifie les températures et la pluviométrie varie en fonction de l'exposition). Ainsi, au Maroc, dans la vallée de la Moulouya, les hauteurs d'eau ne dépassent pas 200 mm/an alors que, localement, le Rif occidental reçoit plus de 2 000 millimètres. En été sur les versants à l'adret, il arrive que les journées soient aussi chaudes qu'en plaine, mais avec des nuits plus froides. Les amplitudes thermiques quotidiennes peuvent dépasser 30 °C.

En dehors du bassin méditerranéen, un climat similaire apparaît, à l'ouest des continents, sur des zones d'extension limitée dans le prolongement des déserts littoraux.

En Amérique, le climat méditerranéen est celui de la Californie et d'une partie du littoral chilien (région de Santiago et de Valparaiso). Les précipitations – apportées par les flux perturbés d'ouest – y sont médiocres (380 mm à Los Angeles, 400 mm à Santiago). La sécheresse estivale de ces régions, liée aux hautes pressions subtropicales, est quasi absolue. L'hiver est doux, les moyennes oscillent entre 7 et 13 °C en plaine, mais les coups de froid sont possibles. Les mois les plus chauds sont août ou septembre.

La région du Cap en Afrique du Sud et le sud-ouest de l'Australie (vers Perth et Adélaïde) ont pour particularité d'avoir des températures très clémentes en hiver (le gel y est très rare sur le littoral) et des étés chauds avec des matinées souvent brumeuses sur les littoraux. Le climat de ces régions s'apparente à celui du Maroc occidental.

Le climat subtropical des façades orientales

Ce climat occupe à peu près la place tenue à l'ouest des continents par le climat méditerranéen. Il se distingue de ce dernier par une extension relativement plus importante et par une position moyenne plus proche du tropique (25° à 35° de latitude). Ce climat, qualifié de « chinois » par E. de Martonne, apparaît dans l'est de l'Asie (sud-est de la Chine, sud du Japon), dans le sud-est des États-Unis, dans le bassin inférieur du Rio de la Plata, dans le sud du Drakensberg (Afrique du Sud), ainsi que dans l'est de l'Australie (régions de Sydney et de Brisbane) et dans le nord de la Nouvelle Zélande.

Les régions concernées par ce climat reçoivent entre 1 000 et 1 500 millimètres d'eau par an (1 234 mm à Atlanta, 1 135 mm à Shanghai). Elles peuvent être arrosées toute l'année, mais c'est la saison estivale qui est de loin la plus humide. Les températures hivernales sont fraîches (4 °C en janvier à Shanghai) et de sévères coups de froid sont habituels. L'été est chaud (28 °C en juillet à Shanghai) : les amplitudes thermiques annuelles sont sensiblement plus importantes que dans le domaine méditerranéen.

La chaleur estivale résulte de l'influence de la latitude et des advections d'air chaud et humide (alizés ou moussons) venant des régions tropicales océaniques. L'hiver, ces régions sont affectées par les dépressions du front polaire et les coups de froid sont générés par les centres de hautes pressions thermiques qui se créent à des latitudes plus septentrionales. Ces advections froides peuvent être très sévères (– 14 °C à la Nouvelle-Orléans), et faire chuter brutalement le thermomètre : c'est le cas du pampero argentin dans la région de Buenos-Aires.

Le climat tempéré océanique et ses transitions

Ce climat connaît un hiver généralement doux (6,1 °C en janvier à Brest, 7,8 °C en juillet à Hobart), la neige et le gel sont rares. L'été est frais par rapport aux autres climats des mêmes latitudes (Brest, 16 °C en août ; Hobart, 16,3 °C en janvier), les journées torrides sont exceptionnelles, surtout en bord de mer car les brises atténuent les maxima quotidiens. Les amplitudes annuelles sont faibles : de 5 à 12 °C sous le climat océanique « vrai ». Les précipitations moyennes en plaine varient de 600 à 2 000 mm/an. Le caractère très changeant du temps (beau et calme, nuageux et venteux…) constitue une des grandes spécificités de ce climat.

En plaine, les hauteurs précipitées sont plus faibles aux latitudes méridionales (730 mm à Nantes) qu'aux latitudes septentrionales (820 mm à Bruxelles). Elles augmentent à proximité des versants montagneux exposés aux flux d'ouest (1 950 mm à Bergen, en Norvège, 1 500 à Biarritz). La saison fraîche est la plus arrosée mais les mois sans précipitations sont rares : à Bruxelles, tous les mois reçoivent en moyenne au mois 50 mm. L'air est souvent saturé, le nombre de jours de précipitations est important (entre 200 et 250 par an) et l'insolation plus faible que sous les autres climats des moyennes latitudes (entre 1 800 et 2 200 h/an).

Le temps océanique est souvent instable : précipitations, éclaircies et rafales de vent alternent fréquemment. Les précipitations, soit fines et peu abondantes (bruine), soit copieuses (averses de pluie et, plus rarement, de neige), peuvent durer plusieurs heures, mais il arrive que pluie et soleil alternent rapidement. Le beau temps – froid en hiver, chaud en été – peut aussi, mais plus rarement, s'installer de façon durable. Les variations climatiques interannuelles ne sont pas excessives, mais les coups de froid (février 1956 en France) et les sécheresses (été 1976, 1989 ou 2003 sur l'ouest de l'Europe) peuvent être redoutables pour la végétation et les cultures.

Le climat tempéré océanique correspond aux régions soumises une grande partie de l'année à la circulation zonale d'ouest. Sur ces régions s'affrontent les masses d'air d'origine polaire et tropicale, aux températures très différentes. Les perturbations mobiles qui en découlent se déplacent d'ouest en est, apportant ainsi un air maritime et perturbé sur les façades occidentales des continents.

Dans l'hémisphère Nord, en hiver, le flux d'ouest troposphérique apporte un air humide et relativement doux. Les contrastes thermiques entre l'air polaire et l'air tropical sont importants ; les perturbations sont actives car les deux masses d'air ont des températures très différentes. À partir du printemps, la circulation d'ouest subit un déplacement d'ensemble vers le nord. En été, les vents d'ouest – moins vigoureux et moins réguliers qu'en hiver – soufflent surtout au nord du 50e parallèle, et les hautes pressions subtropicales affectent régulièrement le domaine tempéré océanique. Le beau temps ensoleillé, de type anticyclonique, est plus fréquent, surtout dans le sud du domaine. À l'inverse de l'hiver, les masses d'air océaniques qui arrivent en été sur les régions littorales sont fraîches, car la température de surface de l'océan est moins chaude que celle du continent (par conséquent, les masses d'air au-dessus de la mer sont relativement plus fraîches). En fin d'été et en automne, le temps perturbé redevient plus fréquent.

Les variations saisonnières de la circulation d'ouest expliquent les grandes nuances de ce climat : dans le nord, en hiver, le temps anticyclonique et les advections froides sont fréquents ; dans le sud, les journées estivales sèches et ensoleillées sont nombreuses. Seules les régions centrales, qui peuvent être toute l'année sous l'influence des flux d'ouest, connaissent le « vrai » climat océanique.

Dans l'hémisphère Sud, la circulation d'ouest est plus régulière, elle subit moins de déplacements saisonniers en latitude et se positionne essentiellement entre le 40e et le 60e parallèle. Les perturbations sont plus nombreuses, les pluies plus abondantes et les températures plus régulièrement fraîches.

Les climats à hiver rude des moyennes latitudes

Si les climats polaires sont caractérisés par l'absence de véritable chaleur estivale, les climats à hiver rude des moyennes latitudes, se distinguent des autres climats de ces latitudes par un hiver plus rigoureux (pour Köppen, la température moyenne du mois le plus froid doit être inférieure à – 3 °C). C'est d'ailleurs l'intensité du froid hivernal qui permet de diviser, de manière assez sommaire, ces régions des moyennes latitudes en deux classes :

– un climat tempéré froid, ou continental, relativement pluvieux surtout en été ;

– un climat hypercontinental, où l'hiver est plus long et encore plus rigoureux.

Notons ici, que l'expression « continental » est réservée aux moyennes latitudes, mais qu'il existe des climats avec de forts traits de continentalité aux latitudes tropicales.

Le climat continental des moyennes latitudes

Sous ce climat, l'hiver est froid (moyennes de janvier : – 10 °C à Moscou, – 3 °C à Chicago), et les températures moyennes sont inférieures à 0 °C pendant environ 3 à 4 mois. Des périodes de redoux relatif alternent avec des périodes de grand froid pendant lesquelles le thermomètre peut descendre en dessous de – 30 ou – 40 °C. La couverture neigeuse est quasi permanente. Le ciel, souvent peu nuageux, peut être obscurci par des tempêtes de neige et par des brouillards de rayonnement parfois givrants. Lorsqu'ils sont épais, ce qui peut être fréquent, ces brouillards persistent toute la journée. Le printemps est bref, les températures augmentent vite, vers les mois de mars ou d'avril, dès la fonte des neiges. L'été est chaud, les températures sont supérieures à 15 ou

20 °C entre juin et août (moyennes de juillet : 19 °C à Moscou, 24 °C à Chicago), les nuits sont courtes et tièdes, le temps est souvent lourd et orageux. L'automne, généralement long et beau, les journées sont fréquemment ensoleillées et agréables et les nuits deviennent fraîches en octobre (l'« été indien »). Le froid et l'hiver s'installent avec les premières chutes de neige, en novembre ou en décembre.

Sous le climat continental, les amplitudes thermiques saisonnières sont généralement le double de celles du climat océanique (Moscou et Copenhague, à la même latitude, ont respectivement une amplitude mensuelle moyenne de 30 °C et 17,7 °C, cf. Tab. 5). Le faible rayonnement solaire hivernal (longues nuits, faible hauteur du soleil au-dessus de l'horizon), la forte réflexion sur la neige, la continentalité et la rareté des advections d'air humide en provenance de l'ouest expliquent les faibles températures hivernales. Les inversions de température sont habituelles. Les cellules de hautes pressions d'origine thermique qui en découlent ont une épaisseur réduite, elles empêchent l'arrivée des flux perturbés d'ouest. L'hiver est une saison peu arrosée dans l'ensemble, mais les cellules anticycloniques sont moins stables et moins puissantes que dans le domaine hypercontinental (voir plus loin). Lorsque ces cellules s'affaiblissent, les perturbations d'ouest apportent quelques précipitations neigeuses et une montée des températures. De manière très schématique, la fréquence et l'intensité de ces perturbations, ainsi que celles des périodes de redoux, diminuent vers le nord et vers le centre des continents. Après la fonte des neiges, entre mars et mai, le réchauffement du sol devient important (beaucoup moins de réflexion, soleil plus haut sur l'horizon, journées plus longues). Après la fonte des neiges, le substrat devient humide, l'énergie solaire plus intense, réchauffe l'air et évapore l'eau. En été, les masses d'air chaud et humidifié deviennent instables, la convection s'organise. Des cellules de basses pressions se mettent en place et les perturbations d'ouest apportent des masses d'air d'origine océanique, qui se rechargent en vapeur d'eau et deviennent instables sur le substrat chaud.

Le climat tempéré froid, avec ses deux saisons thermiques bien marquées, contraste fortement avec le climat tempéré océanique des façades occidentales des continents. C'est la direction générale ouest-est de la circulation atmosphérique qui explique cette opposition de façades. À l'est des continents (nord-est des États-Unis, Kamtchatka), les amplitudes thermiques annuelles sont plus élevées qu'à l'ouest. Les étés sont plus secs et les hivers beaucoup plus neigeux que dans les régions continentales. En Asie, l'abondance des précipitations neigeuses s'explique aussi par la présence des massifs montagneux qui bordent le continent (Kamtchatka, Sikhote-Alin en Asie ; Appalaches en Amérique du Nord). L'hiver est souvent très froid, mais des masses d'air océaniques, moins froides et plus humides, apportent de temps à autre un redoux relatif et des averses de neige. Le manteau neigeux est beaucoup plus épais (souvent plus d'un mètre). Du point de vue des températures, ces régions s'apparentent au climat hypercontinental, mais, elles reçoivent beaucoup moins de précipitations.

Le climat hypercontinental

Les hivers sont très froids : la moyenne de janvier est généralement inférieure à – 10 °C. Les températures moyennes sont inférieures à 0 °C de novembre à mars et même d'octobre à mai dans une partie de la Iakoutie (Sibérie), région où le thermomètre descend assez souvent en dessous de – 50 °C même en milieu de journée (à Verkhoïansk, dans le nord-est de la Sibérie, on a enregistré – 71 °C). Le froid est permanent, mais son intensité varie dans le temps : la température peut croître en quelques jours de plusieurs dizaines de degrés sans toutefois entraîner un dégel. Les vents violents et glaciaux ne sont pas rares, le ciel est souvent clair, mais les brouillards matinaux (parfois tenaces) et les tempêtes de neige peuvent masquer le soleil. Le passage à l'été est bref. Celui-ci est relativement chaud : les températures de juillet sont supérieures à 10 °C sur la frange septentrionale du domaine et supérieurs à 18 °C sur sa frange méridionale (à Verkhoïansk, le thermomètre peut dépasser les 35 °C en milieu de journée). Les nuits sont courtes et souvent tièdes. Occasionnellement, des masses d'air froid, originaires de l'Arctique, envahissent ces régions.

C'est sous ce climat que l'amplitude thermique moyenne entre les mois extrêmes est la plus importante de la planète (38 °C à Omsk, dans le sud de la Sibérie occidentale ; 62 °C à Iakoutsk, à l'est du plateau de Sibérie centrale, voir fig. 51). Localement, l'amplitude extrême (différence entre le jour le plus froid et le jour le plus chaud de l'année) dépasse les 100 °C.

Les précipitations – concentrées sur quelques dizaines de jours pendant la saison estivale – sont médiocres de 200 à 500 millimètres, sauf sur les façades orientales plus arrosées. Souvent orageuses, elles sont irrégulières dans le temps et l'espace. Très schématiquement, les précipitations, la hauteur du manteau neigeux et les températures diminuent vers le nord et vers l'intérieur des continents.

En Sibérie centrale et orientale (sauf dans les régions littorales où le climat moins rude est de type continental), le manteau neigeux, peu épais (environ 10 à 30 cm), se met en place en automne. Les hivers sont longs, secs et très froids. C'est l'exemple type du climat hypercontinental, particulièrement inhospitalier pour l'homme. En Sibérie occidentale et sur les plaines canadiennes, la couche de neige est plus épaisse (50 à 100 cm), des vents glaciaux, tel le blizzard, alternent avec quelques perturbations apportant la neige et un air moins froid.

Les températures hivernales s'expliquent par la latitude élevée (faible apport énergétique) et par la continentalité (faible capacité calorifique des continents). Dès le mois d'octobre, les nuits sont longues et glaciales, le réchauffement diurne est réduit. Le sol et les lacs sont gelés, les inversions thermiques s'installent pour plusieurs mois. Le gel renforce le froid et génère de puissantes cellules anticycloniques persistantes (anticyclones de Sibérie, de l'Alaska, des Grands Lacs américains) qui empêchent l'arrivée d'air maritime relativement doux. L'air est donc très stable, les ascendances et les précipitations sont quasi impossibles. Le refroidissement nocturne explique la formation de brouillards de rayonnement, qui peuvent persister plusieurs jours pendant les périodes froides du début et de la fin de l'hiver. Le froid s'intensifie jusqu'en janvier, puis les températures augmentent légèrement avec l'allongement des jours. En avril et en mai, le manteau neigeux disparaît lentement (fonte le jour, regel la nuit). La transition entre l'hiver et l'été est brève : le soleil est plus haut sur l'horizon, la durée du jour s'allonge (environ 4 minutes par 24 h, en avril), la réflexion des rayons solaires diminue fortement et les températures augmentent vite après la fonte de la neige et de la glace.

L'été, le sol et l'air sus-jacent se réchauffent beaucoup, surtout au sud du domaine et dans les fonds de vallée ensoleillés. En Asie, les fleuves s'écoulent vers le nord et le dégel commence par le sud ; d'immenses étendues d'eau libre, souvent marécageuses se forment tant que l'écoulement vers l'océan Arctique est bloqué par la glace. L'évaporation ainsi que la convection locale sont alors importantes sur ces immenses étendues marécageuses ; les temps lourds et orageux sont fréquents. À l'ouest de 100 ° est, une partie de la vapeur d'eau de l'atmosphère est apportée par les flux d'ouest humidifiés sur l'Atlantique et lors de leur passage sur les plaines européennes (forte évaporation sur les prairies et les forêts), alors qu'à l'est des monts de Verkhoïansk l'humidité vient principalement du Pacifique. Dans le centre et l'est du Canada, une part importante de l'humidité vient du golfe du Mexique.

Les climats polaires

Dans les régions au-delà des cercles polaires, en hiver, le froid est permanent. Les températures augmentent vite vers l'équinoxe de printemps. L'été est nettement moins froid, surtout sur les marges de l'océan Arctique qui ne sont plus englacées, mais aucun mois n'est à l'abri des gelées. Le ciel est parfois couvert ; les vents, souvent violents (purga sibérienne, blizzard du Grand Nord canadien), apportent des bourrasques de neige. Les précipitations tombent essentiellement sous forme de neige entre le printemps et l'automne. La hauteur du manteau neigeux annuel varie d'environ 100 millimètres dans les régions insulaires proches du cercle polaire à moins de 80 centimètres au cœur de l'Antarctique (Vostok reçoit en moyenne 71 mm/an, certaines régions de ce continent, reçoivent probablement beaucoup mois de 50 millimètres de précipitations, mais il n'existe pas de station en service depuis quelques décennies pour établir des moyennes).

Le froid hivernal s'explique par l'absence de rayonnement solaire et par la déperdition d'énergie pendant la longue « nuit » polaire. Dans les régions continentales ou englacées de l'hémisphère Nord, février est souvent le mois le plus rigoureux : à la station d'Euréka, 82° 30'N (terre d'Ellesmere, Canada), la température moyenne du mois de février est de – 37 °C ; dans l'autre hémisphère, août est le mois le plus froid (– 68,4 °C à Vostok à 3 488 mètres d'altitude). Aux latitudes proches des cercles polaires et en particulier dans les stations littorales, c'est en général les mois de janvier ou de juillet, selon l'hémisphère, qui sont les plus froids. Dans ces régions, l'amplitude annuelle est plus faible : à Tromso (66,7 °N), la température moyenne est autour de – 4 °C en janvier et en février et de 12 °C en juillet). En surface, les hautes pressions thermiques sont permanentes : dans l'Antarctique, elles sont centrées sur le pôle Sud ; dans l'Arctique, elles sont surtout marquées sur le nord de l'Asie et du Canada. L'air près de la surface est particulièrement froid, il contient très peu de vapeur d'eau et son ascendance est impossible.

À l'opposé, en été, l'éclairement est continu et la surface englacée moins importante, surtout dans l'Arctique. L'air est moins froid et les cellules anticycloniques s'affaiblissent. En conséquence, les perturbations circulant sur leur marge peuvent pénétrer le monde polaire. L'humidité de l'air est plus importante, des ascendances peuvent s'esquisser, et les nuages sont plus nombreux. Les régions océaniques restent plus fraîches que les régions continentales car leurs capacités calorifiques sont plus faibles. Dans les régions montagneuses (Groenland, Antarctique), l'air reste très froid et il s'écoule par effet de gravité vers le littoral et les océans libres de glace à cette époque.

En fonction de l'ambiance climatique, qui est conditionnée par la latitude et la continentalité, on distingue quatre grands types de climats polaires.

Le climat du centre des inlandsis (Groenland, Antarctique) est perpétuellement froid : toutes les moyennes mensuelles sont inférieures à 0 °C et, au-delà de 2 000 à 2 500 mètres d'altitude le dégel est impossible. En hiver, la température descend en dessous de – 40 °C près du pôle Nord et de – 60 °C près du pôle Sud (la station de Vostok, au cœur de l'Antarctique oriental, détient le record mondial des températures négatives avec – 89,2 °C le 21 juillet 1989). Les précipitations, toujours solides, se produisent plusieurs jours par an, mais elles n'apportent que des quantités moyennes qui restent très faibles.

Le climat arctique continental est présent sur le littoral de la Sibérie centrale et orientale, ainsi que sur la frange nord du Groenland, et les archipels du nord-est canadien). Les hivers sont rigoureux (au moins 8 mois avec des températures négatives) et, pendant la période estivale, les températures restent inférieures à + 10 °C. Autour de ce domaine climatique, apparaissent des zones où le réchauffement estival est moins marqué (presqu'île des Tchouktches jusqu'à la côte nord de l'Alaska, nord-ouest de la Sibérie centrale, nord de la terre d'Ellesmere (Canada), façades occidentale et orientale du Groenland au nord du cercle polaire). Ces régions sont irrégulièrement atteintes par des dépressions accompagnées de précipitations, de sautes de vent et de variations brusques des températures.

Le climat polaire océanique apparaît autour des îles Shetland du Sud et des Orcades du Sud, dans le nord-ouest de l'Alaska, dans le sud-ouest du Groenland, au Spitzberg, ainsi que dans l'extrême nord européen, du nord-est de la Finlande à la Nouvelle-Zemble en Russie. Les températures hivernales sont aussi rigoureuses que sous le climat polaire continental, mais les précipitations sont plus abondantes (300 à 500 mm), surtout en été, lors du passage des perturbations d'ouest. La neige et la glace fondent quelques semaines par an, vers la fin de l'été.

Le climat subpolaire océanique concerne les îles et les archipels situés dans les parages du cercle polaire boréal (nord de l'Islande, pointe sud du Groenland…), et vers le 50e parallèle dans l'hémisphère Sud (îles Kerguelen, îles Falkland, Terre de Feu…). Les hivers sont nettement moins froids – le dégel est possible toute l'année – et les précipitations plus abondantes (500 à 1 500 mm). Les chutes de neige sont importantes de la fin de l'automne au milieu du printemps. Ces régions sont sous la trajectoire des flux perturbés d'ouest, qui apportent la douceur et la pluie.

Conclusion

Cette rapide présentation, qui oublie une multitude de nuances, donne une petite idée de la diversité des climats de la planète. En premier lieu, les facteurs de type zonaux (apport énergétique) permettent de distinguer, d'une part, des climats chauds de la zone intertropicale, d'autre part, des climats à saisons thermiques contrastées (plus ou moins froids l'hiver plus ou moins chauds l'été) des moyennes latitudes, et enfin des climats plus régulièrement froids des régions polaires. La circulation atmosphérique dominante permet aussi d'expliquer l'existence de bandes arrosées, aux latitudes équatoriales et tempérées, et de bandes sèches vers les tropiques.

À ce premier niveau de découpage, s'en superpose un autre grossièrement méridien qui résulte des caractéristiques de l'océan, dont les eaux modulent la température de l'air, cet air est ensuite transporté (advecté) vers les continents. Ainsi, sous les latitudes tropicales, les façades occidentales sont plus arides que les façades orientales ; sous les moyennes latitudes, les hivers sont généralement plus doux à l'ouest des continents qu'à l'est… Les reliefs, par leur effet barrière pour les flux atmosphériques et par leur incidence sur les températures, introduisent une multitude de nuances, voire de changements rapides du temps et du climat. Indépendamment de l'altitude, les parties centrales des continents enregistrent de plus grandes amplitudes thermiques saisonnières, surtout aux latitudes moyennes et élevées. Partout, le froid et/ou l'aridité constituent des facteurs tyranniques pour la croissance de la biomasse et par conséquent pour la vie des hommes.

Les climats du globe peuvent ainsi être classés à partir des valeurs moyennes, qui ne sont en fait qu'une synthèse des conditions météorologiques successives. Les caractéristiques du temps peuvent s'écarter de manière importante de ces valeurs moyennes et ces aléas extrêmes, peuvent perturber la vie des hommes et être à l'origine des catastrophes qui sont parmi les plus importantes de l'humanité.

TROISIÈME PARTIE

Les risques liés aux excès du temps et du climat

L'intérêt croissant pour l'étude des risques s'explique par l'augmentation de la densité humaine et de la concentration spatiale de la population. Aujourd'hui, comme dans le passé, les sécheresses et les inondations inattendues, tout comme les tempêtes ou les vagues de froid ou de chaud peuvent être à l'origine de phénomènes qui restent particulièrement dramatiques dans certaines régions du Monde, malgré les progrès dans la prévision du temps (chap. 6). L'augmentation de la vulnérabilité des sociétés, tout comme le principe de précaution et la culture du risque qui ont manifestement du mal à être acceptés, expliquent cet état de fait. Si la recherche permet de mieux identifier les causes physiques des catastrophes, il est plus difficile de cerner l'évolution des mentalités, et la gestion des crises est toujours complexe.

L'évolution anthropique de la chimie de l'air (CO_2, CH_4, O_3...) a sensiblement renforcé, au moins pour une partie de la population, la prise de conscience de possibles risques liés au changement climatique (chap. 7). Certes les manifestations de ce changement annoncé depuis les années 1970-80, ne se sont pas produites comme l'avaient prévu certains scientifiques, et les discours sont aujourd'hui beaucoup plus nuancés qu'il y a 20 ou 30 ans. Mais, si dans les années à venir, ce risque (probable) se vérifie (catastrophe), il sera trop tard pour le réguler rapidement, car le système climatique est complexe, les rétroactions nombreuses et les temps de réponse du système climatique peuvent être relativement longs. Les perturbations économiques et sociales pourraient affecter de nombreux secteurs (de l'agriculture au tourisme, en passant par la santé ou la sylviculture par exemple). Les divergences au sein de la communauté scientifique – entre ceux qui prévoient des scénarios alarmistes à moyen terme (20-100 ans), et ceux plus nuancés estimant que l'état actuel de la science ne peut prouver avec certitude le changement du climat de la Terre – ont l'inconvénient de ne guère inciter les décideurs à prendre dès à présent des mesures préventives efficaces. Le changement climatique – problématique scientifique – est devenu un enjeu économique et politique d'une extrême complexité.

Chapitre 6

Les risques et les catastrophes du temps et du climat

Les risques (probabilités) et les catastrophes (phénomènes dommageables pour l'homme) liés au temps et au climat peuvent concerner tous les espaces fréquentés par l'homme. Considérés, de manière souvent abusive, comme « anormaux » ou « exceptionnels », les phénomènes atmosphériques qui engendrent les catastrophes font souvent partie de la trame climatique. Si certaines régions sont plus fréquemment affectées que d'autres par les forces de la nature, c'est surtout la vulnérabilité des sociétés qui explique les grandes différences spatiales dans la répartition et l'intensité des phénomènes dommageables. L'enchaînement des facteurs à l'origine de ces événements est souvent bien connu des hommes, et la recherche de ces dernières décennies a probablement permis de mieux montrer la globalité des phénomènes à prendre en compte. De même, la prévision météorologique des aléas extrêmes est plus fiable depuis quelques décennies. Cependant, l'accroissement de la population mondiale et la recherche de profits, à court et moyen terme, exercent des pressions fortes sur l'utilisation des territoires.

Par sa capacité à transformer les milieux naturels, par ses besoins pour assurer sa croissance et son développement, l'homme moderne perturbe les systèmes physiques. Cela peut engendrer ou amplifier des risques indépendamment d'un éventuel changement climatique. Plusieurs questions sont posées par l'analyse des risques. Pourquoi nos sociétés modernes restent-elles aussi vulnérables aux aléas du temps et du climat ? Y a-t-il une augmentation du nombre et de l'importance des phénomènes physiques, ou une augmentation des dommages ?

L'homme face aux forces de la nature

La notion de risque peut faire référence à l'idée de « danger, d'inconvénient plus ou moins probable (ou possible) auquel on est exposé » (Nouveau Larousse Encyclopédique). Dans ce sens, ce terme est parfois associé à celui d'insécurité. Le risque peut aussi faire référence à l'évaluation des pertes comme en économie d'entreprise : par exemple dans l'agriculture, lorsque la production est tributaire du climat. D'ailleurs, pour les économistes « le risque est le propre de la firme ». En climatologie, l'analyse statistique peut permettre le calcul de la fréquence des événements atmosphériques extrêmes sur une période écoulée, si les données adéquates ont été mesurées. Cela donne une idée du risque potentiel, mais ce calcul ne peut-être une prévision, tout au plus on peut le considérer pour établir un pari sur le futur.

Le risque ici est donc défini comme l'éventualité, la probabilité, d'un phénomène dommageable. Lorsque ce phénomène se produit, il correspond à une catastrophe. Cette dernière est caractérisée par l'importance des dégâts matériels et humains que génèrent les forces de la nature : « le risque possède une dimension probabiliste que la catastrophe n'a malheureusement plus ; elle est devenue une certitude » (Dauphiné, 2001). Les risques liés au climat et au temps (comme les risques technologiques) sont des phénomènes majeurs caractérisés par une faible fréquence et par une forte gravité. Pour les appréhender, sur une région donnée, il faut se placer à l'interférence entre les aléas de la nature et la vulnérabilité de la société qui occupe cet espace.

Les aléas de la nature et la vulnérabilité des sociétés

Un aléa (*hazard* en anglais) du temps et du climat peut-être défini comme un phénomène naturel qui engendre une menace potentielle pour les personnes et les biens dans une aire géographique et sur une période définie. C'est le cas, par exemple des déluges pluviaux, des épisodes prolongés de déficit en eau, des tempêtes... Ce terme, employé en France par la Délégation aux Risques Majeurs, est retenu ici, même s'il peut être discuté, car, comme le souligne F. Vinet (1998), il suppose que le phénomène naturel potentiellement dommageable frappe n'importe où et n'importe quand. Ce qui n'est pas le cas de certains phénomènes atmosphériques pouvant obéir à des logiques spatio-temporelles particulières : c'est le cas de la grêle ou du gel radiatif (ciel clair, vent faible ou nul).

L'ampleur d'une catastrophe est aussi fonction de la vulnérabilité d'une société, que l'on peut définir comme son aptitude à surmonter la crise provoquée par un aléa, et de sa capacité de réponse face à des événements potentiels. Une telle définition, un peu lapidaire, ne doit masquer le fait que, d'une part, la vulnérabilité est variable d'une société à l'autre ; et que, d'autre part, « les approches classiques insistent sur la passivité des sociétés humaines face à des aléas supposés naturels et actifs » (Pigeon, 2002). La vulnérabilité peut être perçue comme passive, institutionnelle et politique... Ce concept peut aussi suggérer une définition plus active, lorsque l'on introduit l'idée de processus qui sous-entend clairement la responsabilité de l'homme : pour J.-C. Thouret (2002) « ce constat doit amener l'homme à changer sa façon de penser la gestion des risques ».

Lorsqu'un phénomène atmosphérique, caractérisé par un « écart significatif » du temps ou du climat, se produit dans un milieu où l'homme est présent, il peut engendrer une catastrophe caractérisée par son ampleur spatiale (les effets d'un déluge pluvial sont généralement plus localisés que ceux d'une sécheresse), par sa durée (une sécheresse se développe généralement sur une échelle de temps plus longue qu'un feu de forêt), et par sa soudaineté (une inondation dommageable arrive de manière plus brutale qu'une sécheresse). La notion de catastrophe, comme celle de risque, est donc très relative. On comprend assez facilement que d'un groupe à l'autre, d'un individu à l'autre, sa définition varie selon les situations.

La fréquence et l'intensité des événements extrêmes et irréguliers

Un aléa se caractérise par son intensité et sa fréquence sur un espace donné. C'est un phénomène relativement irrégulier, qui se distingue d'un phénomène régulièrement « extrême », caractérisant la trame climatique du globe pour l'une ou l'autre de ces variables (précipitations, températures...), car l'homme et les écosystèmes sont adaptés à ces phénomènes saisonniers : rigueur thermique hivernale en Sibérie, sécheresse estivale dans le Bassin méditerranéen... Mais, il y a aussi sous ces climats des aléas (par exemple des hivers plus rudes ou des étés plus secs qu'à l'ordinaire) dont les conséquences sont dommageables pour l'homme.

Malgré les progrès de la recherche sur la compréhension des processus atmosphériques, les dégâts matériels et les pertes en vies humaines restent importants car il n'est pas facile de prévoir l'ampleur des événements potentiellement dommageables dans des délais suffisants. Aussi la connaissance du passé reste-t-elle un instrument majeur de la prévention et de la prévision de ces événements. La fréquence des phénomènes atmosphériques est délicate à évaluer car elle dépend de la période de référence. Si le choix de normes s'impose, bien souvent, il ne peut pas régler tous les problèmes, car la variabilité spatiale et temporelle du temps et du climat peut avoir des origines diverses, et la notion de temps de retour, calculée à partir des données historiques (hauteur de crue, température...), est forcement discutable et artificielle.

La principale difficulté est de déterminer ce qu'est un « écart significatif » : de forts abats pluviométriques en automne sur les contreforts des montagnes méditerranéennes, ou des coulées froides en hiver sur la façade orientale de l'Amérique du Nord sont des phénomènes qui ne sont pas exceptionnels. À partir des moyennes climatiques correspondant par exemple aux périodes permettant aux hommes d'exploiter et de vivre au quotidien dans une région, on peut tenter de définir l'aléa. Mais ce type de démarche ne peut pas être pleinement satisfaisant, car il n'est pas possible de fixer avec rigueur les limites de ce qui est normal pour les besoins de l'homme.

Les calculs de fréquence, de probabilité, d'écart par rapport à une valeur quelconque sont donc à manipuler avec prudence. Par exemple, dans le Sahel, après des saisons des pluies relativement abondantes entre 1950 et 1968, une tendance très nette à la baisse est apparue pendant au moins deux décennies. Puis, vers la fin des années 1990, plusieurs saisons ont été plus arrosées. La référence aux valeurs centrales d'une série de données (moyenne, médiane...) est insuffisante car la distribution statistique des variables climatiques n'est pas stable : le climat varie à différentes échelles de temps sous l'action de facteurs externes ou internes à la planète.

Sur de longues périodes, de l'ordre du siècle ou plus, on parle de changement climatique (périodes froides du Dryas ou du Petit Âge glaciaire). C'est aussi l'expression que l'on peut employer pour qualifier le réchauffement climatique qui semble s'annoncer depuis quelques années. Sur des périodes plus courtes de l'ordre de la décennie on parle plutôt de fluctuation climatique (décennie humide, chaude...), et d'une année sur l'autre de variabilité interannuelle (phénomène El Niño-Oscillation Australe...).

Dans le domaine de la climatologie et de la météorologie, les records sont souvent battus. Cela peut, dans certains cas, s'expliquer simplement par la faible longueur des séries et la diversité des variables mesurées. Par exemple, les 620 millimètres de précipitations reçus par la station de Lézignan dans les Corbières, lors du déluge pluvial des 12 et 13 novembre 1999, constituent un record évident pour cette région. Mais le nombre de pluviographes a augmenté ces dernières décennies et les capteurs automatiques enregistrent les données avec un pas de temps plus fin que les capteurs à lecture manuelle, cela peut suffire à expliquer la multiplication récente des records. Cependant, lorsqu'une série présente une tendance à la hausse ou à la baisse, la probabilité d'avoir des valeurs extrêmes est aussi plus grande en début ou en fin de série : de nombreux records de températures ont été battus dans les années 1990 et en particulier en 1998, année probablement la plus chaude du XXe siècle en Europe... La notion de record est utilisée de manière abusive par les médias ou par ceux qui souhaitent se dédouaner de toutes responsabilités après un événement extrême.

Pour l'estimation des valeurs extrêmes (précipitations intenses, sécheresse...), les scientifiques utilisent la notion de retour de valeur extrême. La durée de retour est la durée moyenne entre deux événements. Une durée de retour de 100 ans par exemple, ne signifie pas qu'un événement se produise effectivement tous les 100 ans, elle indique que la probabilité d'apparition (calculée par la statistique) est de 1 %. Les deux tempêtes de décembre 1999 qui ont traversé la France ont eu une période de retour estimée à plusieurs dizaines d'années alors qu'elles se sont succédées à un jour d'intervalle...

Le vocabulaire employé pour décrire les phénomènes atmosphériques qui s'éloignent de la normale est fluctuant d'un auteur à l'autre, et les médias, tout comme les politiques ou les gestionnaires, ont parfois tendance à donner des qualificatifs démesurés (un phénomène exceptionnel, imprévisible, jamais vu...) pour décrire des aléas qui ne traduisent en fait que la variabilité naturelle du climat. Certes, la quantification d'un événement météorologique n'est pas toujours facile, même en utilisant les méthodes statistiques les plus sophistiquées, car les séries de données peuvent présenter, sur une période donnée, des tendances, des ruptures, des oscillations, ou même une augmentation ou une diminution de la variabilité. Mais l'ambiguïté majeure vient probablement du fait que, bien souvent, on amalgame les effets, qui peuvent être dramatiques pour l'homme, des aléas météorologiques qui restent souvent tout à fait habituels.

La vulnérabilité des sociétés face aux forces de la nature

L'intensité d'un événement atmosphérique extrême n'est généralement pas corrélée de manière linéaire avec l'ampleur des dommages que cet événement produit : « les mêmes causes ne produisent pas les mêmes effets » (Dolffus et d'Ercole, 1996). Par exemple, les pertes humaines générées par un même déficit en eau (sécheresse) sont nettement plus importantes dans une société économiquement fragile que dans une autre plus stable. Et, même après le retour à la normale, les séquelles d'une sécheresse peuvent perdurer plusieurs années dans des sociétés fragiles ou en mutation.

Le niveau de tolérance vis-à-vis de l'aléa (processus naturel) varie en fonction de la situation socio-économique, et le seuil d'acceptation a tendance à diminuer parallèlement à l'évolution des progrès technologiques et à l'élévation du niveau de vie. Une tempête qui arrache des arbres et coupe des lignes électriques, ou un glissement de terrain qui isole un village après un épisode pluvieux sont aujourd'hui considérés comme des catastrophes, alors qu'il y a seulement un siècle peu de gens s'en préoccupaient en dehors de ceux qui étaient concernés. L'homme intégrait-il mieux les leçons de l'histoire… ? Était-il plus fataliste ? À t-il absolument besoin de faire un long voyage en voiture un jour de tempête, ou lorsque la neige complique la circulation automobile ?

Une catastrophe se produit lorsque les forces mises en jeu par la nature sont suffisamment fortes pour provoquer des pertes humaines et/ou des dégâts matériels. Un tel événement est souvent qualifié à tord de « catastrophe naturelle », formule tendant à déresponsabiliser les décideurs et les gestionnaires (autorisation de construire en zone inondable ou sur terrain instable…).

La catastrophe apparaît lorsque les moyens de protection sont inadaptés ou lorsque les sociétés n'ont pas assez tenu compte des aléas du passé pour aménager l'espace. Elle peut aussi se manifester lorsque les forces de la nature mettent en défaut la vigilance humaine : « les violences de la nature sont réelles et telles qu'il n'est pas toujours possible de se défendre contre elles » (Durand-Dastès, 1996). Les dangers pour l'homme et pour ses activités sont donc parfois inévitables, ils peuvent être importants lorsque la protection est inexistante ou insuffisante (résistance d'une digue face à la montée des eaux, réseau électrique aérien peu résistant à une forte tempête…), que ce soit par manque de moyens matériels et financiers (cyclones tropicaux dans les plaines littorales d'Asie…), ou de respect des enseignements du passé (construction dans un couloir d'avalanche...). Mais l'homme et même l'expert ne peuvent prévoir toutes les catastrophes potentielles.

Outre les inévitables erreurs d'expertise, l'oubli et la négligence des hommes sont donc responsables de nombreuses catastrophes. Les exemples sont fréquents et variés, ils montrent que la vulnérabilité des sociétés dépend, d'une part de leur degré de préparation vis-à-vis de l'événement extrême (mesures préventives face aux cyclones tropicaux, plan d'évacuation ou de protection des zones inondables...), d'autre part de la fréquence de cet aléa de la nature en un lieu donné (les dégâts dus à un vent violent sont moins importants dans une région où ce phénomène est relativement fréquent par rapport à une autre où il est plus rare...). La relation des sociétés humaines face à l'événement catastrophique varie donc dans le temps en fonction de plusieurs facteurs qui se combinent (prise en compte des événements passés et des acquis scientifiques, volonté des pouvoirs publics et des individus, moyens techniques et financiers...).

Le risque et sa perception

La définition que l'on donne au « risque » a évolué depuis une vingtaine d'années, que ce soit dans la littérature francophone ou étrangère. A. Dauphiné (2000) ou P. Pigeon (2002) ont abordé largement cette question fondamentale et nous renvoyons le lecteur à ces publications en langue française. Comme A. Dauphiné, le risque est défini ici comme le produit de l'aléa par la vulnérabilité. Il peut donc correspondre à un aléa fort et une vulnérabilité faible, un aléa moyen et une vulnérabilité moyenne, ou un aléa faible et une vulnérabilité élevée. Cette définition nous paraît satisfaisante, même si, comme le souligne P. Pigeon (2002), il y a quelques indécisions à définir le risque à partir des aléas et de la vulnérabilité, car une telle démarche associe un phénomène naturel (phénomène physique) et une présence humaine plus ou moins réceptive.

L'étude des risques a pris une dimension considérable au début des années 1980, peut-être grâce à l'émergence de mouvements écologistes et probablement aussi parce que, en particulier dans les pays riches, l'homme supporte de moins en moins les inconvénients dus aux aléas de la nature. Dans ces pays, les aléas du temps et du climat, lorsqu'ils affectent l'économie (agriculture, transport, loisirs...), sont très mal perçus : « l'accès à une régularité de revenus est considéré comme un droit et explique la prise en compte grandissante du risque par les sociétés d'assurances » (Veyret et Pech, 1993). Un autre facteur explique aussi l'évolution de la perception du risque. Durant les dernières décennies, la progression des événements considérés comme catastrophique (liées à la nature et à la technologie) a été supérieure à celle de l'accroissement de la population du monde (6 % contre 2 %), et cette évolution se répercute sur les tarifs des compagnies d'assurance. À eux seuls, les inondations et les cyclones tropicaux sont responsables de plus de la moitié des désastres (Smith, 1996). Actuellement, plus d'un tiers de la population mondiale vit dans des espaces où les risques potentiels, liés plus ou moins directement à la nature, sont considérés comme relativement importants. Ces espaces, principalement des plaines ou des fonds de vallées inondables, sont beaucoup plus densément occupés par l'homme. Mais, « vivre dans une zone à risque n'est ni un obstacle aux fortes densités, ni a un niveau de vie élevé, cela demande à la fois peut-être une culture du risque ainsi qu'un surcoût qu'entraîne leur prise en compte » (Dolffus et d'Ercole, 1996).

Les risques climatiques et météorologiques doivent donc être appréhendés à l'interférence entre les aléas de la nature et la vulnérabilité des sociétés humaines... Si les forces de la nature sont parfois colossales, dans certains cas les risques sont, au moins partiellement, imputables à l'homme.

Le risque est-il climatique ou anthropique ?

L'homme dispose de plus en plus de moyens techniques pour se protéger des excès du temps et du climat, ou pour gérer au mieux certaines activités économiques : l'air peut-être chauffé ou rafraîchi (climatisation), la neige artificielle peut-être produite là où elle est insuffisante pour la pratique des sports d'hiver, l'irrigation peut compenser une pluviométrie insuffisante pour une culture donnée, la digue peut protéger un lotissement installé dans le lit majeur d'un cours d'eau... Mais cette apparente domination des milieux peut engendrer en retour des phénomènes dommageables qui affectent plus ou moins directement l'homme. L'exemple de la pollution par les pluies acides ou des incendies de forêt, qui sont loin d'être à l'origine des plus importantes catastrophes, posent le problème de la responsabilité de l'homme dans l'origine du risque : est il climatique ou anthropique ?

Les pluies acides : un phénomène en régression dans les pays riches

Parmi les nombreux rejets d'origine anthropique, les oxydes de soufre (SO_2) et d'azote (NO_x) produits lors de la combustion des énergies fossiles (charbon, pétrole...), contribuent à la dégénérescence des forêts. Dans l'atmosphère, ces rejets se transforment en acide sulfurique (H_2SO_4) et nitrique (HNO_3) et ils s'ajoutent à d'autres polluants nocifs pour l'homme, la faune et la flore. Ces acides se déplacent sous l'action des mouvements de l'air et, après une durée de résidence atmosphérique dépendant de la nature du polluant et de la situation météorologique, ils retournent à la surface de la planète, soit par l'intermédiaire des précipitations (brouillard, pluies, neige), soit directement sous forme de dépôts secs (poussières) : c'est ce que l'on appelle communément les pluies acides. Les acides donnent aux eaux un pH très bas, il peut descendre autour de 3 ou même de 2 (valeur correspondant à l'acidité du jus de citron).

Les forêts autour des pôles industriels émetteurs sont plus particulièrement affectées (10 millions d'hectares en Europe à la fin des années 1980, dont 4 pour l'Allemagne de l'Ouest et 3 pour la Pologne). En raison de la circulation atmosphérique dominante (vents d'ouest à sud-ouest), des taux d'acidité importants sont enregistrés à plusieurs centaines, voire à quelques milliers de kilomètres des sources polluantes : Scandinavie, au nord-est de la Ruhr ; Québec, au nord de la région industrielle des Grands Lacs américains (Valroff, 1985).

Si, depuis les années 1990, la situation s'est sensiblement améliorée dans les pays riches (désulfuration des combustibles et des fumées, pots catalytiques sur les automobiles, remplacement des centrales électrothermiques par des centrales électronucléaires), dans certaines régions du globe, la situation reste très critique (Roqueplo, 1988). Une modification importante de la chimie de l'air, générée par une région « source » (agglomération industrielle par exemple), peut avoir des répercussions sur des régions « puits », relativement éloignées et toujours plus étendues.

Les incendies de forêt : un phénomène essentiellement anthropique

Les incendies se propagent dans les forêts et les formations sub-forestières, organisées ou spontanées, ils affectent aussi bien les forêts tropicales, tempérées que boréales, et sont relativement fréquents dans les régions périodiquement sèches : Chine centrale, Australie, Afrique tropicale, bassin méditerranéen…

Si les départs de feux sont le plus souvent d'origine anthropique (flamme, étincelle), deux autres facteurs essentiels sont favorables à leur déclenchement et à leur propagation :

– l'existence de combustible (végétation) ;

– l'apport d'oxygène (vent).

Les réserves d'eau du sol (dépendant de l'évapotranspiration et des précipitations antérieures à l'événement), le mode de gestion par l'homme (densité des plantations, entretien de la forêt et du sous-bois…) ainsi que la nature des végétaux déterminent la quantité et l'inflammabilité de la végétation. Le vent est déterminé par les conditions météorologiques du moment ainsi que par la topographie. En apportant de l'oxygène, il active la combustion et transporte les particules incandescentes. Dans les montagnes, le vent est souvent plus fort en altitude et le feu se propage plus rapidement sur les pentes montantes dans le sens du vent que sur les pentes descendantes. Les phénomènes de canalisation par les vallées peuvent aussi accélérer ou ralentir ce processus.

Les régions forestières qui connaissent une forte fréquentation humaine, une période sèche estivale et un vent fort sont donc particulièrement favorables au risque d'incendie : dans le sud de la Californie, en octobre 1993, plus de 100 000 ha ont brûlé et plus de 1 100 maisons ont été détruites par les flammes activées par des vents de fœhn, une végétation desséchée et des feux de camp… (Hewitt, 1997). En octobre 2003, la Californie a subi de nouveau des incendies de forêt d'ampleur équivalente. La France, pays le plus boisé de la Communauté Européenne, est particulièrement affectée dans sa partie méridionale : forêt landaise et surtout méditerranéenne (plus de 50 000 ha détruits durant l'été 2003). Plus d'un million d'hectares ont brûlé entre 1965 et 2000, dont 80 % dans les départements du sud-est (source : ministère de l'Aménagement du Territoire et de l'Environnement, 2000). La façade méditerranéenne cumule à la fois une pluviométrie faible et de fortes chaleurs estivales, un sous-sol souvent calcaire qui ne favorise pas la rétention d'eau. Dans cette région, le risque augmente fortement en présence du vent (Mistral, Tramontane...), qui dessèche le sol et les plantes. Si les facteurs naturels jouent un rôle non négligeable, c'est surtout la présence humaine et la gestion des espaces forestiers sensibles qui expliquent les incendies.

Contrairement à certaines idées reçues et largement diffusées, les incendies ne sont pas des phénomènes récents, en particulier dans les régions méditerranéennes où, « depuis la Préhistoire, le feu a été le moyen le plus efficace pour défricher la forêt afin d'obtenir des terres de cultures ou de pâturages » (Clément, 2000). Jusqu'au début ou au milieu du XXe siècle, les feux affectaient surtout les arrière-pays montagneux et ruraux, alors qu'aujourd'hui, ils affectent avant tout les régions urbanisées, souvent littorales où se concentrent les axes de communication. Dans le passé, ces régions n'étaient occupées qu'à certaines saisons et l'homme y entretenait la végétation (pâturage d'automne ou d'hiver par exemple).

De nombreux végétaux méditerranéens sont adaptés au feu, soit par l'intermédiaire de leurs organes souterrains, soit de leurs graines résistantes aux flammes. Mais la périodicité très courte entre deux incendies sur une région donnée entraîne vite la raréfaction de la végétation, et en premier lieu des espèces peu résistantes aux flammes. Les feux sont donc des agents de sélection. Cependant, lorsque le couvert végétal, plus rare, ne peut plus protéger efficacement le sol contre les précipitations intenses, le ravinement augmente ce qui limite les possibilités de retour rapide de la forêt. Lorsque les surfaces affectées par la dégradation sont importantes, ce phénomène peut être à l'origine d'un accroissement de la sécheresse tendant à étendre la désertification.

Les feux démarrent souvent à partir de la litière ou de la couverture herbacée – deux states très inflammables quand l'eau vient à manquer – avant de se propager aux states supérieures où le déplacement des flammes devient plus rapide en présence de vent. Dans certaines régions (par exemple la moyenne montagne européenne), le risque est donc aggravé par l'exode rural et le déclin des activités agropastorales favorisant la progression des friches facilement inflammables en saison sèche. De même, la fréquentation touristique et la diffusion de l'habitat pavillonnaire multiplient les sources potentielles de départ d'incendies (mégots de cigarettes, barbecues...).

En France, les imprudences (travaux en forêt ou dans les champs limitrophes) représentent plus de la moitié de départs d'incendies, les autres étant partagés entre accidents (foudre, lignes électriques, dépôts d'ordures) et malveillances (source : ministère de l'Aménagement du Territoire et de l'Environnement, 2000). En Indonésie, en octobre 1997, les incendies ont détruit plusieurs centaines de milliers d'hectares (300 000 à 750 000 selon des sources). Les paysans et les planteurs pratiquant l'agriculture sur brûlis, mais aussi les puissantes compagnies forestières par leurs négligences sont responsables de ces incendies, les fumées déplacées par les vents ont formé un voile polluant sur la péninsule malaise et le nord de Bornéo. Si la sécheresse est un facteur aggravant, c'est surtout l'action de l'homme, et pas seulement des paysans, qui sont responsables de ces sinistres.

L'homme est donc responsable de la plupart des départs d'incendies qui constituent pourtant un risque pour sa personne (brûlure, asphyxie...) et pour ses biens (destruction des habitations, des réseaux électriques et téléphoniques, mort du bétail, destruction des forêts exploitées...). Les incendies peuvent aussi être préjudiciables à l'environnement (destruction de la faune et de la flore, stérilisation du sol...), mais, lorsqu'ils sont peu fréquents, ils peuvent aussi avoir des effets bénéfiques sur le milieu car la production de cendres accroît la teneur en potasse du sol.

Ces deux exemples (pluies acides et feux de forêt) – *a priori*, relativement anodins par rapport à ceux qui génèrent les grandes catastrophes qui sont abordées dans les deux paragraphes suivants – montrent que si la situation météorologique joue un rôle de catalyseur dans la formation ou la propagation d'un processus dommageable, d'autres facteurs physiques entrent aussi en compte et l'homme est, pour l'essentiel, responsable des dégâts qu'il subit.

Les principaux types de risques et de catastrophes liés au temps et au climat

Les risques et les catastrophes liés au temps et au climat peuvent se classer de diverses manières, par exemple à partir de leur soudaineté ou de leur extension spatiale, mais aucune de ces classifications n'est pleinement satisfaisante. Ici, pour des raisons de commodité, les risques et les catastrophes sont divisés en deux grandes catégories : ceux liés à l'eau et ceux liés à l'air. Si dans certains cas, il y a effectivement un élément du climat qui prédomine (sécheresse, précipitations, vent fort ou absent...) ; dans d'autres cas, les phénomènes sont plus composites (vent et précipitations, sécheresse et chaleur). Dans ce cas-là, les phénomènes sont abordés dans les deux chapitres en fonction des variables atmosphériques responsables des dommages.

Les risques liés à l'eau sont les phénomènes les plus dramatiques et les plus redoutés des hommes. Les pertes en vies humaines sont partout importantes, mais les régions fortement peuplées et/ou très vulnérables du monde intertropical sont les plus durement affectées.

– Les sécheresses apériodiques affectent de vastes régions (quelques centaines à plusieurs milliers de km^2). Elles ont des répercussions sur la santé et l'agriculture, elles peuvent aussi avoir des incidences sur le débit des cours d'eau (transport...). Les sécheresses sont à l'origine de drames humains et d'atteintes profondes et parfois durables à l'environnement notamment dans les pays les plus pauvres de la planète où les conséquences du déficit en eau s'ajoutent souvent à des perturbations socio-économiques.

– À l'opposé, les fortes chutes de pluie, à l'origine de crues et d'inondations des vallées et des plaines, sont redoutées par les hommes lorsqu'elles surviennent de manière irrégulière. Souvent qualifiées d'imprévisibles (parfois à tort), les plus dramatiques inondations frappent avant tout les régions pauvres à forte pression démographique. Elles se produisent sur des espaces bien délimités et souvent connus, mais où l'homme, en aménageant son milieu, oublie peu à peu les forces de la nature. Les transports, les biens aux personnes, et l'agriculture sont les secteurs économiques les plus fréquemment affectés.

– La grêle, affectant avant tout les régions à forte concentration de productions agricoles sensibles, ainsi que les fortes chutes de neige, perturbant fortement les transports dans les régions peu habituées à sa présence, sont deux phénomènes illustrant bien la vulnérabilité de l'homme dans le risque.

Le vent, que ce soit par sa violence ou par son absence persistante, tout comme les périodes nettement plus froides ou plus chaudes que les normales, affectent aussi les biens et les personnes.

– Les vents forts des basses et des moyennes latitudes sont des phénomènes d'échelle régionale (perturbations tropicales, tempêtes des moyennes latitudes). Souvent associés aux précipitations et aux mouvements marins, ils affectent les biens économiques, l'agriculture et les transports.

– Les tornades (ou trombes) sont des phénomènes violents mais très limités dans l'espace. Elles produisent des dommages économiques majeurs et parfois des pertes humaines dans quelques régions du globe.

– Les forts écarts de températures, par rapport aux normales saisonnières, affectent surtout les moyennes latitudes au climat habituellement tempéré. Les vagues de froid ou de chaleur, ont un impact sur de nombreux secteurs dont la santé, l'agriculture et les transports.

Cet inventaire, non exhaustif, montre que les situations atmosphériques susceptibles de générer des catastrophes sont diverses. Si certaines conséquences sont largement amplifiées par l'action, imprudente ou inconsciente, de l'homme, dans d'autres cas, celui-ci n'a pas d'autres solutions que de prendre des risques pour assurer sa survie à moyenne échéance.

Les risques et les catastrophes liés à l'eau

Depuis les débuts de l'humanité les épisodes de déficit ou d'excès d'eau, lorsqu'ils ont un caractère irrégulier sont à l'origine des plus grandes catastrophes pour l'homme.

Les sécheresses non cycliques sont déterminées par les interactions de la circulation atmosphérique avec les composantes du système climatique (température de surface des océans, albédo du sol…) qui font qu'à un moment donné les volumes d'eau disponibles sont moins importants que d'habitude à la même période. Ces facteurs naturels se combinent à des facteurs anthropiques et il est parfois difficile d'évaluer la part de l'un et de l'autre.

Les crues et les inondations dommageables s'expliquent principalement par des conditions exceptionnelles d'alimentation d'un cours d'eau pour des raisons naturelles (fort volume d'eau précipitée, rupture de barrage de glace, fonte rapide des neiges). Elles peuvent aussi être causées, ou amplifiées, par une défaillance des aménagements humains (rupture de barrage, de digue…) où par le ruissellement rapide sur de vastes surfaces imperméabilisées (béton, bitume, toitures…).

Les sécheresses préjudiciables

La sécheresse est définie ici comme une période où les ressources en eau, sur un espace donné de dimension relativement importante, sont en dessous d'un seuil critique par rapport à la disponibilité habituelle. Seules les sécheresses qui apparaissent de manière apériodique sont préjudiciables à l'homme car lorsque le manque d'eau est saisonnier, la sécheresse caractérise un climat, comme durant l'été dans les régions méditerranéennes, et lorsque le manque d'eau devient quasi permanent on parle plutôt d'aridité (Sahara, Péninsule arabique, Gobi…). Dans ces deux derniers cas, la sécheresse est une composante de la trame ordinaire du climat, c'est un phénomène habituel auquel l'homme et les écosystèmes sont adaptés. En revanche, lorsque les ressources en eau sont au-dessous d'un seuil critique par rapport aux valeurs habituelles pour une saison donnée et éventuellement pour un usage particulier (hydrologie, agriculture…), la sécheresse présente un danger pour l'homme qui a pris le risque, volontaire ou non, de développer des activités nécessitant une certaine quantité d'eau.

Depuis toujours et sur tous les continents, les hommes sont confrontés aux sécheresses :

– les anciens textes hébreux et la bible y font référence ;

– l'île de Chypre a connu une très longue sécheresse à la fin du IIIe siècle ; en 1066, l'Égypte a envoyé une délégation officielle pour « demander aux Éthiopiens de laisser le Nil poursuivre son cours » afin de réduire la famine (Hassan, 1981) ;

– le sud-ouest de l'Amérique du Nord a subi, à la fin du XIIIe siècle, quatorze années particulièrement sèches qui ont perturbé en profondeur la civilisation Anasazi ;

– entre 1876 et 1879, la sécheresse aurait entraîné la mort de 15 millions de paysans en Chine, mais le déficit pluviométrique a été fortement aggravé par la prolifération de maladies… (Yamakawa, 1990, cité par Dauphiné, 2001).

De nombreuses régions du globe sont affectées, mais les conséquences sont nettement plus catastrophiques dans celles où les structures économiques et sociales sont fragiles.

L'évaluation de la sécheresse

Le déficit d'humidité, dans une région et pour une période données, peut-être obtenue en établissant le bilan entre les apports d'eau, dû aux précipitations, et le prélèvement, dû à l'évaporation de l'eau de surface et à la transpiration des plantes (voir chap. 3). Cette définition, qui nous paraît acceptable, n'est pas forcement celle qui est unanimement utilisée par les chercheurs de diverses disciplines s'intéressant au cycle de l'eau :

– pour certains climatologues, la sécheresse est définie principalement à partir de la quantité et de la répartition temporelle des précipitations, ainsi que de la température de l'air qui conditionne l'ETP. Elle n'apparaît que dans la mesure où le bilan de l'eau (précipitations/ETP) est négatif de manière durable ;

– l'agronome estime le déficit hydrique (le stress hydrique) d'une plante, qui est fonction de son métabolisme tout au long de sa croissance. Il prend en compte la réserve superficielle en eau qui dépend des propriétés physiques du sol, mais aussi des réserves utiles et disponibles pour les végétaux. Le manque d'eau est surtout néfaste au moment de la floraison des plantes, mais dans certains cas, la sécheresse peut avoir des effets bénéfiques sur l'agriculture (meilleur enracinement et plus grande résistance des arbres...). L'hiver, sous les moyennes latitudes, la sécheresse n'affecte pas directement la croissance des plantes mais elle peut affecter les réserves du sol, ce qui peut avoir des incidences sur la saison future ;

– enfin, l'hydrologue s'intéresse surtout à l'état des nappes phréatiques et à l'écoulement superficiel des cours d'eau par rapport aux valeurs habituelles. Cet état est avant tout fonction des caractéristiques géologiques et géomorphologiques du bassin-versant ainsi que de la perméabilité des sols et des formations superficielles.

Ces différentes approches rappellent que le cycle de l'eau est divisé en plusieurs étapes, décalées dans le temps les unes par rapport aux autres. Se situant à un stade différent du cycle, le climatologue pourra, par exemple, considérer une période donnée (mois, saison...) comme « habituellement » ou « exceptionnellement sèche », tandis que l'hydrologue, qui considère l'écoulement, jugera que ce même mois est normal, déficitaire ou excédentaire... Ainsi, le débit d'un fleuve peut être totalement indépendant du climat : à Niamey (Niger), dans la zone sahélienne, les hautes eaux arrivent en saison sèche...

La sécheresse est souvent évaluée à l'échelle annuelle ou saisonnière, mais la répartition à l'intérieur d'une même saison des pluies est tout aussi primordiale. À quantité équivalente, des volumes de précipitations relativement faibles, mais bien répartis dans le temps et dans l'espace, sont plus bénéfiques que lorsqu'ils sont concentrés. De fortes précipitations en début de saison agricole incitent les paysans à semer, et si, par la suite, il n'y a pas assez de précipitations, la sécheresse est encore plus mal vécue. Ainsi, le Nordeste, région la moins arrosée du Brésil, a été affectée par des sécheresses persistantes : l'une d'entre elles, entre 1877-79, aurait fait 500 000 victimes, mais le déficit cumulé de la saison a été relativement modéré. D'après Leprun (Leprun *et al.* 1995) : « ce n'est pas tant la faible quantité des précipitations annuelles que leur irrégularité au cours d'une même année qui la cause principale des sécheresses du Nordeste ». Le total annuel des précipitations n'est pas forcément un bon indicateur, des années dites « normales » peuvent avoir une mauvaise répartition spatio-temporelle avec des périodes sèches empêchant toute tentative de cycle végétatif complet : c'est ce que certains appellent la sécheresse verte. À l'opposé, il suffit parfois d'avoir trois mois de pluie avec un total relativement modéré mais bien distribué pour assurer la récolte des produits agricoles. Mais, dans ce cas-là, la sécheresse peut être hydrologique si les réserves souterraines ne peuvent se remplir suffisamment pour les autres besoins des populations.

Enfin, la sécheresse peut être évaluée en fonction de sa fréquence d'apparition par rapport à une gestion raisonnée des milieux physiques. Dans cette hypothèse, la sécheresse est plutôt considérée comme un événement dont les risques excèdent largement ceux qui sont raisonnablement acceptables dans une stratégie de gestion à risque normal.

L'évaluation comptable d'une sécheresse n'est pas facile à cerner tant sur le plan spatial que temporel, au niveau des conséquences le problème est tout aussi complexe. Schématiquement, et de manière forcément caricaturale, nous distinguons le cas des pays en voie de développement du cas des pays riches. Si dans les deux types de régions, les conséquences économiques et environnementales peuvent être jugées « catastrophique », à court et moyen terme, dans les pays les plus pauvres, les pertes en vie humaine sont souvent importantes ce qui n'est plus le cas dans les pays riches à structure sociale stable.

Les sécheresses dans les pays en voie de développement : exemples dans la corne de l'Afrique

Les sécheresses les plus dramatiques concernent les marges des déserts tropicaux d'Afrique, d'Asie et d'Amérique latine, régions où la variabilité pluviométrique inter-annuelle et inter-saisonnière est très importante, et où plus de la moitié à plus des trois quarts de la population vit en dessous du seuil de pauvreté. La sécheresse des années 1970-80 dans le Sahel est encore présente à l'esprit, elle a entraîné la perte de la moitié des récoltes, la mort d'une partie du cheptel, la raréfaction du bois de chauffe. Cette crise fut donc catastrophique pour les paysans et les éleveurs de la région (mort d'environ 250 000 personnes, malnutrition de 25 millions d'individus) et elle a provoqué des perturbations plus ou moins durables dans les écosystèmes sahéliens. Mais, la simple évocation d'un déficit en eau par rapport à la disponibilité moyenne d'un espace donné est très insuffisante pour expliquer les événements dramatiques que subissent des basses latitudes, comme le montre l'exemple de la Corne de l'Afrique.

La corne de l'Afrique, au nord de l'équateur (Éthiopie, Érythrée, Somalie, Soudan) a subi plusieurs périodes très sèches et persistantes, associées à des famines tout au long de son histoire. Durant les deux derniers siècles, les six principales (1835-1837, 1865-1868, 1888-1892, 1913-1914, 1973-74, 1983-85) ont fortement affecté la paysannerie de cette région : entre 1888 et 1892, en Éthiopie, la sécheresse associée à de graves épidémies, a été à l'origine de la mort d'un tiers de la population et de 90 % du bétail (Pankhurst, 1966, Wood, 1977). Mais, comme dans d'autres régions du monde tropical, il est souvent difficile de préciser dans quelle mesure les épisodes meurtriers attribués aux sécheresses sont dus à des « anomalies » climatiques de grande ampleur ou à des faits relevant de l'homme et de ces activités : les effets des guerres, des épidémies ou des criquets migrateurs peuvent aboutir, pour les populations, au même résultat que le déficit en eau de pluie, et tous ces facteurs peuvent se combiner créant aussi des catastrophes plus grandes. Les famines, de l'est de l'Afrique au nord de l'équateur, comme dans d'autres régions, sont donc autant imputables aux structures sociales et politiques qu'à de faibles précipitations (Kebbede, 1988 ; Beltrando et Camberlin, 1995).

D'une part, la surexploitation pastorale et/ou agricole contribue à aggraver l'impact des sécheresses. Le surpâturage des basses terres déjà très arides (Somalie), comme dans le Sahel voisin, favorise l'érosion et la dénudation des sols. L'intensification de la subsidence de l'air (moins d'ascendance convective) et la diminution du recyclage de l'eau par la végétation tendent à amplifier le processus (voir chap. 4). Sur les hautes terres plus arrosées (Éthiopie), l'intensification du défrichement, liée à l'augmentation de la population et aux techniques agraires modernes mal adaptées, provoque aussi une diminution du recyclage de l'eau, ainsi qu'une augmentation de l'érosion d'autant plus importante que les pentes sont fortes.

D'autre part, les infrastructures et les moyens de réduire l'impact des famines sont largement insuffisants malgré des progrès sensibles enregistrés dans les années 1990. D'après M. Foucher (1985), en 1973-74, période de grande famine dans une partie du pays, les récoltes ont été normales ou supérieures à la moyenne sur plus des deux tiers du pays, mais les paysans, touchés par la sécheresse, avaient un pouvoir d'achat réduit à néant, ce qui les privait d'accès au marché national. Le manque de stock d'urgence dans les zones sensibles, l'entrave à l'action des organismes internationaux par le gouvernement sont autant de problèmes supplémentaires qui amplifient la souffrance des plus démunis.

Enfin, les guerres et l'insécurité quasi-chroniques perturbent le monde rural et les activités agricoles (destruction des récoltes, pillage des réserves ou de l'aide internationale, mouvements forcés de population...), ce qui peut aboutir dans les cas extrêmes à des famines lors d'années où la pluviométrie est suffisante voire excédentaire (sud Soudan par exemple).

Cet exemple de l'est de l'Afrique montre que les aléas du climat ne sont pas les seuls responsables des drames humains qui peuvent affecter les sociétés à économie fragile. Des moyens financiers relativement modérés et une stabilité politique suffisent parfois à réduire les effets les plus néfastes des sécheresses. Ainsi, dans le Nordeste (Brésil), afin de réduire les risques liés aux sécheresses, de petits barrages ont été mis en place pour permettre l'irrigation (Leprun et *al.*, 1995). Certes l'eau collectée doit être utilisée rapidement avant qu'elle ne s'évapore et lorsque les pluies sont faibles pendant plusieurs années consécutives d'autres solutions techniques sont nécessaires pour constituer des réserves d'eau souterraines capables de subvenir aux besoins élémentaires de la population. De tels aménagements ne peuvent être mis en place et gérés que lorsque les populations disposent de revenus suffisants et d'une stabilité politique, sociale et économique.

Les sécheresses dans les pays développés : exemples en France et en Amérique du Nord

Les sécheresses qui affectent les pays plus riches sont beaucoup moins catastrophiques mais les perturbations économiques qu'elles engendrent sont loin d'être négligeables et elles sont mal vécues par les hommes qui acceptent moins que dans le passé ces risques climatiques. Lorsque l'apport pluvial direct est insuffisant ou lorsque l'irrigation n'est plus possible, les récoltes peuvent être compromises. Les prairies sont les premières concernées car leur enracinement est superficiel : le fourrage est alors insuffisant pour le bétail. La diminution du débit des rivières peut limiter le transport fluvial et perturber la production d'énergie hydroélectrique (faible remplissage des barrages). Lorsque la sécheresse se prolonge de manière excessive, le niveau des nappes phréatiques baisse, ce qui peut entraîner un rationnement (interdiction de laver les véhicules ou d'arroser les pelouses), et des problèmes d'approvisionnement en eau potable aussi bien dans les zones rurales que dans les zones urbaines (concentration des polluants dans les aires d'épandage du lisier ou des engrais chimiques...). Les fortes chaleurs, souvent associées à la sécheresse, multiplient les risques d'incendies de forêts, de landes ou de prairie.

En France, plusieurs épisodes secs ont affecté de vastes portions de l'hexagone à des niveaux variables (1785, 1822, 1857, 1921, 1976, 1978, 1989, 2003...). La sécheresse de l'année 1976, par sa durée et son intensité, est l'une des plus importantes du XXe siècle. Elle a commencé en décembre 1975 et s'est maintenue jusqu'en août 1976. Durant ces neuf mois, les précipitations ont été déficitaires sur une grande partie du territoire métropolitain, et plus particulièrement dans le nord-ouest du pays (Besleaga, 1990). Les mois de mai et de juin – période où les besoins en eau pour la végétation sont importants – ont été très secs. Les éleveurs ont dû importer du fourrage et certains usages de l'eau ont dû être interdits… Deux autres sécheresses importantes sont apparues (en 1989 et 2003), mais, à l'échelle nationale, elles n'ont pas été aussi homogènes que celle de 1976. En 1989, le sud du pays a enregistré des déficits de 50 % (400 l/m) dans l'intervalle d'août 1988 à novembre 1989, malgré des précipitations relativement importantes en avril sur l'ensemble de cette région et en octobre en Languedoc-Roussillon (400 mm en une journée dans la région de Nîmes, le 3 octobre 1988) qui n'ont pas suffi à combler les déficits des mois précédents. Plus récemment, d'autres épisodes secs ont affecté le pays imposant des mesures de restriction de l'eau, comme en avril 1997 ou en août 2003.

Ces périodes de déficit persistant en eau se produisent lorsqu'un temps anticyclonique s'installe durablement au-dessus d'une région obligeant les perturbations d'ouest à circuler à leur périphérie. La subsidence de l'air maintient alors un temps stable, l'air est alors relativement chaud et sec, l'humidité relative faible. La persistance de ce type de temps est donc la cause première de la sécheresse.

Les sécheresses de certaines régions tempérées (États-Unis, Australie…) sont aussi accentuées par l'action de l'homme, l'exemple nord américain le montre bien. Les grandes plaines céréalières du centre des États-Unis ont subi au début des années 1930 une intense sécheresse, dû à la combinaison d'une diminution des pluies et d'une mauvaise utilisation des terres. Pour faire face à la forte croissance de la demande urbaine en produits alimentaires (et à un fort endettement pour s'équiper de machines agricoles), les agriculteurs américains ont étendu les zones de labour et les éleveurs ont multiplié leur cheptel. Le taux de surfaces en jachère a été diminué et le sol surexploité à grande échelle. Deux années déficitaires en pluie ont suffi pour que les plaines du Midwest deviennent de véritables « cuvettes de poussières » (les *dustbowls*). La couverture végétale a disparu et lorsque les masses d'air sont passées sur cette région, elles n'ont pas pu s'humidifier comme auparavant, le cycle de l'eau a ainsi été modifié. L'absence de végétation a rendu le sol plus vulnérable à l'érosion. Les vents ont soulevé la poussière et l'ont transportée sur de grandes distances. Le désert s'est rapidement installé, obligeant les fermiers à migrer vers d'autres régions agricoles ou vers les villes.

La sécheresse représente donc un risque pour l'homme et son action sur les milieux peut accentuer fortement ce processus. Les catastrophes liées à un déficit d'eau affectent des espaces généralement de dimensions importantes, alors que les conséquences des forts excédents pluviométriques sont en général néfastes sur des espaces de dimension plus réduite.

Les excès d'eau dommageables

Une crue correspond à une phase hydrologique durant laquelle les débits dépassent les valeurs des hautes eaux ordinaires. Une inondation se produit soit par débordement direct, lorsque le cours d'eau sort de son lit mineur pour occuper son lit majeur (fig. 50), soit par stagnation des eaux de pluie ou de mer, lorsque les sols ou les réseaux ne permettent pas leur évacuation. Elle peut aussi apparaître par remontée de l'eau depuis les nappes phréatiques ou les réseaux d'assainissement.

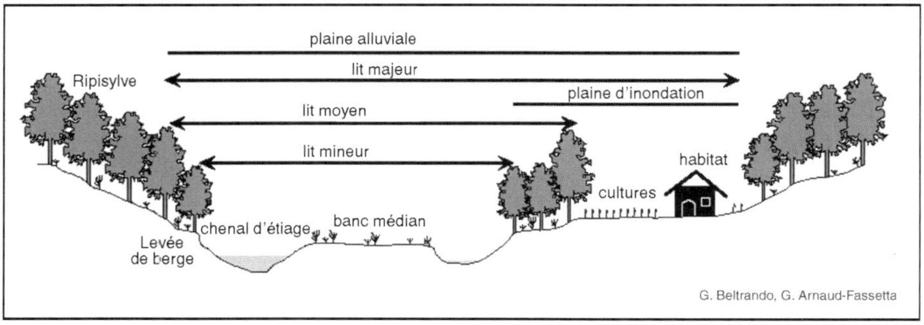

Figure 50 : **Coupe du lit d'une rivière**

Lorsque les eaux envahissent et recouvrent de manière inattendue la plaine d'inondation d'un cours d'eau ou d'une plaine aménagée et habitée par l'homme, elles peuvent causer de gros dégâts matériels et des pertes en vie humaine (le chiffre parfois cité de 30 000 morts/an en moyenne, pour le XXe siècle s'explique par quelques inondations particulièrement dramatiques qui ont affecté l'Asie durant ce siècle). À l'opposé, lorsque les eaux arrivent régulièrement, elles sont attendues par l'homme qui en tire de nombreux bénéfices (crue nourricière du Nil avant les aménagements hydrauliques).

Plusieurs causes naturelles peuvent être à l'origine des inondations qui affectent l'humanité depuis ces origines. Aujourd'hui, l'amélioration de la prévision météorologique et de la protection contre la montée des eaux n'ont pas pour autant supprimé ce risque car l'occupation permanente des zones inondables est nettement plus importante que dans le passé.

Les déluges pluviaux

La montée du niveau des eaux dans un cours d'eau peut avoir diverses origines qui peuvent se superposer dans les crues dites composites. Les fortes averses brutales ou les précipitations moins abondantes mais plus durables dans le temps sont les principaux facteurs d'explication des crues. La débâcle de glace ou les fontes inattendues peuvent aussi être à l'origine de ces aléas de la nature.

Les orages violents se produisent par exemple lorsqu'une perturbation très active se déplace lentement ou lorsqu'elle est quasi-stationnaire au-dessus d'une région. L'efficacité pluviométrique de ses perturbations est fonction des caractéristiques de la masse d'air (température, humidité, gradient thermique vertical), et leur persistance est fonction de la configuration isobarique d'échelle régionale (présence d'un anticyclone bloquant le déplacement de la masse d'air perturbée...). La proximité de reliefs peut aussi contribuer au maintien de l'air humide.

Sur la façade méditerranéenne française, des valeurs supérieures à 300 ou 400 millimètres en 24 heures sont relativement courantes : 595 millimètres à Combes (Hérault) les 7 et 8 décembre 1953 ; 420 millimètres en une journée sur les hauteurs de Nîmes, le 3 octobre 1988 ; 300 millimètres en moins de 6 heures sur le bassin-versant de l'Ouvèze, le 22 septembre 1992 ; de 200 à plus de 600 millimètres sur une grande partie du bassin de l'Aude les 12 et 13 novembre 1999... (source : Météo-France). Les plus fortes valeurs mesurées à ce jour sont de 1 000 mm à St Laurent de Cerdans, près du Canigou, le 17 octobre 1940 (1 930 mm entre le 16 et le 20 octobre pour cette station) lors de l'événement à l'origine de la crue de l'Agly, de la Têt et du Tech.

Les précipitations du 12 au 13 novembre 1999 dans le Roussillon s'expliquent par une dépression sur la Méditerranée occidentale associée à des vents d'est à sud-est de l'ordre de 100 km/h. Plusieurs conditions ont été réunies pour que se développe un puissant système orageux (forte advection chaude et convergence dans les basses couches, advection d'air plus froid et plus sec dans les couches moyennes, forte instabilité verticale, circulation d'altitude très dynamique...) (Aullo *et al.*, 2002 ; Ducrocq *et al.*, 2003). Ce type de système convectif de méso-échelle est caractéristique des régions méditerranéennes. En moins de 48 heures, la station de Lézignan dans les Corbières, au cœur du secteur le plus arrosé, a enregistré une valeur de 624 millimètres (dont 551 mm en 24 heures), cela représente à peu près la normale qui est d'environ 700 à 800 mm/an. Dans cette partie des Corbières, 230 millimètres d'eau ont été enregistrés entre 22 h et 1 h la nuit du 12 au 13... Le bassin de l'Aude (environ 5 000 km) a reçu plus de 1 milliard de m^3 en moins de 48 heures, le débit de pointe dans la basse plaine a atteint la valeur record de 3 400 m^3/s (débit moyen en novembre 45 m^3 s). Les effets de la crue ont été aggravés par de fortes vagues sur le littoral qui ont freiné l'écoulement des eaux pluviales vers la Méditerranée.

Contrairement à ce qui est souvent évoqué, après les inondations dramatiques du monde méditerranéen, les phénomènes atmosphériques en cause n'ont rien d'exceptionnel, l'ampleur des dégâts et pour l'essentiel imputable à l'homme. De nombreux récits et documents d'archives, depuis l'époque romaine, signalent dans le monde méditerranéen l'existence de fortes inondations souvent dévastatrices car les cours d'eau doivent évacuer rapidement des volumes d'eau considérables. Ces phénomènes correspondent à ce que l'on appelle couramment un épisode cévenol.

En France, les derniers événements sont encore présents à l'esprit : Grand-Bornand 23 morts en juillet 1987 ; Nîmes, 9 morts le 3 octobre 1988 ; Vaison-la-Romaine, 37 morts en septembre 1992 ; bassin de l'Aude, 27 morts en novembre 1999 ; département du Gard, 23 morts en septembre 2002. Antoine

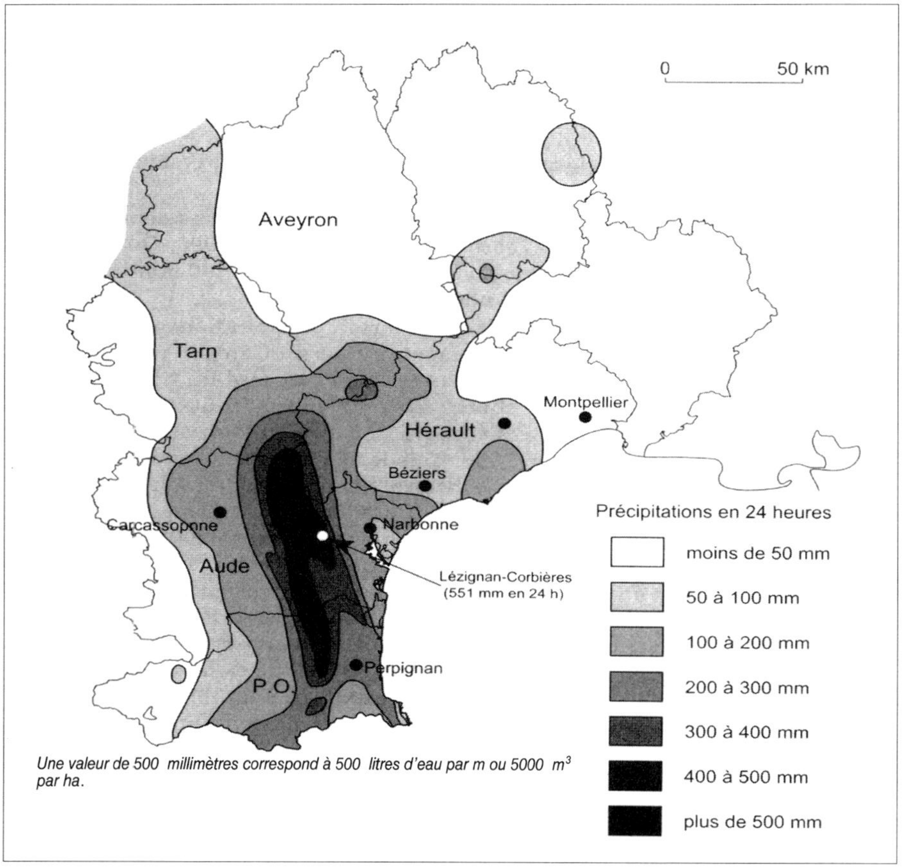

Figure 51 : **Précipitations, en mm, du 12 au 13 novembre 1999 (entre 6 h TU le 12 et 6 h TU le 14)**
Source : adapté d'un document Météo-France par F. Vinet, 2003

(Antoine *et al.* 2001) a recensé les crues meurtrières du Roussillon aux Cévennes. Les 66 événements repérés, entre 1316 et 1999, ont fait un millier de victimes. D'après le ministère de l'Aménagement du Territoire et de l'Environnement (2000), en France, pour les dernières décennies, le coût moyen annuel global des dommages causés par les inondations se chiffre à 230 millions d'euros (1,5 milliard de francs).

De tels événements se produisent plusieurs fois en quelques siècles sur au moins une partie des régions qui les subissent : des épisodes semblables à celui du 8 et du 9 septembre 2002 dans le Gard se sont produits avec une intensité au moins équivalente sur le Vidourle (en 1907, 1933 en en 1958) et sur les Gardons (1907, 1958). Certes la répartition spatiale varie d'un événement à l'autre, mais peut-on pour autant qualifier de tels épisodes d'imprévisibles ?

De telles valeurs ne sont pas spécifiques au monde méditerranéen. Sous les moyennes latitudes, les précipitations associées au passage des perturbations d'ouest ou de sud (bassin de la Loire par exemple), tout en étant généralement moins violentes que dans le basin méditerranéen, peuvent être aussi dommageables lorsqu'elles affectent de vastes surfaces et/ou lorsque les sols sont déjà saturés avant le passage de la perturbation orageuse, car une plus grande part de l'eau est alors disponible pour la crue. En France, les crues de la Garonne de 1875, de la Loire en 1846, 1856 et 1866, ou de la Seine en 1910, 1924 et 1955 peuvent s'expliquer de la sorte, mais, sur ces grands bassins-versants, les inondations peuvent aussi se mettre en place par la combinaison de perturbations méditerranéennes (sud du bassin de Loire par exemple) et océaniques (reste du bassin).

Les pluies liées aux perturbations tropicales des basses latitudes sont encore plus intenses. Elles se produisent lors du passage de perturbations atmosphériques tourbillonnaires que les météorologues ont l'habitude de distinguer en fonction de la force des vents : dépressions (vent inférieur ou égal à 61 km/h), tempêtes (62 à 117 km/h) et cyclones (vent supérieur ou égal à 118 km/h). Ces perturbations atmosphériques tourbillonnaires (dépressions, tempêtes et cyclones) se forment sur les parties les plus chaudes des océans, aux latitudes tropicales. Elles se déplacent globalement d'est en ouest à des vitesses faibles (20 à 40 km/h), mais leur trajectoire peut-être capricieuse et il peut y avoir des périodes d'arrêt, voire de rebroussement de trajectoire. Chaque année on dénombre plusieurs dizaines de cyclones dans le Monde, le Pacifique nord-ouest (33 % des cas pour la période 1961-90), le sud de l'océan Indien (20 %), le Pacifique nord-est (17 %) et le Pacifique sud-ouest (12 %) sont les régions les plus affectées. Les plus fortes de ces perturbations (cyclones) sont à l'origine des plus importantes catastrophes liées à des phénomènes naturels. Mais la force des vents n'est pas toujours proportionnelle aux précipitations P. Pagney (1994) indique que « ce fut une simple dépression, le 6 juillet 1966 qui apporta sur la Guadeloupe la plus grande anomalie pluviométrique estimée à Pointe-à-Pitre sur trente neuf ans d'observations ». Le cyclone Hugo, en septembre 1989, dans les Antilles et aux États-Unis avec des vents dépassant les 300 km/h fut peu pluvieux. Les dégâts sont occasionnés par les pluies diluviennes qui provoquent des inondations et des glissements de terrain. Les régions proches de la mer sont concernées non seulement par les effets du vent et des précipitations, mais aussi par les eaux marines qui tendent à s'accumuler dans le fond des golfes entraînant une élévation du niveau marin (surcôte littorale) qui freine l'évacuation des eaux de pluie par les cours d'eau.

Les perturbations tropicales se développent souvent de janvier à mars dans l'hémisphère Sud et de juillet à octobre dans l'autre hémisphère : le cyclone Hyacinthe aurait apporté, du 15 au 17 janvier 1980, plus de 5 000 millimètres d'eau à la station de Commerson (île de la Réunion). Entre le 27 et le 30 octobre 1998, le cyclone Mitch – qui s'est formé plus près des cotes américaines que la plupart des autres cyclones – a traversé lentement le Honduras et une partie du Nicaragua. Puis, changeant de direction, il a affecté le Guatemala, s'est dirigé vers le Mexique avant d'atteindre, le 5 novembre, le sud de la Floride. Ce cyclone a apporté en quelques jours plus de 700 millimètres d'eau sur la bande littorale de plusieurs centaines de kilomètres le long de la Mer des Caraïbes. Les précipitations ont aussi été très importantes dans les régions montagneuses proches de la côte Pacifique (localement plus de 500 mm) déjà fortement arrosées par d'autres événements pluvieux importants dans les semaines précédant Mitch. Partout, la proximité des reliefs obligeant les masses d'air chaudes et très humides (forte instabilité) à se soulever (amplification du processus) et le raz-de-marée, provoqué par les vents forts à la surface de l'océan, sont à l'origine d'inondations particulièrement dramatiques dans les zones littorales, souvent très densément peuplées.

La prévision à court terme de ces événements n'a cessé de s'améliorer ces dernières décennies, mais les dégâts restent souvent considérables dans les régions pauvres de la planète : les cyclones Eline et Gloria de la fin février 2000 ont entraîné de terribles inondations au Mozambique (probablement plus de 1 000 morts et plus d'un million de sans-abri). Dans les pays plus riches, les populations prévenues prennent des précautions et dans certains cas des déplacements massifs sont mis en place (sud-est des États-Unis par exemple), mais les dégâts matériels restent importants.

D'autres facteurs physiques favorables aux crues

Les crues de débâcle interviennent à la suite de rupture de barrages naturels de glace. Ces phénomènes saisonniers sont habituels sous les hautes latitudes (fleuves sibériens et canadiens), et ils se produisent dans des régions où les densités de population sont très faibles ou nulles. Ils peuvent aussi se produire, mais plus rarement, en haute montagne où ils affectent des secteurs très limités. La vidange rapide d'eau incluse dans les glaces peut être à l'origine de telles crues : le 12 juillet 1892, la rupture d'un barrage de glace a brutalement libéré 200 000 m^3 d'eau et de glace qui firent 175 morts à Saint-Gervais (Haute-Savoie, France). De tels phénomènes sont rares et les barrages de glace susceptibles d'être dangereux font l'objet d'un suivi par les glaciologues qui, lorsque cela est possible, anticipent la vidange de manière artificielle et contrôlée.

Les crues nivales sont liées aux averses de printemps et/ou aux périodes de redoux (par exemple lors du phénomène de fœhn) qui accélèrent la fonte des neiges. Ces périodes chaudes et pluvieuses peuvent se produire à quelques jours d'intervalle, cela favorise le gonflement rapide des cours d'eau et occasionne de temps à autre des dégâts, notamment dans les vallées de la zone tempérée. En juin 1957, une crue violente a affecté la vallée du Guil (Haut-Queyras dans les Alpes françaises), la neige tardive et abondante a fondu rapidement après le passage d'une perturbation originaire de la Méditerranée (300 mm à Abriès en quatre jours). Le phénomène a été accentué par la présence d'une neige récente qui en recouvrait une autre plus ancienne et plus gelée (Tricart, 1982). Les matériaux arrachés aux berges ont permis la formation de barrages temporaires dont la rupture a été catastrophique pour les habitations proches de la rivière.

Les crues par remontées de nappes apparaissent beaucoup plus lentement. Dans la Somme, à partir d'octobre 2000, les perturbations d'ouest ont été relativement nombreuses au-dessus du bassin-versant de ce cours d'eau, comme dans d'autres régions du nord-ouest de la France et d'une partie de la Grande Bretagne. Entre octobre 2000 et avril 2001, le cumul des précipitations a été d'environ le double des valeurs normales de cette région. Les inondations de caves se sont multipliées et le niveau des cours d'eau a commencé à monter dans l'hiver, il a été qualifié « d'inquiétant » à la fin mars, par les services de l'État, et la crue a atteint son paroxysme mi-avril. L'inondation progressive s'est faite par débordement des cours d'eau et/ou remontée des nappes. L'eau a submergé lentement les constructions en fond de vallée, parfois assez loin du lit des rivières : en avril le volume de la crue a été évalué autour de 20 à 30 millions de m^3 par les services de l'état. Cette inondation s'explique par la présence de pentes très faibles limitant le ruissellement et par une évapotranspiration également faible (hiver). Dans ce contexte, l'infiltration est naturellement importante et la structure géologique du bassin – constitué essentiellement de craie recouverte de limons perméables – favorise le stockage de l'eau. C'est cette accumulation d'eau qui a entraîné une remontée de la nappe, l'augmentation du débit des sources pérennes et l'apparition de sources temporelles. La décrue, elle aussi très lente, n'a commencé qu'après l'arrêt des pluies et l'augmentation de l'évaporation.

D'autres facteurs naturels (forme du lit majeur, pente, nature du substrat, encaissement du cours d'eau...) peuvent moduler ou au contraire accélérer les crues. La nature de la surface, qui conditionne généralement la densité des cours d'eau, permet d'établir une distinction entre les substrats perméables (sable, calcaire...), moins favorables aux débordements rapides, et les substrats imperméables (schistes, marnes, argiles...) où, à précipitations équivalentes, le ruissellement de surface est plus intense.

Dans l'ensemble, les bassins boisés connaissent des débits de crues plus faibles que les bassins non boisés : d'une part, les couverts végétaux fermés (forêt, pelouse) et la litière, en interceptant une partie des précipitations et en dispersant l'énergie cinétique des gouttes, jouent un rôle modérateur, ralentissant de la sorte le ruissellement ; d'autre part, les racines constituent une protection naturelle et efficace contre l'érosion torrentielle (mais la présence de la forêt relève aussi de l'action de l'homme).

Plusieurs facteurs, plus ou moins « naturels » peuvent donc expliquer les crues et les inondations. Ces facteurs peuvent s'ajouter les uns aux autres (fortes précipitations et fonte des neiges...), et, lorsque les ondes de crue de plusieurs affluents d'un même cours d'eau se rejoignent au même moment, les zones de confluence ainsi que la partie aval du bassin-versant peuvent être particulièrement vulnérables.

Des dégâts considérables

L'importance des volumes d'eau apportés par ces phénomènes d'origine naturelle génère des crues contre lesquelles il n'est pas toujours facile de se protéger, notamment dans les deltas et les plaines littorales surpeuplés. C'est le cas du Bangladesh, où plus de 100 millions de personnes sont mal protégées des inondations du Gange et du Brahmapoutre. Certes, dans les pays les plus riches l'homme dispose de moyens de lutte et la prévision météorologique a fait de gros progrès, mais les bulletins d'alertes ne sont pas toujours bien compris ni respectés, et parfois ce sont les aménagements qui sont à l'origine des crues. Les précipitations abondantes de janvier 1995 en Europe occidentale (Allemagne rhénane, Belgique, France septentrionale, Hollande) ont entraîné des inondations qui ont inquiété les autorités (40 départements affectés par des débordements en France…). La crainte de ruptures des digues du Rhin et de la Meuse a rendu nécessaire l'évacuation de plusieurs milliers de personnes. En janvier 1996, les inondations dans les états du Maine et de Virginie (États-Unis) ont nécessité l'évacuation de plus de 100 000 personnes… En août 2002 et malgré des prévisions météorologiques relativement bonnes, les orages liés aux perturbations d'ouest ont affecté durement l'Europe centrale et la Russie (plus de 80 victimes) malgré la mise en place de plans d'évacuation à grande échelle (50 000 Pragois évacués).

À la fin du mois de janvier 1910, le bassin de la Seine a reçu environ 100 millimètres (de 80 mm à Paris à 180 mm à Montbart), ce qui est, à cette échelle spatiale, relativement important pour cette région. Après un mois de décembre 1909 excédentaire, trois phases perturbées ont expliqué l'inondation (la première saturant les sols, la suivante correspond aux plus fortes pluies et la dernière, avec des pluies plus modérées venant amplifier le phénomène, cf. Schneider, 1999). Quatre milliards de m^3 d'eau ont traversé Paris durant cette période qui ne fit qu'une seule victime… C'est en partie pour limiter de telles crues, mais aussi pour améliorer et garantir les ressources en eau de l'agglomération parisienne (eau potable, étiages estivaux), que trois lacs artificiels ont été aménagés en amont de la capitale (réservoirs Seine, Marne et Aube) afin d'emmagasiner jusqu'à 800 millions de m^3.

Les aménagements peuvent contribuer parfois à l'accélération de la crue et l'homme occupe de plus en plus les zones inondables : en France, la Délégation aux risques majeurs a évalué à 22 000 kilomètres (4 % du territoire, 7 600 communes, plus de 2 millions de riverains) la superficie des zones particulièrement inondables, et de nombreuses villes sont concernées. En plus des habitations, les réseaux de transports sont très denses dans ces espaces, et l'agriculture moderne les utilise de plus en plus.

Depuis l'aube de l'humanité, les inondations inattendues provoquent de nombreux dégâts et des pertes en vies humaines. Elles affectent de nombreuses régions du globe, mais celles qui ravagent les régions densément peuplées de l'Asie (Chine, Inde…) sont les plus meurtrières. La crue du Yangzi Jiang de 1931 aurait causé 1 million de sinistrés et les crues de l'été 1959 dans le nord de la Chine ont probablement été plus meurtrières encore (les chiffres pour ce pays sont très variables d'une source à l'autre, ils doivent être utilisés avec la plus grande prudence, d'autant plus que, ce n'est pas uniquement la crue qui est à l'origine du désastre...). Les 12 et 13 novembre 1970 au Bangladesh, sous l'effet combiné de l'onde du cyclone, de la marée astronomique et des inondations du Gange, la mer monta de 7 mètres alors que les précipitations d'origine cyclonique étaient d'une grande intensité : ce cyclone fit 148 116 morts selon les autorités du pays (d'autres sources annoncent le chiffre de 300 000, voire de 500 000 décès et en avril 1991, un autre cyclone fit 125 000 victimes. Dans cette région fortement peuplée, les violentes perturbations tropicales arrivent face au littoral, elles affectent fortement la bande côtière du continent et des îles...

Si ces phénomènes sont suffisamment dramatiques pour que l'homme s'en souvienne d'un événement à l'autre, les moyens de protection sont manifestement sous-dimensionnés par rapport aux besoins.

D'autres régions pauvres des basses latitudes ne sont pas à l'abri de ces calamités En octobre 1998, les déluges pluviaux puis le passage du cyclone Mitch en Amérique centrale (Nicaragua, Guatemala...) ont provoqué de nombreux glissements de terrain et des débordements de rivières entraînant la mort de près de 10 000 personnes. La plupart des victimes ont péri dans une coulée de boue sur le flanc du volcan Cassita (Nicaragua) ou par une lame d'eau d'une vingtaine de mètres de haut qui a traversé la capitale du Honduras : les cyclones Eline et Gloria de la fin février 2000 ont entraîné de terribles inondations au Mozambique (probablement plus de 1000 morts et plus d'un million de sans-abri).

Dans les pays industrialisés de la zone tempérée, les pertes humaines peuvent aussi être importantes : 500 victimes lors de la crue de la Garonne en 1875, 200 morts et 10 000 sinistrés en 1930 lors de la crue du Tarn à Montauban (la hauteur de submersion a été de 7 mètres en ville), 350 pour celle de l'Aude en octobre 1940, 400 à Lisbonne en novembre 1951, 17 à Florence en novembre 1966... Les conséquences économiques et les aménagements préventifs peuvent être colossaux. En février 1953, la Hollande a connu une grande inondation due aux eaux pluviales et aux eaux marines (rupture de digues) : 1 800 personnes ont péri et ce pays a dû entreprendre des travaux titanesques pour protéger une grande partie de son territoire vulnérable car aménagé en polder à une altitude inférieure à celle de la mer (renforcement des digues et fermeture des bras de mer de l'Escaut, du Rhin et de la Meuse grâce à une dizaine de barrages : le Plan Delta).

Des risques accentués par l'action de l'homme et sa concentration dans l'espace

Jusqu'au milieu au XXe siècle, les prévisions météorologiques étaient quasi inexistantes et les protections par digues insubmersibles peu nombreuses en dehors des villes, mais les espaces réputés inondables étaient plus souvent consacrés au boisement ou au pâturage. Dans les sociétés rurales européennes jusqu'au XVIIIe siècle, l'inondation était considérée comme catastrophique uniquement lorsqu'elle détruisait les moulins ou les autres équipements utilisant l'eau et construits en bord de rivière. L'inondation des champs permettait le dépôt de limons et avait un effet bénéfique pour l'agriculture. Puis progressivement les plaines inondables ont été investies de manière plus permanente par l'homme capable de maîtriser les cours d'eau, de construire des barrages et des digues. Depuis le milieu du XXe siècle, de profonds changements ont affecté la répartition du peuplement et les modes d'occupation de l'espace dans certaines régions, c'est par exemple le cas des montagnes où les changements des modes se traduisent par une plus forte densité de population dans les vallées.

L'agriculture moderne nécessite de vastes parcelles plus faciles à travailler que les petites (motorisation), mais cette évolution a souvent entraîné la disparition des haies et des fossés (lorsqu'ils existaient) et leur suppression augmente le ruissellement rapide de l'eau. Le passage de charrues de plus en plus lourdes aboutit à la formation de « semelles de labour » compactes et imperméables qui limitent l'infiltration. De même, la création de réseaux de drainage, la normalisation des cours d'eau, la régularisation des pentes ou l'utilisation partielle du lit mineur, favorisent l'écoulement rapide des eaux après les épisodes pluvieux.

Le type d'occupation des surfaces agricoles a aussi évolué. Les vastes parcelles laissées sans végétation plusieurs mois par an, ainsi que la vigne ou les vergers sur sol nu, sont plus favorables au ruissellement que les prairies ou les bois. Par exemple, dans le bassin de l'Ouvèze, depuis quelques décennies, l'extension du vignoble de coteaux, la régularisation des pentes et la restructuration du réseau hydrographique ont fortement favorisé l'érosion des sols ainsi que le ruissellement des eaux de pluie. Ils sont en partie responsables de la crue brutale du 22 septembre 1992 (Arnaud Fassetta *et al.*, 1993). Dans l'Aude, le Syndicat d'Aménagement du Bassin de l'Argent Double (affluent de l'Aude) adopte depuis les années 1960, une politique d'endiguement de la rivière et de renforcement des berges protégeant les cultures, notamment la viticulture qui s'est beaucoup développée dans les plaines d'inondation (Plet *et al.*, 2001).

De même, pour les besoins de la population urbaine dont l'effectif et la part ont fortement augmentés ces dernières décennies, de vastes surfaces ont été imperméabilisées (route, parking, centre commercial, terrain de sports…), et les constructions en zones inondables se sont multipliées (camping, base de loisirs…). L'inondation d'Alger, des 9 et 10 novembre 2001 (262 mm en 24 h), est un bon exemple. Pour répondre à la demande d'une population urbaine en forte croissance, des immeubles et des voies de communication ont été aménagés dans le lit d'un oued, les canalisations d'assainissement, sous-dimensionnées, ont été partiellement bouchées… L'inondation a été brutale et plus de 1 000 personnes ont péri. Lors des périodes pluvieuses, les surfaces imperméables favorisent l'accroissement du débit de pointe des crues de faible récurrence alors que dans les systèmes naturels, la surface absorbe une partie de l'eau et ce n'est qu'après saturation, si les précipitations continuent, que ces surfaces se comportent comme des surfaces imperméables (Hollis, 1975, cité par Bravard et Petit, 1997).

Des volumes d'eau, nettement plus importants que dans les systèmes naturels, ruissellent donc rapidement dans les systèmes fortement anthropisés, surtout pour des apports pluviaux relativement limités. De plus, les réseaux d'évacuation ont parfois été conçus antérieurement à la période d'extension de l'habitat. Ils sont souvent enterrés et donc incapables d'absorber le surplus en période de fortes précipitations. Les ponts et les barrages peuvent aussi favoriser l'inondation en constituant des obstacles à l'écoulement. Ce fut le cas pour l'inondation du bassin de la Medjerda (Algérie, Tunisie), entre le 24 et le 30 mars 1973, où des orages ont causé de gros dégâts : 100 morts, plusieurs villes inondées, ainsi que 47 000 ha de terres (Claude *et al.*, 1977, cité par Veyret et Pech, 1993). Bien souvent leurs causes sont multiples et la part de chacune d'entre elles est difficile à évaluer : la crue de l'Arno à Florence, en novembre 1986, a été provoquée par de fortes précipitations automnales, mais elle a été amplifiée par un manque d'entretien des ruisseaux dans la partie rurale du bassin-versant, par un endiguement excessif et par une mauvaise gestion des barrages dont la fonction est d'écrêter les crues en amont de la ville.

Les modes modernes d'occupation du sol favorisent donc le ruissellement des eaux et les terrains submersibles sont aujourd'hui beaucoup plus utilisés que dans le passé d'autant plus que les endiguements pour protéger les espaces nouveaux poussent les hommes à en conquérir d'autres (réglementation peu contraignante, parcelles sub-horizontales faciles à aménager et de faible prix...). Les barrages construits dans le lit des rivières et les réservoirs en dérivation sont des aménagements utiles pour diverses fonctions. Ils peuvent rassurer les riverains, mais une onde d'inondation peut-être d'un ordre de grandeur bien supérieure à la capacité de ces retenues. Seules de très grandes retenues, comme celle de Serre-Ponçon ou des lacs comme le Leman, pourraient contenir de grandes crues comme celle de l'Aude en 1999. Dans le Bassin parisien, s'ils étaient totalement vides avant un épisode pluvieux comme celui de 1910, l'ensemble des réservoirs « Seine » pourraient contenir moins de 20 % de l'eau précipitée... Bien sûr, une partie de l'eau peut s'infiltrer, mais, en contrepartie, les réservoirs contiennent généralement de l'eau lorsqu'un épisode pluvieux commence.

Certains bassins-versants sont équipés de système d'annonce de crues, et les progrès techniques (capteur de mesure électronique, radar, satellite...) facilitent, d'une part, la prévision de l'arrivée des perturbations et l'estimation de la lame d'eau précipitable, d'autre part, l'enregistrement en continu des débits ou des volumes dans les rivières et les fleuves. Au-delà d'un certain seuil, les services d'annonce de crue et de sécurité sont mis en alerte. Mais la densité de ces réseaux est parfois insuffisante et de nombreux bassins-versants ne sont pas équipés de système de surveillance. La gestion des systèmes d'alertes n'a pas toujours l'efficacité optimale (intervention de services techniques et administratifs différents) et la prévision météorologique à moyen terme (1 ou 2 jours) reste difficile, notamment pour les phénomènes orageux à caractère local. Le risque reste important même dans les secteurs équipés de moyens de prévision efficaces parce que certains riverains ou utilisateurs des cours d'eau ne s'informent pas suffisamment et/ou négligent les consignes élémentaires (baignade ou canyoning dans les gorges par temps orageux...), et d'autres tardent à évacuer les secteurs dangereux en période de danger potentiel (camping, habitations...).

Les fortes précipitations sont une composante normale du climat, elles se traduisent tout naturellement par une élévation, plus ou moins brutale, du niveau des eaux, et l'homme doit en tenir compte dans ces aménagements. Les crues sont des phénomènes qui restent dangereux dans de nombreuses régions du globe, car l'homme occupe et exploite de plus en plus les zones inondables. Les aménagements qu'il réalise sont bien sûr utiles, mais ils peuvent perturber le cycle naturel de l'eau. Si dans certains cas, il semble bien difficile de réduire significativement les risques (forte pression démographique, faibles moyens financiers...), dans d'autres, l'homme, peu conscient du risque ou rassuré par les moyens techniques dont il dispose, oublie vite entre deux évènements les forces de la nature.

La grêle et la neige

L'excès d'eau, sous forme solide, par rapport aux disponibilités habituelles, peut aussi être à l'origine de pertes économiques et humaines.

La grêle : un phénomène localisé

La grêle est une précipitation de globules ou de morceaux de glace dont le diamètre est supérieur à 5 millimètres (lorsque le diamètre est inférieur à 5 mm, on parle de grésil). Elle se forme dans un nuage cumuliforme, à grand développement vertical, dans lequel l'air chaud et humide des basses couches de l'atmosphère est déplacé très vite vers le haut de la troposphère (voir chap. 3).

Une chute de grêle affecte une aire géographique relativement réduite : souvent quelques centaines de mètres de large sur quelques kilomètres de long. Les chutes peuvent être relativement fréquentes dans certaines régions et rarissimes ailleurs. En France métropolitaine, à l'échelle annuelle, les côtes du Languedoc et du Roussillon sont les moins grélifères, alors que les régions soumises aux traînes et giboulées de printemps (façade occidentale et nord du pays) enregistrent le nombre annuel de jours de grêle le plus élevé (Vinet, 1998). La grande majorité des chutes se produit en fin d'hiver et au printemps. Si les chutes d'hiver ne présentent pratiquement aucun risque, celles de la fin du printemps et de l'été (mai à septembre) avec seulement 27 % des chutes annuelles comptabilisées (moyenne 1961-1995) sont beaucoup plus dangereuses pour la végétation. À l'échelle régionale, les chutes de grêle estivales (mai à septembre) représentent près de la moitié des cas dans le Sud-Ouest, et plus encore dans les Alpes du Sud et la région Rhône-Alpes (Embrun : 83 % des jours de grêle ont lieu entre mai et septembre, Lyon : 64 % ; source : Météo-France, calcul : Vinet, 1998). Dans ces régions, la grêle affecte des bassins de production bien définis où se concentrent des cultures fragiles et notamment des arbres fruitiers (vallée de la Garonne, vallée du Rhône).

La grêle occasionne quelquefois des blessures aux hommes et aux troupeaux, ainsi que des dégâts aux bâtiments et aux véhicules. Mais, c'est surtout dans l'agriculture – en particulier l'arboriculture et le maraîchage – que les pertes économiques sont les plus importantes et que le risque est pris en compte dans la stratégie économique et la gestion des entreprises, F. Vinet (1998) précise que « parfois, il représente le deuxième poste financier de l'exploitation ».

L'aléa grêle varie dans l'espace et dans le temps pour des raisons naturelles, mais le risque s'est accru avec la modernisation de l'agriculture productiviste. Aujourd'hui, le monde agricole orienté vers la recherche de rentabilité économique supporte moins les incertitudes climatiques que l'agriculture familiale plus tournée vers l'autoconsommation, qui dominait jusqu'au milieu du XXe siècle. La monoculture intensive permet des profils importants lors des années « normales » ou « favorables », mais elle est responsable de pertes pouvant être localement importantes lorsque les conditions atmosphériques sont moins favorables.

La neige et les avalanches

Sous les moyennes latitudes, en saison froide, lorsque les perturbations atmosphériques mettent en contact un air relativement froid avec un autre plus chaud et plus humide, les précipitations neigeuses peuvent surprendre les populations. Les plus gros désastres apparaissent lorsque la neige est associée à un vent fort et à des températures basses (invasions polaires ou arctiques). La neige apparaît aussi en période de redoux, généralement lors du passage de fronts chauds dans les dépressions du front polaire. Dans ce cas-là, les chutes sont généralement plus abondantes : ainsi dans les régions méditerranéennes, la neige peut être due à la présence d'un air humide et relativement doux venu de la Méditerranée, surmontant un air continental qui peut être canalisé par les reliefs de la vallée du Rhône (Blanchet, 2002).

Ce sont essentiellement les moyennes latitudes qui sont affectées par ce phénomène qui peut apparaître jusqu'à des latitudes relativement basses, comme en Turquie (56 morts à Ankara, en janvier 1979), au Proche ou au Moyen-Orient (17 morts à Téhéran, en décembre 1974) (Hewitt, 1997). En France, entre le 26 janvier et le 23 février 1999, trois familles de perturbations ont traversé le pays. Sur les Alpes du Nord, les précipitations neigeuses ont été particulièrement abondantes – autour de 5 mètres à Avoriaz (Haute-Savoie) –, les intempéries de cette période ont tué une cinquantaine de personnes, en particulier à cause des avalanches. Pourtant ce phénomène n'a rien d'exceptionnel. En Savoie, des hauteurs comparables ont été mesurées en 1977-78 et en 1987-88, mais elles n'ont pas fait autant de victimes, car elles se sont produites en dehors des périodes de vacances scolaires. Comment faire prendre conscience à des skieurs, qui disposent de quelques jours de vacances, qu'une partie d'un domaine skiable est potentiellement dangereux ?

Durant les tempêtes de neige, le vent et la neige réduisent très fortement la visibilité, et favorisent la formation de congères pouvant atteindre plusieurs mètres de haut. Associé à un substrat glissant, ce phénomène naturel paralyse le trafic routier, aérien et ferroviaire. Le nombre d'accidents de la route augmente très rapidement dès l'arrivée de la neige, les dégâts matériels sont importants même à vitesse très réduite et les services de secours sont aussi entravés par la neige et par les véhicules qui encombrent les axes de communication. En plus des accidents corporels, l'asphyxie dans les véhicules chauffés est une autre cause importante de décès. La paralysie du réseau routier peut isoler pendant plusieurs jours les habitations et les villages les plus isolés, car les moyens matériels et humains ne permettent pas, bien souvent, de répondre simultanément à toutes les demandes d'aide. Mais c'est en milieu urbain que les conséquences sont les plus dramatiques. Le 25 et le 26 janvier 1978, une tempête de neige a affecté le Midwest, les dommages ont été estimés à 100 millions de dollars (US) et plus de 100 personnes ont péri, principalement en milieu urbain (Hewitt, 1997).

Les catastrophes liées aux épisodes de déficit ou d'excédent d'eau restent donc à l'origine de drames humains et économiques considérables malgré les progrès technologiques. Il est cependant difficile de conclure, sur une éventuelle tendance dans l'évolution de ces aléas, car les événements des siècles passés sont parfois difficiles à quantifier. Si les catastrophes semblent plus nombreuses et plus dramatiques, c'est manifestement parce que dans certaines régions, la médiatisation rapide et parfois disproportionnée fausse la perception que peuvent se faire les individus de ces événements. Les bilans des compagnies d'assurance ne sont pas, non plus, de bons indicateurs pour évaluer une quelconque tendance des événements atmosphériques extrêmes, car les biens assurés sont plus nombreux et ils ont plus de valeur marchande que dans le passé.

Les risques et les catastrophes liés à l'air

Les événements les plus marquants liés à l'air sont les épisodes de vents forts à l'origine de catastrophes composites (vents mais aussi précipitations). Ces épisodes sont classés parfois d'après l'échelle de Beaufort : à partir de 89 km/h, on parle de tempête, à partir de 118 km/h, on parle d'ouragan ou de cyclone. Cependant, pour les moyennes latitudes, on emploie assez souvent le terme de tempêtes pour tous les épisodes de vent supérieur à 89 km/h ; alors que pour les basses latitudes, les météorologues ont l'habitude de distinguer les dépressions tropicales (vent inférieur ou égal à 61 km/h), les tempêtes tropicales (62 à 117 km/h) et les cyclones tropicaux (vent supérieur à 117 km/h). Les tornades (ou trombes) sont aussi des phénomènes violents mais d'extension beaucoup plus réduite. D'autres types de circulation atmosphérique peuvent aussi être liés à des catastrophes : c'est le cas des vagues de froid et de chaleur.

Les vents forts d'échelle synoptique : le cas des tempêtes en Europe

Pour assurer la stabilité climatique, l'atmosphère redistribue naturellement les excès et les déficits d'énergie solaire, ces échanges thermiques se font au sein de perturbations atmosphériques caractérisées par des circulations tourbillonnaires (voir chap. 2). Le passage d'une perturbation se manifeste par la présence de vent mais aussi par des précipitations (pouvant produire des inondations, des coulées de boue, des glissements de terrain…) et par de la houle (ondulation de la surface de l'océan : un vent de 130 km/h peut engendrer une houle de plus de 12 mètres de haut…).

Au-delà du 30e-35e parallèle, les masses d'air, dont les caractéristiques thermiques sont relativement différentes, sont séparées par des surfaces fictives, appelées fronts. Lorsqu'une perturbation naît ces fronts deviennent instables, une ondulation se forme entre un front chaud et un front froid. Au centre du tourbillon, un secteur de basse pression se creuse, autour duquel se développent des vents qui sont d'autant plus violents que les différences horizontales de pression sont importantes (voir chap. 3). Sous ces latitudes, les épisodes de vent fort sont plus actifs et plus fréquents en saison froide car c'est la période où les différences d'énergie sont les plus grandes. Elles peuvent aussi se produire aux autres saisons, souvent sous l'influence de fortes perturbations tropicales ayant quitté les basses latitudes. Les tempêtes sont plutôt des phénomènes maritimes, seulement quelques-unes finissent leur course sur les masses continentales. Elles peuvent être isolées ou se succéder rapidement. Les plus violentes affectent les moyennes latitudes de l'hémisphère Sud : bandes latitudinales que les marins appellent les quarantièmes rugissants, les cinquantièmes hurlants.

Durant la deuxième moitié du XXe siècle, une centaine de tempêtes ont affecté l'Europe faisant quelques milliers de victimes (mais la plupart sont imputables aux inondations qui y sont liées). Celle qui a causé le plus de dégâts a affecté les Pays-Bas en février 1953, associée à une marée à fort cœfficient, elle a eu des conséquences dramatiques pour la population vivant sur des polders. D'autres tempêtes importantes ont aussi affecté l'Europe de l'Ouest et du Nord-Ouest : en 1961 sur l'ouest de l'Irlande, en 1976 en Europe du Nord (23 morts et 800 millions d'euros de dégâts), en mars 1986 sur le golfe de Gascogne puis en Grand-Bretagne (11 morts). En août 1979, entre l'Angleterre et l'Irlande, des vents de force 12 sur l'échelle de Beaufort et des vagues de 15 mètres ont coulé 23 voiliers et tué une quinzaine de marins participant à la régate internationale du Fastnet. Le 15 et le 16 octobre 1987 puis le 20 décembre 1998 des rafales dépassant les 180 kilomètres/h ont été mesurées en Bretagne et en Normandie. Entre la fin janvier et le début mars 1990, sept tempêtes ont affecté la France et l'Europe du Nord, elles sont à l'origine de la mort de plus de cinquante personnes (dont 34 en France), des centaines de blessés, de poteaux électriques brisés... Pour la France, les dégâts de ces tempêtes de 1990 ont été évaluées à 1,3 milliard d'euros.

Les deux tempêtes qui ont traversé la France entre le 26 et le 28 décembre 1999 sont peu habituelles, que se soit par leur intensité ou, surtout, par leur trajectoire. La première, le matin du 26, a traversé le pays à une vitesse moyenne de déplacement de la dépression d'environ 100 kilomètres/h, en suivant une trajectoire approximativement le long du 45e parallèle (fig. 52). Une des particularités de cette tempête par rapport aux précédentes est que le vent instantané a été relativement fort : sur une bande d'environ 150 km, les rafales de vents (vitesse maximale instantanée) ont dépassé les 160 km/h (Alençon, 166 km/h ; Orly, 173 km/h ; Colmar, 165 km/h..., source Météo-France). La deuxième tempête, l'après-midi du 27 et la nuit du 27 au 28, a suivi une trajectoire légèrement plus au sud que la précédente. Les vents les plus violents ont été mesurés sur les côtes atlantiques, puis sur un axe allant de La Rochelle à Mâcon (Pointe du Raz, 162 km/h ; Cap-Ferret, 173 km/h ; Limoges, 148 km/h...). Plus de 80 personnes ont été tuées pendant ou après ces deux tempêtes et les dégâts ont été particulièrement importants pour les réseaux de transport routiers, ferroviaires et aériens. Le réseau électrique a aussi été fortement endommagé (1/4 du réseau endommagé, plus de deux millions de foyers privés d'électricité) et, d'après l'Office National de Forêts, 270 millions d'arbres ont été déracinés (pour les seules forêts publiques, cela a représenté près de 40 millions de m^3 de bois à terre). Ces deux événements correspondent évidemment à un aléa très fort, mais peut-on les qualifier de « tout à fait exceptionnels » ou de « jamais vus » ? Les comparaisons avec les événements qui se sont produits avant la mise en place des réseaux de mesures du vent sont quasi impossibles, et des indicateurs plus indirects tels le volume de bois à terre ne sont guère précis car la forêt était gérée différemment par une population rurale utilisant le bois pour ses besoins quotidiens.

Les dégâts occasionnés par les tempêtes restent importants malgré une amélioration de leur prévision qui repose avant tout sur les résultats fournis par les modèles numériques à court terme (moins d'une semaine). Certaines tempêtes, en particulier les plus petites (qui sont parfois très fortes), sont difficiles à prévoir dans des délais suffisants pour organiser la protection, alors que la trajectoire d'autres est mieux simulée mais leur intensité reste très difficile à évaluer (cas des tempêtes de décembre 1999). Les prévisionnistes dis-

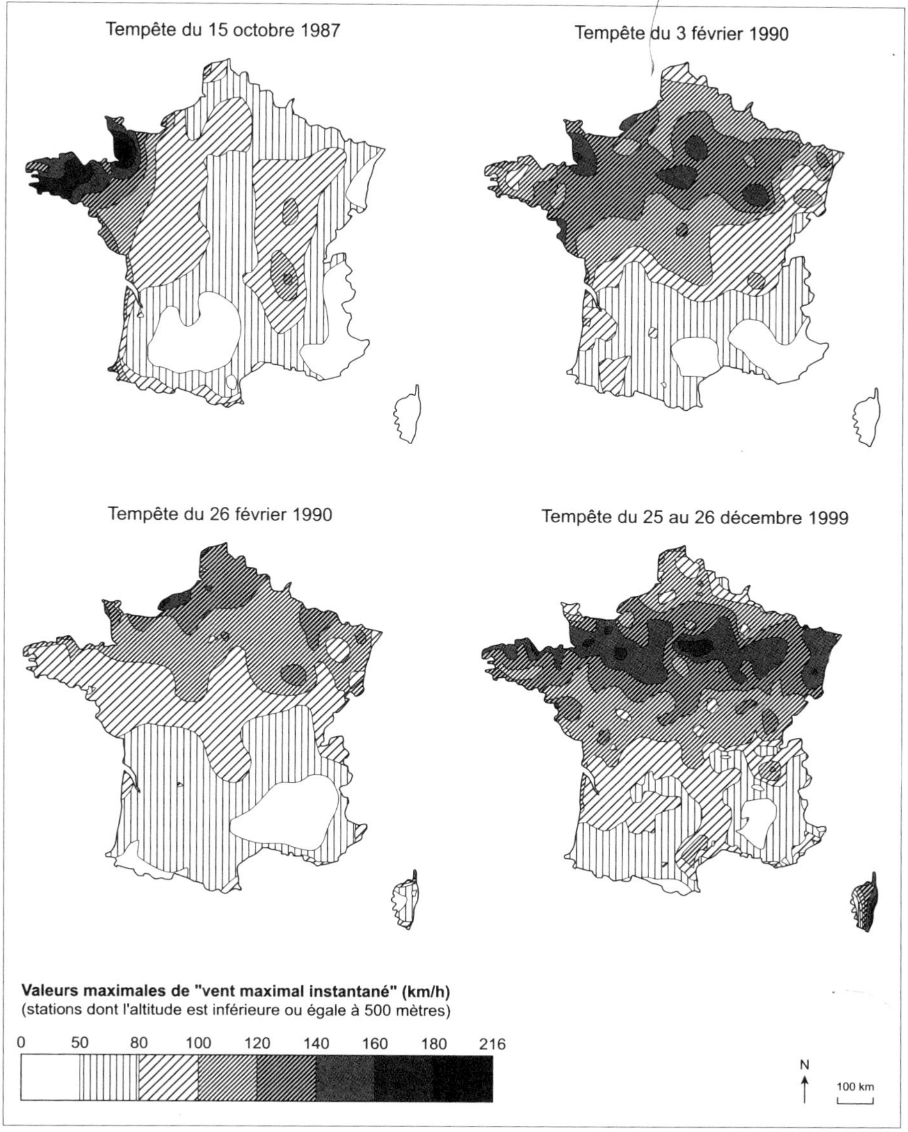

Figure 52 : **Tempêtes du 25 au 26 et 27 au 28 décembre 1999 : vent maximal instantané**

Source : Données Météo-France, *in* M. Tabeaud, 2003

posent d'outils certes fiables, mais parfois les différences entre les résultats fournis par deux modèles sont sensiblement différents, ce qui rend difficile la fourniture d'une information claire pour le public. Faut-il demander aux services de prévisions d'émettre systématiquement un bulletin d'alerte dès que les modèles détectent une probable tempête ? Le risque de ne plus être écouté après plusieurs fausses alertes peut aussi être préjudiciable.

Les tornades : des phénomènes localisés

Dans la langue française, les termes de tornade et de trombe ne se distinguent pas nettement, certains auteurs utilisent uniquement le terme de trombe pour décrire, en français, ces phénomènes tourbillonnaires (Dessens, 1984 ; Paul, 2000). Ici, comme G. Dhonneur (1998), nous réservons le terme de tornades pour les perturbations les plus violentes se produisant sur les continents, celui de trombe étant réservé aux phénomènes moins violents où se produisant sur la mer (*Waterspout* en anglais). Tornades et trombes sont des perturbations atmosphériques de grande intensité mais de dimension réduite qui éclatent sporadiquement. Leur présence se matérialise par une colonne nuageuse, souvent en forme d'entonnoir, sortant de la base d'un Cumulo-Nimbus. La base du tuba, appelée buisson, est, sur les continents, généralement constituée de poussières ou de débris divers soulevés du sol, alors que sur les océans, elle est constituée de gouttes d'eau. La longueur moyenne de la trajectoire est de quelques kilomètres et la largeur de la perturbation de quelques dizaines à quelques centaines de mètres. Ce phénomène apparaît surtout vers la fin du printemps et le début de l'été, saison où de l'air froid surmonte de l'air tropical humide et relativement chaud, processus qui augmente le gradient thermique vertical et donc l'instabilité de l'air. Tornades et trombes sont classées selon l'échelle de Fujita en six niveaux en fonction de la vitesse du vent (F0, 17-32 m/s ; F1, 33-49 m/s ; F2, 50-69 m/s ; F3, 70-92 m/s ; F4, 93-116 m/s ; F5, plus de 117 m/s). Pour les deux derniers niveaux, les dommages sont qualifiés respectivement de « dévastateurs » et « d'incroyables » (arbres arrachés, gros projectiles, maisons détruites...). Dans les cas extrêmes, les tornades sont à l'origine des vents les plus forts enregistrés à la surface de la Terre.

Observées dans de nombreuses régions entre 20 et 60° de latitude, c'est dans les grandes plaines d'Amérique du Nord qu'elles sont les plus fréquentes : entre 800 et 1 200 par an (ce nombre est manifestement sous-estimé car les tornades ne sont pas forcément comptabilisées lorsqu'elles affectent un espace inhabité). Le Midwest (nord du Texas, Oklahoma, Kansas et Nebraska) est la région la plus exposée. La variabilité interannuelle de ce phénomène est très grande. En avril 1974, les conditions météorologiques ont favorisé la formation de près de 150 tornades en quelques jours qui sont responsables de 392 décès et de dégâts matériels estimés à un milliard de dollars. En Europe, les tornades sont beaucoup plus rares : en France, d'après F. Paul (2 000), elles apparaissent majoritairement dans le nord-ouest du pays, et seulement 15 sur les 307 recensées (5,1 %) ont dépassé le niveau F3 de l'échelle de Fujita sur les trois derniers siècles. Compte tenu de leur caractéristique (faible étendue spatiale, courte durée de vie) et de leur fréquence, la probabilité moyenne en un lieu donné est très faible et la prévention quasi inexistante.

Les épisodes de forte chaleur et de froid excessif

Il n'existe pas de définition pleinement satisfaisante permettant de caractériser une vague de chaleur ou de froid. Ces épisodes, qui doivent avoir une certaine durée (supérieure à un jour, mais très fluctuante d'une définition à l'autre), peuvent être appréciés à partir de seuils absolus ou relatifs. Pour les vagues de chaleur, J.-P. Besancenot (2002) préfère d'ailleurs les définir avant tout à partir des conséquences médicales plutôt que météorologiques. Pour cet auteur, une vague de chaleur est un paroxysme thermique positif de basse fréquence entraînant une surmortalité... Quoi qu'il en soit, les épisodes relativement froids ou relativement chauds par rapport aux valeurs habituelles constituent des menaces directes pour la vie de l'homme qui est un individu homéotherme : c'est-à-dire à température fixe, indépendamment des conditions ambiantes.

La constante thermique interne du corps humain peut-être considérée comme la résultante de trois processus qui doivent en permanence s'ajuster l'un à l'autre : la production de chaleur, les échanges passifs entre l'organisme et l'ambiance extérieure et la thermorégulation (lutte physiologique ou volontaire contre la chaleur ou le froid). Lorsque l'individu est soumis à un brusque changement de son ambiance climatique, les fonctions physiologiques de son organisme sont perturbées. Un déficit thermique du corps humain mène à l'hypothermie, pour compenser ce déficit, il faut se protéger du froid et consommer une ration alimentaire plus riche. Lorsque l'homme ne peut en disposer, cela peut entraîner une surmortalité. À l'opposé, lorsque la température de l'air est très élevée et en particulier lorsque l'atmosphère est calme et très humide, les mécanismes thermo-régulateurs du corps sont désorganisés. La forte chaleur peut alors entraîner l'hyperthermie. Lorsque la température interne s'élève d'au moins 2,5 °C, la tension artérielle diminue et le pouls est plus rapide. Si l'exposition et l'activité physique se prolongent et que la température interne dépasse 40 °C, l'accumulation d'excès de calories entraîne vite des détériorations irréversibles pouvant aller jusqu'à la mort, comme dans le cas de l'hypothermie.

Dans les deux cas, la température n'est pas la seule variable en cause, le vent et l'humidité de l'air entrent aussi en compte, ces facteurs physiques s'ajoutent à la vulnérabilité des personnes soumises à ces aléas et ce dernier facteur est généralement prépondérant. La qualité de l'air respiré ainsi que la qualité environnementale (espace vert, ventilation de l'habitat) sont des facteurs essentiels qui se combinent aux températures et expliquent les problèmes que peuvent rencontrer les personnes vulnérables.

Les vagues de froid

Une vague de froid peut être définie comme un ensemble de jours consécutifs, au moins deux, pendant lesquels les températures minimales sont restées égales ou inférieures à un seuil donné. Pour la France, N. Besleaga (1991) propose la valeur de – 2° à – 4 °C. La diminution brutale des températures peut-être accompagnée de chutes de neige et de vents forts (le cas de la neige est évoqué plus haut). Schématiquement, trois étapes caractérisent une vague froide, la première correspond à l'arrivée d'une masse d'air qui remplace celle qui préexiste, elle se traduit par une chute rapide des températures ; la suivante est « radiative » (ciel clair, vent faible ou nul), les températures minimales peuvent continuer de baisser mais plus lentement et le temps peut être ensoleillé dans la journée. Enfin, une nouvelle phase advective apparaît, elle correspond au retour des basses pressions et à la remontée des températures, marquant ainsi la fin de l'épisode froid. Le stress le plus important pour l'homme étant créé par la combinaison des basses températures et d'un vent rapide, c'est souvent la première phase qui est à l'origine des plus gros problèmes pour les personnes sensibles. Les personnes vivant dans les quartiers les moins favorisés (habitat mal isolé, chauffage insuffisant ou non conforme…) et, bien évidemment, les sans-abri ainsi que les personnes ne disposant pas d'une ration alimentaire suffisante, sont les plus vulnérables.

Le froid est un phénomène habituel sous les hautes latitudes et dans les régions de haute altitude, où l'homme sait se protéger. En plaine, sous les moyennes latitudes, l'advection d'air froid, souvent brutale, se produit lorsque de puissantes cellules de hautes pressions dominent sur le nord des continents (Amérique du Nord, Asie, Europe), jusqu'à des latitudes relativement basses. Les masses d'air froid (denses) se déplacent près de la surface. Elles sont canalisées par les reliefs : en Europe de l'Ouest, les Alpes favorisent le détournement de l'air froid d'une part vers la France du Nord et de l'Ouest, d'autre part vers les Balkans. Les masses d'air froid qui traversent la France ont comme point de départ le nord de l'Europe, de la Scandinavie à l'ouest de la Russie. La progression du froid se fait assez vite, entre 1 et 4 jours, à partir du nord-est vers le sud-ouest (Besleaga, 1991). La Provence, à l'aval des Préalpes du Sud, est la région la plus fréquemment épargnée. Mais, lorsque le froid tenace affecte cette région – et d'une manière plus générale toutes les plaines littorales de la côte méditerranéenne – les dégâts sont importants : ce fut le cas au début du mois de février 1956, où tous les records ont été battus en Provence depuis le début des relevés.

Les hivers froids jalonnent l'histoire, mais avec une répartition temporelle irrégulière. En France, la première moitié du XVIIIe siècle (Petit Âge glaciaire) a connu plusieurs hivers très rigoureux en particulier en 1708-09 et en 1739-40 (hiver où les Parisiens traversait la Seine gelée à cheval). Il n'y a pas de mesures précises de la température à cette époque (le thermomètre a été inventé au début du XVIIIe siècle), mais les récits révèlent l'ampleur des dégâts : « Le vin est réduit en glace dans les maisons, les ports de la Baltique sont encore paralysés par les glaces en avril, les graines gèlent dans le sol… » Les deux derniers siècles ont aussi enregistré des épisodes très froids. En France, les hivers 1879-80 (– 24 °C à Paris), puis 1956 (– 15 °C en février à Paris), 1963 (– 23 °C à Lyon et – 16 °C à Toulouse en février…, probablement l'hiver le plus rigoureux du XXe siècle dans une grande partie de la France) ou en 1985, ont durement affecté le pays.

Durant les dernières décennies, c'est peut-être en Amérique du Nord que les pertes humaines ont été les plus importantes (l'Asie orientale est aussi affectée, mais les données sont moins fiables). L'air glacial, d'origine arctique, peut affecter le bassin inférieur du Mississippi et parfois la Floride. Trois jours de froid intense en décembre 1983 sont directement responsables de la mort de 150 personnes (Smith, 1996, indique un chiffre autour de 400 en considérant les causes plus indirectes tels les accidents automobiles et les feux d'appartement dus aux chauffages d'appoint). Toujours en Amérique du Nord, une autre vague froide, en janvier 1994, a entraîné la mort de 70 personnes, essentiellement en raison d'accidents automobiles sur des routes verglacées. Les régions montagneuses au cœur des vastes masses continentales des moyennes latitudes ne sont pas épargnées par ces coulées froides, qui en raison de leur soudaineté surprennent des populations pourtant habituées au froid. Ce fut le cas dans la région de Pattan (Pakistan), en décembre 1974 (cité par Hewitt, 1997).

Les vagues de froid dommageables apparaissent principalement l'hiver, mais pas uniquement. Ces épisodes peuvent aussi avoir des conséquences dommageables au printemps, en particulier dans le domaine agricole, lorsqu'ils surviennent après quelques jours de beau temps qui ont favorisé la reprise de l'activité végétale.

Les vagues de chaleur

Les situations anticycloniques stables et persistantes sont aussi à l'origine des vagues de chaleur et ces épisodes sont souvent associés à un déficit en eau atmosphérique et à de forts taux de pollution atmosphérique.

En juin-juillet 1976, une vingtaine de départements français ont enregistré des taux de mortalité d'environ 10 % au-dessus des normes saisonnières (Escourou, 1983). Aux États-Unis, 1 700 décès ont été imputés à la vague de chaleur de l'été 1980 (Kibourne, 1997 cité par Besancenot, 2002). J.-P. Besancenot, dans ce même article, évoque aussi le cas de la Grèce en juillet 1987 et de Chicago en juillet 1995, qu'il considère comme les deux événements les plus dramatiques de ces dernières décennies :

– durant la troisième décade de juillet 1983, la température sous abri a atteint la valeur de 43,6 °C à Athènes, villes où l'on a recensé durant cette période 4 093 décès contre 2 083 en moyenne ;

– à Chicago, en quatre jours, une vague de chaleur est à l'origine d'une augmentation de 150 % des décès.

Plus récemment, l'Europe de l'Ouest a été affectée, entre le 4 et le 12 août 2003, par une période caniculaire relativement rare de part son intensité, sa longueur et son étendue géographique. En France métropolitaine, 2/3 des stations météorologiques ont enregistré des températures supérieures à

35 °C : si le record absolu ne semble pas avoir été battu (Toulouse aurait enregistré 44 °C en 1923), plusieurs stations ont enregistré des valeurs supérieures à 40 °C (Lyon-Bron, Le Mans, Montauban) et la densité des réseaux ne permet pas d'enregistrer les valeurs extrêmes qui peuvent apparaître aux échelles fines dans le tissu urbain.

À Paris, le seuil des 35 °C a été dépassé pendant 10 jours dont 4 consécutifs entre le 8 et le 11 août 2003, situation jamais observée depuis 1873 (IVS, 2003). Le record absolu de température minimale a été battu les 11 et 12 août 2003, avec deux nuits consécutives à plus de 25,5 °C. En parallèle, les fortes températures et l'ensoleillement associés aux rejets de polluants ont entraîné une augmentation importante du niveau d'ozone dans l'air. Le seuil de 110 micro-grammes d'ozone par m^3 d'air a été dépassé sans discontinuité pendant 40 heures dans les stations franciliennes (entre le 12 août en milieu d'après midi et le 14 en fin de nuit). L'Institut de Veille Sanitaire a comparé le nombre de décès survenus entre le 1er et le 15 août 2003 en France métropolitaine (32 065 décès signalés) par rapport au nombre de décès attendus pour la même période, estimé sur la base de la mortalité en 2000, 2001 et 2002, corrigée des variations de structures par âge de la population (20 630 décès attendus). La surmortalité a ainsi été évaluée, pour cette période, à 11 435 décès, soit une augmentation de la mortalité totale de 55 %. Les régions du centre et du nord de la France ont été les plus touchées par ce phénomène. À l'échelle locale et régionale, ces valeurs peuvent être bien au-dessus des moyennes ce qui traduit une grande variabilité spatiale que l'on peut expliquer partiellement par plusieurs facteurs qui seront évoqués plus loin.

En règle générale, la courbe de mortalité croit dès le début de la vague de chaleur et culmine 24 ou 48 heures après le pic de température (fig. 53). Puis, elle décline ensuite, plus ou moins vite, avant de revenir à des valeurs proches de la normale, lorsque le temps redevient lui aussi proche des normales. Dans certains cas, le retour à la normale du temps peut s'accompagner d'une sous-mortalité, ce qui laisse à penser que la chaleur ne fait que précipiter la fin de vie d'individus très mal en point, très vulnérables. Mais ce phénomène, qui n'apparaît pas toujours, ne fait que compenser partiellement l'hécatombe due à la chaleur. Après avoir analysé la mortalité lors de plusieurs vagues de chaleur, J.-P. Besancenot (2002) conclut que ces épisodes tuent des sujets qui sans cela, auraient survécu, et pour certains, longtemps.

La vulnérabilité des individus est un facteur important d'explication. L'amélioration du suivi médical, et l'information aux parents permettent d'expliquer le fait que la surmortalité n'affecte pratiquement plus les enfants en bas âge, au moins dans les pays riches. En revanche, le troisième âge, et surtout les tranches d'âge les plus élevées, reste très affecté. Ces personnes, souvent polypathologiques, ne ressentent par toujours la chaleur, ce qui ne les incite pas à s'en protéger : le besoin de boire plus que d'habitude est moins bien ressenti et la déshydratation modérée n'entraîne guère de sensation de

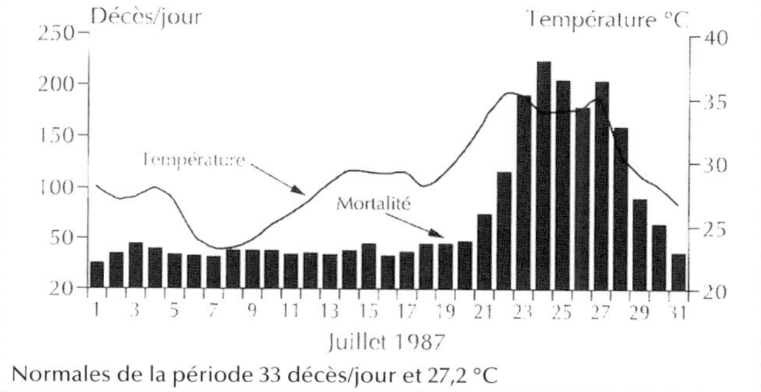

Figure 53 : **Mortalité et température moyenne journalière à Athènes en juillet 1987**

Source : Données ministère grec de la Santé et de la Protection sociale – Observatoire d'Athènes, *in* Besancenot, 2002

soif au-delà de 70-75 ans (Besancenot, 1990). Certaines études ont montré que les femmes âgées semblent plus fragiles que les hommes à cause de troubles de la thermorégulation mais aussi parce qu'elles sont plus nombreuses à vivre seules avec de faibles revenus. Cependant, pour l'événement d'août 2003 en France, les premiers résultats montrent que le taux de mortalité a été plus élevé chez les hommes jusqu'à 75 ans, puis que la différence selon le sexe a disparu après cet age (IVS, 2003).

La sensibilisation des familles, et un meilleur taux d'encadrement des personnels médicaux qui côtoient les personnes à risque contribueraient certainement à réduire les conséquences sanitaires des vagues de chaleur qui atteignent en premier lieu les populations pauvres des grandes agglomérations : aux États-Unis, la vague de chaleur de juillet 1980 a été huit fois plus meurtrière chez les non-Blancs de 65 ans que chez les Blancs (Martinez *et al.*, 1989). Les non-Blancs vivent plus souvent dans des quartiers à forte densité qui sont relativement plus insalubres que ceux des Blancs. Surpeuplement, médiocrité des conditions de vie (chômage, état sanitaire…) sont des facteurs essentiels de différentiation spatiale face à la chaleur.

La surmortalité due aux vagues de chaleur est un phénomène qui affecte surtout les grandes agglomérations. Dans l'ensemble, les régions côtières, au climat plus tempéré, sont moins concernées que les régions plus continentales, à l'exception des rivages de la Méditerranée où les temps calmes et persistants sont relativement fréquents en saison estivale. Les sites urbains mal ventilés, les quartiers centraux et confinés constitués de grandes barres d'immeubles sont aussi plus dangereux pour les populations à risque que les quartiers anciens avec rues étroites et immeubles en pierre (plus frais), ou que les banlieues lorsqu'elles sont plus aérées et qu'elles disposent d'espaces verts de dimension suffisante pour maintenir une température relativement fraîche. Le milieu urbain est donc plus agressif pour l'homme que le milieu rural et l'écart de température n'est qu'un phénomène aggravant.

L'imperméabilisation des surfaces qui modifie le cycle de l'eau, et la pollution industrielle et domestique qui explique la formation d'un voile polluant à l'origine d'une perturbation des échanges radiatifs entre la surface et l'atmosphère sont deux processus affectant les températures. Celles-ci sont, notamment pour les temps calmes, plus élevées dans la partie centrale des agglomérations, formant ainsi ce que l'on appelle un « îlot de chaleur urbain » (voir chap. 4). Lorsque ce phénomène se combine à une vague de chaleur, phénomène d'échelle spatiale supérieure, il peut être à l'origine de gênes pouvant aller jusqu'à la mort pour les personnes les plus vulnérables.

La qualité environnementale peut jouer un rôle majeur, mais d'autres facteurs interviennent aussi : l'état pathologique des individus est bien évidemment primordial (les personnes souffrant de maladies respiratoires ou cardiaques sont parmi les plus fragiles), la pollution de l'air en se combinant à la chaleur amplifie aussi le risque pour les personnes vulnérables. La surmortalité due aux vagues de chaleur est un donc phénomène complexe qui ne peut s'appréhender que par l'association de plusieurs facteurs socio-économiques.

L'hypothèse d'un réchauffement climatique de la planète devrait, par principe de précaution, inciter les décideurs à renforcer les mesures de santé publique pour réduire les risques potentiels et faire face à de tels événements qui ne sont que très partiellement des catastrophes naturelles.

Jusqu'à la vague de chaleur d'août 2003 en France, ce type d'événements était assez peu médiatisé par rapport à d'autres, tels les cyclones tropicaux ou les inondations. Pourtant, même en faisant abstraction de cet événement, les vagues de chaleur sont fréquemment responsables d'un taux de surmortalité important. En Amérique du Nord, plusieurs centaines de décès par an sont dus à la chaleur, chiffre impressionnant pour un continent riche qui devrait pouvoir dégager des moyens de prévention et de protection plus importants...

Conclusion

Le développement de l'humanité n'a pu se faire sans la modification des écosystèmes et sans une « appropriation de la nature » qui en retour génère des dangers potentiels. Aujourd'hui, les expériences du passé et la connaissance scientifique permettent de mieux préciser les risques potentiels que peut engendrer l'action de l'homme sur son milieu. Une meilleure prise en compte, par les décideurs, des résultats de ces travaux, une plus grande modestie de tous face aux éléments naturels, ainsi qu'une plus grande culture du risque, permettraient souvent de limiter le nombre et surtout l'ampleur des événements dommageables. Or, entre deux catastrophes, les hommes semblent vite oublier les aléas du temps. En transformant et en aménageant les milieux, ils ont une part de responsabilité non négligeable, d'autant plus que, assez souvent, des solutions alternatives sont possibles à un coût supportable.

Dans les régions les moins favorisées sur le plan économique et/ou social, lorsque la forte explosion démographique nécessite l'utilisation d'espaces où les risques sont plus grands, la mise en œuvre de mesures préventives efficaces est plus difficile. La survie quotidienne est prioritaire et de nombreux facteurs socio-économiques limitent les mesures préventives ainsi que l'aide aux victimes des catastrophes (sécheresses du Sahel, inondations du Bengladesh...). La vulnérabilité est souvent très grande, l'ampleur des catastrophes peut être particulièrement dramatique, et ces événements peuvent affecter durablement les sociétés fragiles.

Dans les régions plus riches aux structures plus stables, la recherche de gains rapides, et le rôle de l'État providence, sollicité même pour des catastrophes évitables (construction en zone inondable), sont des freins à une gestion plus raisonnée de l'espace. S'il y a une augmentation significative des indemnités versées par les compagnies d'assurance, cette tendance ne semble pas s'expliquer par une augmentation des aléas du temps. L'homme assure de plus en plus ses biens, les réclamations et les demandes d'aide sont plus fréquentes et les propriétés ont davantage de valeur. L'éventuel lien avec un possible changement climatique est loin d'être établi.

Chapitre 7

Les risques pour la société d'un possible changement climatique

L'enveloppe gazeuse qui entoure la Terre a une composition chimique relativement stable et les trois principaux constituants de l'homosphère (azote, oxygène, argon) représentent plus de 99,9 % du volume de l'air sec (chap. 2). L'homosphère contient aussi d'autres gaz dont certains, les gaz à effet de serre (GES) ainsi que les aérosols et la vapeur d'eau, expliquent ce que l'on appelle l'effet de serre naturel. Or, depuis le début de l'aire industrielle, les émissions par l'homme de certains GES (dioxyde de carbone, méthane, oxydes nitreux, composés fluorés) et des aérosols ont fortement augmenté. Pour la plupart des experts, ces constituants perturbent l'équilibre du système climatique et provoquent un effet de serre additionnel pouvant induire un changement climatique plus brutal que dans des conditions naturelles. C'est la rapidité de ce changement qui inquiète les scientifiques, car il pourrait être préjudiciable au fonctionnement des activités économiques et même la vie des hommes (vagues de chaleur, propagation de certaines maladies...).

Cependant, la quantification d'un éventuel changement climatique sous l'action des GES additionnels est difficile à évaluer, car le fonctionnement et les interactions entre les composants du système climatique sont encore assez mal connus. Les changements imputables à l'homme se combinent à la variabilité naturelle qui, elle aussi, est insuffisamment connue. Les scientifiques utilisent des modèles numériques faisant appel aux principes de la physique et de la thermodynamique. En se basant sur des scénarios d'évolutions socio-économiques et techniques de la société, qui vont déterminer les rejets de GES du futur, ils tentent de prévoir le climat à l'échéance de quelques dizaines d'années. Ces outils d'une grande complexité sont incontournables, même s'ils ne permettent pas encore d'établir des prévisions régionales du climat à l'échéance de quelques décennies.

Les gaz à effet de serre et la modélisation numérique du climat futur

Les GES sont formés de molécules triatomiques ou plus, ils ont la capacité d'absorber fortement le rayonnement solaire et terrestre. C'est par l'intermédiaire de ces GES que l'atmosphère régule les échanges d'énergie entre la surface et l'espace. La croissance des rejets atmosphériques des GES et des aérosols, sous l'action des activités humaines est admise de manière unanime par les scientifiques. Cette croissance, même s'il est difficile de la mesurer avec précision, est relativement importante depuis plus d'un siècle et elle perturbe probablement l'équilibre énergétique naturel de la planète. Parallèlement, le XXe siècle est aussi caractérisé par une augmentation des températures moyennes de 0,6 ± 0,2 °C, et on peut penser qu'une partie de cette tendance est due aux émissions de GES. Ce double constat est à l'origine de la multiplication des recherches pour tenter de simuler le climat du futur et ses conséquences sur la société.

L'évolution des gaz à effet de serre et des aérosols sous l'action de l'homme et leur rôle dans le changement climatique

La vapeur d'eau est le plus important GES, tant par sa concentration (environ 0,03 % de la masse de l'atmosphère) que par sa contribution à l'effet de serre (près de 60 % de l'effet de serre naturel est dû à ce gaz), mais l'homme semble ne pas influencer beaucoup sa concentration dans la troposphère et sa durée de vie est très courte. En revanche, dans la stratosphère, les turbines des avions rejettent de l'eau dont le recyclage est beaucoup plus lent, mais les conséquences de cette vapeur supplémentaire sont encore mal connues. La vapeur d'eau est très difficile à prendre en compte dans les modèles et elle reste une source importante d'imprécisions et de controverses dans la simulation du climat futur. Après la vapeur d'eau, le principal GES responsable du chauffage de l'atmosphère est le dioxyde de carbone. Si l'on exclut la vapeur d'eau, ce gaz représente plus de 50 % de l'effet de serre additionnel dû au gaz. D'autres, tels le méthane, l'ozone, le protoxyde d'azote ou les composés fluorés, contribuent aussi à l'effet de serre additionnel (Houghton *et al.*, 1990).

Le dioxyde de carbone et le cycle du carbone

Le dioxyde de carbone (CO_2, Syn. : gaz carbonique, gaz incolore et inodore) provient pour l'essentiel de la biomasse végétale et de la combustion des énergies fossiles (charbon, gaz naturel, pétrole). La durée de vie dans l'atmosphère (recyclage) de ce gaz est d'environ 50 à 200 ans. Grâce à l'analyse de la composition chimique des glaces prélevées dans les calottes de l'Antarctique et du Groenland, on sait qu'au cours des 400 000 dernières années, le taux de CO_2 a varié entre 180 et 280 ppm (parties par million) (fig. 57). À l'échelle historique, sa teneur, qui semblait relativement stable depuis le Xe siècle, a fortement augmenté : elle est passée d'une valeur estimée à environ 270 ppm en 1750 (avant l'aire industrielle, mais aussi période froide du Petit Âge glaciaire) à près de 370 ppm au début du XXIe siècle (environ 320 ppm au début des années 1950), soit une augmentation d'environ 30 % en 250 ans (fig. 54).

L'élévation contemporaine de la teneur en CO_2 est donc très rapide : la moyenne est d'environ 0,4 % par an pour les dernières décennies, mais les écarts entre stations de mesures sont assez forts (de 0,2 à 1 %). La variabilité interannuelle est également très forte : si depuis 1979, la concentration a augmenté en moyenne de 1,5 ppm par an, le taux annuel minimal est autour de 0,5 ppm en 1982 et le maximal autour de 3,5 ppm en 1998. Cette variabilité est avant tout due à des changements naturels des flux de CO_2 entre l'atmosphère et l'océan (Ito et Oikawa, 2000) : en 1998 (année El Niño Oscillation Australe, voir chap. 2), les températures relativement chaudes ont pu entraîner une augmentation de la respiration et de la décomposition des sols dans le nord de l'Asie (Sibérie) et de l'Amérique du Nord. La variabilité interannuelle du CO_2 est donc partiellement liée aux conditions climatiques et notamment au phénomène ENOA qui agit sur le développement de la biosphère continentale. Les volumineux rejets anthropiques de CO_2 faits par l'homme s'additionnent à cette variabilité naturelle.

Les plantes absorbent du carbone par photosynthèse et, comme le CO_2 est soluble dans l'eau, les océans en absorbent également : une partie est utilisée par le plancton, une autre circule par l'intermédiaire des courants profonds pendant des périodes longues de plusieurs dizaines d'années au moins, et généralement beaucoup plus (voir chap. 2, circulation thermohaline). L'océan et la végétation sont donc des puits de carbone, ils jouent un rôle majeur dans la régulation du climat. Au total, d'après l'IPCC (1995), l'océan contient plus de 38 000 Gt de Carbone (1 Gt = 10^9 t ou 1 milliard de tonnes, 1 tonne de Carbone = 3,66 tonnes de CO_2), la végétation et la couche superficielle des continents en contiennent près de 2 000 Gt et l'atmosphère 750 Gt (fig. 55).

Les échanges naturels entre l'atmosphère et la végétation ou entre l'atmosphère et l'océan (évalués par le GIES respectivement à 60 et à 90 Gt) ne sont pas faciles à quantifier, et une faible variation naturelle de ces flux pourrait avoir des incidences notoires sur l'effet de serre. Or, l'estimation régionale de l'évolution dans le temps des puits terrestres est très difficile à simuler. Comment, à moyen et à long terme (20 ans-100 ans), les sols et la biomasse vont-ils se comporter vis-à-vis du carbone ? Par exemple, si l'activité photosynthétique augmente avec l'accroissement de la température et de l'humidité, une plus grande quantité de carbone pourra s'accumuler, au moins temporairement, dans les végétaux qui deviendront ainsi des « puits de carbone ». Cependant, les émissions dues au déboisement sous les basses latitudes sont probablement égales ou supérieures à l'absorption biologique nette de carbone atmosphérique de ces régions (Bousquet *et al.*, 2000). *In fine*, dans les conditions actuelles d'exploitation, les écosystèmes forestiers des basses latitudes ne devraient donc pas contribuer de manière conséquente au puits planétaire de carbone. Sous les

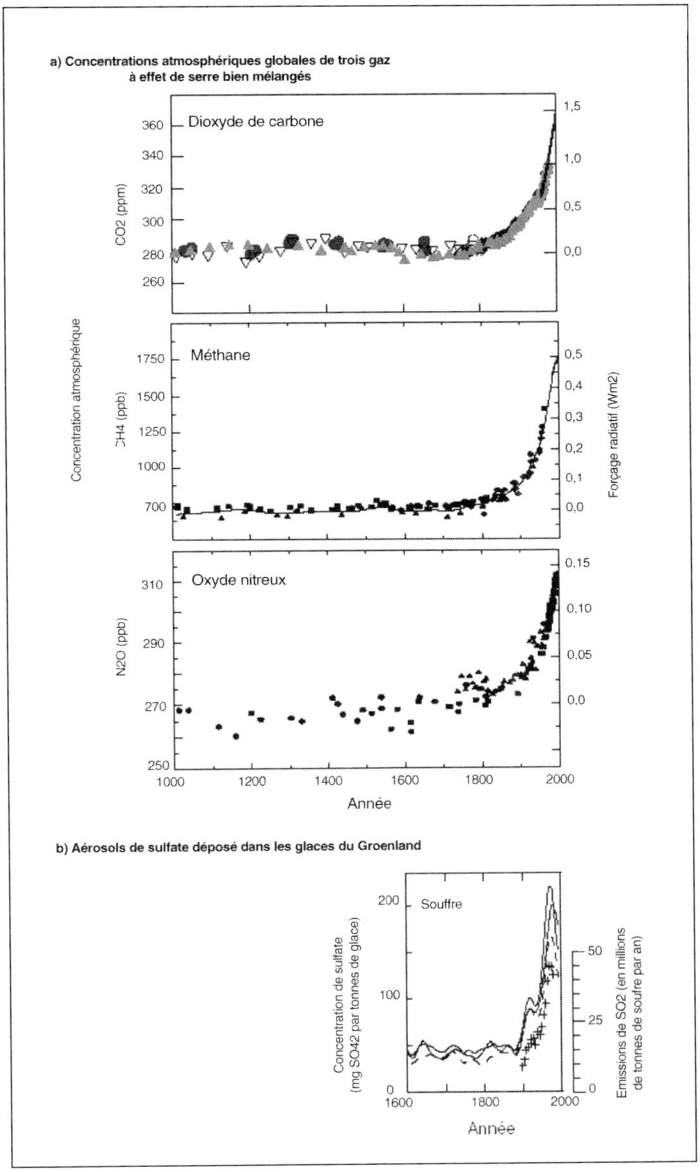

Figure 54 : **Concentration et contribution au forçage radiatif du CO_2, du CH_4 et du N_2O depuis l'an 1000 (a) et émission d'aérosols sulfatés déposés dans les glaces du Groenland depuis 1600 (b)**

Source : d'après IPCC, 2001

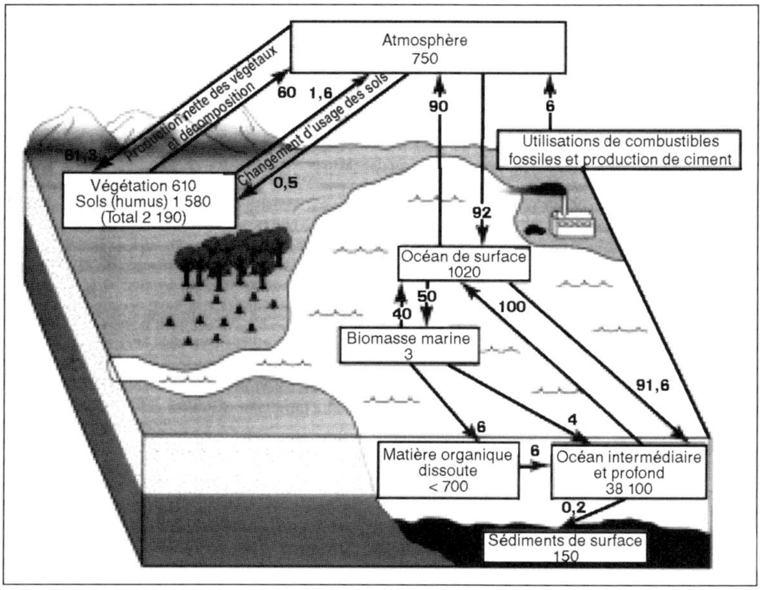

Figure 55 : **Les réservoirs et les échanges de carbone pour la période 1980-1990 (en Gt)**
Source : d'après IPCC, 1995

moyennes latitudes, l'extension des forêts contribue aussi à l'absorption du CO_2 excédentaire, mais ces puits régionaux diminueront probablement lorsque les forêts arriveront à maturité. Plus au nord, là où un important réchauffement est attendu, les régions de toundra, devraient également absorber plus de CO_2 en saison estivale, mais ces puits atteindront aussi probablement une limite après quelques décennies chaudes (Wu et Lynch, 2000).

L'incertitude est encore plus grande sur le rôle des sols. D'une manière générale, les résultats des modèles divergent sur l'importance des puits continentaux après 2050 : certains indiquent que ces puits vont se stabiliser alors que d'autres montrent que les régions forestières vont devenir des sources de carbone (Write *et al.*, 2000). L'intégration dans les modèles des processus qui influencent le cycle et l'accumulation du carbone dans le sol mérite encore d'être précisée. Il semble que les sols et les matières organiques peuvent agir comme des sources ou des puits et basculer d'un cas vers l'autre au cours du temps. Les océans sont aussi des puits de carbone grossièrement du même ordre de grandeur que les continents, mais ils sont moins variables dans le temps, même si les événements extrêmes de la circulation océano-atmosphérique expliquent la variabilité de ce puits.

L'identification et la spatialisation, aux échelles régionales, des écosystèmes qui émettent ou accumulent du CO_2 est un des enjeux de la science pour les décennies à venir. Force est de constater qu'au début du XXIe siècle, il n'existe pas de cadastre précis des sources et des puits de carbone permettant de dresser des bilans par pays. Or ce type d'information permettrait, d'une part, de mieux comprendre le cycle actuel du carbone et, d'autre part, de mieux préciser le niveau des rejets par pays. De même, sur les mers, le nombre de points de mesures des échanges océan-atmosphère est très faible, ce qui ne permet pas de valider finement la modélisation du cycle du carbone.

Malgré ces incertitudes de la science, les mesures montrent clairement que le cycle du carbone subit depuis le début de l'aire industrielle des changements significatifs dus à l'homme. Aujourd'hui, plus des 2/3 de l'énergie utilisée à travers le monde, pour produire, se déplacer ou se chauffer, proviennent de la combustion d'énergies fossiles qui rejette au début du XXIe siècle environ 5 à 6 Gt de carbone par an ; les changements de l'occupation des sols (en particulier la déforestation) en rejettent 1 à 2 Gt. L'homme injecte donc entre 6 à 8 Gt de carbone par an, dont près de la moitié augmente le stock atmosphérique (le reste est repris par les océans et la biomasse). Depuis le début de l'aire industrielle, la composition chimique de l'air a donc sensiblement changé. Même si, en proportion, le carbone rejeté par l'homme représente des volumes nettement moins importants que celui des flux naturels, il pourrait être suffisant pour modifier sensiblement l'équilibre climatique naturel. Or, la demande mondiale d'énergie croît à un taux annuel moyen d'environ 2 % depuis près d'un siècle, mais avec des fluctuations dans le temps et l'espace. Les trois plus grands secteurs consommateurs d'énergie sont l'industrie (45 % du CO_2 rejeté en 1990), les bâtiments à usage d'habitation ou commercial (29 %) et les transports (21 %), ce derniers secteur a connu la plus forte croissance depuis une vingtaine d'années. Les pays membres de l'OCDE (Organisation de Coopération et de Développement Économique) sont toujours de grands consommateurs d'énergie, et donc de grands émetteurs de CO_2, alors que, dans l'ensemble, les pays en voie de développement ont des taux d'émission presque toujours inférieurs à la moyenne mondiale.

Les autres gaz à effet de serre

Le méthane (CH_4), autre gaz incolore, en quantité infinitésimale dans l'air, provient pour moitié de fermentation anaérobie par le bétail et l'agriculture (d'après l'IPPC en 1995, la fermentation par les ruminants serait responsable de 30 % des rejets de CH_4 et la riziculture de 22 %). Le reste est produit par la combustion des énergies fossiles (26 %), par la biomasse (feux de forêt et de brousse, 11 %) et par l'activité microbienne dans les décharges (11 %).

À l'échelle paléo-climatique, l'analyse des concentrations en méthane dans les carottes de glace montre que la variabilité de ce gaz est étroitement liée à l'état et à l'extension des milieux humides tant tropicaux que tempérés. Les mesures effectuées dans les prélèvements de glace des calottes polaires indiquent qu'au cours du dernier cycle glaciaire/interglaciaire sa teneur a varié entre 0,4 ppm et 0,8 ppm. En 1750, sa teneur était d'environ 0,8 ppm (ou

800 ppb, partie par billion) alors qu'en 2000 elle avoisine les 1,7 ppm (environ 1,1 ppm au début des années 1950), soit une augmentation d'environ 150 % en 250 ans (fig. 54). Les taux de croissance du CH_4 ont connu ces dernières années des variations importantes à l'échelle annuelle ou pluriannuelle et le bilan s'approche de la stabilité, mais cette situation est certainement provisoire. Les nouveaux modes culturaux, qui ont accompagné la croissance démographique, ont permis de doubler la production alimentaire en une vingtaine d'années, et cette production devrait encore doubler dans les vingt prochaines années. Même si les émissions n'ont pas augmenté en proportion – car de nouvelles variétés de riz sont utilisées et de nouvelles pratiques agricoles pourraient aussi freiner cette croissance – dans les décennies à venir, le taux de méthane pourra encore croître (Schimel, 2000).

L'exploitation et le transport du gaz naturel ont pu aussi contribuer à l'augmentation de la concentration en CH_4, mais dans des proportions plus faibles. Une partie de la variabilité interannuelle peut probablement s'expliquer par les fuites de gaz : d'après Reshetnikov (Reshetnikov *et al.*, 2000), les fuites des gazoducs de l'ex-URSS ont pu expliquer 10 % des émissions anthropiques dans les années 1980. L'émission par les tourbières varie aussi naturellement d'une année à l'autre en fonction des ambiances climatiques et, comme pour le CO_2, une meilleure connaissance des différentes sources naturelles ou anthropiques est nécessaire pour mieux comprendre le comportement de ce gaz qui entre dans le cycle du carbone. L'avenir du taux de méthane est donc difficile à estimer, d'autant plus que le sous-sol glacé des régions polaires de l'hémisphère Nord contient des quantités importantes de CH_4 qui pourraient être libérées par le réchauffement des surfaces.

Ce gaz absorbe vingt et une fois plus de rayonnement que le CO_2 (on parle de pouvoir de réchauffement global, voir encadré ci-dessous). Donc, même si sa durée de vie est inférieure à celle du CO_2 (une dizaine d'années), il joue un rôle actif dans le changement climatique.

Le pouvoir de réchauffement global des GES

Selon leur composition, les GES absorbent plus ou moins fortement le rayonnement émis par la Terre. Afin de comparer le rôle de chacun de ces gaz, les scientifiques utilisent la notion de pouvoir de réchauffement global (PRG) correspondant à la puissance radiative qu'une quantité de gaz donné re-émet vers la surface sur une période fixée à 100 ans. Cette valeur relative donne un ordre de grandeur de la part de chaque GES : $CO_2 = 1$; $CH_4 = 20$; $NO_2 = 310$; Perfluorocarbures 6 500 à 8 700... (IPCC, 1995). Cela signifie par exemple que lorsqu'on injecte une tonne de CH_4 dans l'atmosphère, elle a 21 fois plus d'effet qu'une tonne de CO_2.

Le protoxyde d'azote (N_2O) est aussi un GES d'origine naturelle et anthropique, lié à l'agriculture et à certains secteurs industriels. Son PRG est environ 300 fois plus important que celui du CO_2 et il reste actif dans l'atmosphère pendant plus d'un siècle. Sa concentration est passée d'environ 275 ppb en 1750 à plus de 310 ppb à la fin du XXe siècle, soit une croissance d'environ 15 % en 250 ans (fig. 54). Mais, c'est surtout depuis un quart de siècle que les taux ont augmenté fortement. Cependant, les taux de N_2O étant très variables dans l'espace, il paraît difficile de s'appuyer sur une moyenne planétaire pour avoir une idée correcte de son évolution. Les émissions de N_2O par les surfaces continentales sont dépendantes du type de sol et surtout de sa teneur en eau ; elles sont maximales après un épisode pluvieux ou au-dessus des sols saturés en eau. Les forêts des basses latitudes sont donc des sources importantes de N_2O, tout comme les régions froides des hautes latitudes après la fonte des neiges (printemps). En plus de ces émissions naturelles, la fertilisation des cultures pour les besoins agricoles est une source d'apport supplémentaire en N_2O pour l'atmosphère. Ce gaz est produit par la dégradation microbienne des engrais azotés dans les sols et par la combustion de la végétation. Indirectement, les systèmes aquatiques contenant des nitrates (cours d'eau, littoraux aux embouchures de fleuves...) sont aussi des sources de rejets estimées à 1/3 des émissions anthropiques.

L'ozone (O_3) est un gaz très rare (ordre de grandeur 1×10^{-6} % du volume de l'air) présent surtout dans la stratosphère (90 % des molécules de ce gaz sont entre 12 et 50 kilomètres d'altitude), le reste étant dans la basse troposphère, pour l'essentiel au-dessus des régions industrielles et peuplées.

L'ozone troposphérique, dont la quantité a augmenté depuis une vingtaine d'années, résulte de l'oxydation du monoxyde de carbone, du méthane ou de certains hydrocarbures en présence d'oxydes d'azote (NO_x) émis en particulier par la circulation automobile. Cet ozone peut jouer un rôle dans le forçage radiatif (l'IPCC l'a estimé à + 0,3 $W.m^{-2}$), mais celui-ci est réparti de manière très hétérogène sur les continents et la marge d'incertitude sur son action semble plus grande que celle d'autres gaz (fig. 56).

À l'opposé, l'ozone stratosphérique a diminué aux latitudes moyennes et surtout élevées aussi bien dans l'hémisphère Nord que dans l'hémisphère Sud. C'est ce que l'on appelle communément le « trou d'ozone ». La diminution de la couche d'ozone peut s'expliquer par l'augmentation de rejets de CFC. À la suite du protocole de Montréal (1987), ces rejets ont baissé dans les pays riches, mais la couche d'ozone persiste, peut-être parce que les CFC injectés il y a plus de 10 ans sont encore actifs. Ce trou peut aussi s'expliquer par l'augmentation des températures de la basse troposphère (le réchauffement observé sur le XXe siècle) qui va de pair avec une diminution des températures de la stratosphère et une diminution de la régénérescence de l'ozone stratosphérique. Mais cette dernière hypothèse ne semble pas être admise par tous les spécialistes. Les phénomènes photochimiques de la stratosphère sont complexes et interdépendants les uns des autres, la recherche ne semble pas en mesure d'expliquer l'ensemble des processus. La NASA diffuse régulièrement les images du satellite TOMS montrant les variations spatio-temporelles de la région affectée par ce « trou d'ozone » qui semble avoir démarré dans les années 70 (mais il n'y avait pas d'observations avant cette date). Durant le printemps 2001, 26 millions de km^2 (50 fois la France) étaient concernés par une diminution de la couche d'O_3. Concernant le lien avec l'effet de serre additionnel, les experts semblent d'accord pour admettre que le forçage de l'O_3 dans la stratosphère est très faible (autour de – 0, 1 ou – 0,2 $W.m^{-2}$).

La diminution de la concentration en ozone stratosphérique est par ailleurs responsable d'une augmentation de la radiation ultraviolette (UVB) au niveau de la surface, ce qui a des effets néfastes et directs sur la santé (cancers de la peau). L'augmentation des UV provoque aussi une diminution de production du phytoplancton, qui est le premier maillon de la chaîne alimentaire, elle peut aussi entraîner une réduction de la croissance de nombreux végétaux, ce qui limite leur possibilité d'absorber du CO_2.

Les gaz industriels tels les chlorofluorocarbones, les hydrofluorocarbones, les perfluorocarbures ou les hexafluorures de soufre (HFC, PFC,SF_6...) sont en faible quantité dans l'atmosphère, mais ils sont très actifs dans le réchauffement. À la différences des GES évoqués précédemment, tous ces gaz sont artificiels et on estime qu'ils contribuent à 15 % de l'effet de serre additionnel. Les composés fluorés sont par ailleurs les principaux responsables de la diminution de la couche d'ozone (les radicaux de chlore attaquent l'ozone). Fabriqués par l'homme depuis quelques décennies, ces gaz sont utilisés dans de nombreux secteurs : par exemple dans les circuits de réfrigération, comme gaz propulseur (bombes aérosols), ou pour la production de mousses. Leur réactivité est très faible dans la basse troposphère où ils n'ont aucune toxicité directe pour l'homme. Cependant ces gaz ont des propriétés qui leur permettent d'atteindre la stratosphère, où le rayonnement ultraviolet les dissocie. À partir de ce moment-là, les atomes de chlore qui sont libérés détruisent l'ozone en catalysant sa transformation en oxygène moléculaire.

D'une durée de vie dans l'atmosphère variable suivant la composition chimique (de quelques dizaines à plusieurs centaines d'années), le pouvoir de réchauffement global de ces gaz est beaucoup plus important que le CO_2 dans l'absorption de la chaleur (de 100 fois à plusieurs milliers de fois plus que le CO_2). Leur effet est donc important malgré des concentrations encore plus faibles que les autres GES. Depuis une dizaine d'années, on observe un ralentissement de la concentration des CFC-11 et 113, probablement parce que certains pays appliquent le protocole de Montréal qui recommande le remplacement des CFC par des HFC (réfrigération, bombes aérosols...), mais la concentration en CFC-12 continue d'augmenter, même si sa croissance est plus lente qu'il y a une dizaine d'années. L'avenir de ces gaz est très incertain, si certains peuvent être remplacés assez facilement par d'autres, peut-être moins nocifs pour l'atmosphère, les brevets industriels de ces nouveaux gaz ne sont pas à la portée de tous les pays et notamment des plus pauvres. Or, ces pays représentent l'essentiel de la population mondiale et ils souhaitent utiliser les CFC ou des gaz de substitution, qui commencent à les remplacer, mais à condition de disposer des nouveaux brevets industriels pour ces gaz.

Les aérosols

Un aérosol peut être défini comme un ensemble de particules solides ou liquides en suspension dans l'air, à l'exclusion des gouttelettes d'eau nuageuses ; leur origine peut être naturelle ou anthropique. Dans la troposphère, les plus petites de ces particules résultent de combinaisons chimiques, les plus grosses sont arrachées aux substrats désertiques et la végétation en dégage naturellement ou lorsqu'elle est brûlée. Le phytoplancton produit du sulfure de diméthyle qui se transforme en noyaux de condensation, les embruns injectent des cristaux de chlorure de sodium (de Félice, 2001). Les aérosols contribuent à l'effet de serre, mais de manière opposée suivant leur nature.

La combustion par l'homme des combustibles enrichit l'atmosphère en aérosols de carbone noir (suies) qui semblent jouer un rôle très faible dans le forçage radiatif. À l'opposé, les aérosols sulfatés, qui représentent une part plus importante que les précédents, ainsi que les aérosols rejetés par la combustion de la biomasse, introduisent un forçage négatif. Comme la durée moyenne de vie de toutes ces particules n'est que de quelques jours, leur répartition spatiale est très fortement dépendante des zones sources. Par conséquent l'hémisphère Nord en contient plus que l'autre hémisphère, et l'analyse des glaces du Grœnland, montrant une croissance de concentration en aérosols de sulfate, confirme cette observation. La plupart des chercheurs sur cette question reconnaissent que l'effet des aérosols est encore mal connu. Globalement, d'après l'IPCC (1995), le bilan des aérosols est négatif dans le forçage radiatif, c'est-à-dire que ceux-ci contribuent au refroidissement de la troposphère à hauteur d'une valeur d'environ – 0,5 $W.m^{-2}$ (– 0,28 à – 1,3 $W.m^{-2}$ selon les estimations, fig. 56).

Les GES et les aérosols dans le forçage radiatif d'origine anthropique

Au total, le bilan direct des GES d'origine anthropique correspond à un forçage calculé de manière classique par la différence entre la situation de l'an 2000 par rapport à celle de 1750. Celui-ci est estimé à + 2,32 $W.m^{-2}$ pour la somme du CO_2, du CH_4, du N_2O et des halocarbones, auquel il faut ajouter + 0,4 $W.m^{-2}$ pour l'ozone troposphérique et – 0,1 $W.m^{-2}$ pour l'ozone stratosphérique (fig. 56). À l'opposé, celui des aérosols sulfatés a contrebalancé légèrement ce gain à hauteur de – 0,5 $W.m^{-2}$ environ. L'extension des surfaces agricoles, en modifiant la part de rayonnement réfléchi (l'albédo), a aussi réduit le forçage radiatif, ce changement d'albédo a pu compenser le forçage positif du soleil estimé à + 0,3 $W.m^{-2}$ depuis 1750 (les autres forçages semblent encore plus difficile à évaluer et l'intervalle de confiance dans leur évaluation est très faible).

Ces chiffres sont certes validés par de nombreux experts qui font preuve de prudence, mais cela n'empêche pas de se poser un certain nombre de questions

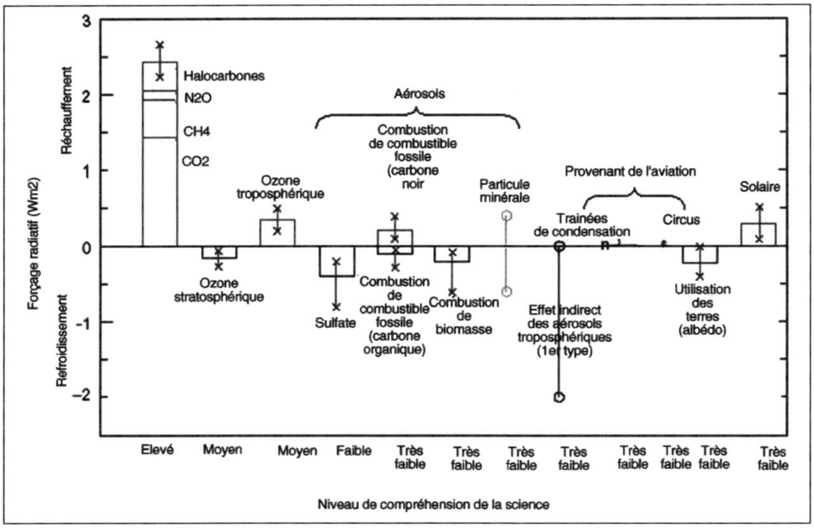

Le trait vertical donne l'intervalle de confiance (ex. : pour l'activité solaire la moyenne est de + 0,3 $W.m^{-2}$ et l'intervalle va de + 0,1 à + 0,5 $W.m^{-2}$). La barre verticale sans rectangle (particules minérales) indique qu'il n'est pas possible, en l'état actuel de la recherche, de fournir une meilleure estimation.

Figure 56 : **Forçage radiatif d'origine anthropique par les GES et les aérosols ainsi que par le changement naturel du forçage solaire. Estimation de la différence entre l'an 2000 par rapport à 1750**

Source : D'après IPPC, 2001

qui pour le moment restent sans réponse. Que savons-nous des rejets naturels de certains gaz tel de CH_4 ? Que savons-nous réellement des variations naturelles de l'activité solaire ?

Effet de serre et climat

Au cours du dernier million d'années, le climat de la Terre a connu des oscillations avec des cycles glaciaire-interglaciaire qui, dans leurs grandes lignes, sont assez bien décrits par l'analyse des sédiments marins et des calottes de glace polaire. Ainsi, les glaciations ont périodiquement couvert le nord de l'Europe et de l'Amérique : lors de la dernière glaciation, il y a environ 20 000 ans, le niveau de la mer était à 120 mètres sous le niveau actuel, et plusieurs dizaines de millions de km^3 de glace couvraient le nord de l'Europe de l'Amérique du Nord et de l'Asie. Aux échelles de temps de l'ordre du siècle ou du millénaire, la concentration en GES dans l'atmosphère a aussi fluctué et cette variation est corrélée avec les températures de surface de la planète. Les causes naturelles de ces variations sont, soit internes au système climatique (circulation thermohaline, instabilité des calottes glaciaire, injection d'aérosols dans la stratosphère par les volcans…), soit externes (variations de l'intensité du rayonnement solaire sous l'action des oscillations dans la rotation de la Terre ; voir chap. 1). À ces variations naturelles des GES dues à des forçages externes et internes à la planète, se superpose une variation d'origine anthropique par l'intermédiaire des GES additionnels.

Relations entre gaz à effet de serre et température

Parmi les nombreuses archives naturelles, les renseignements extraits des carottes de glace des régions polaires permettent d'estimer la température de l'atmosphère d'où sont issues les précipitations mais aussi, la composition de l'air, la charge et la nature des particules solides avec une résolution temporelle assez fine sur les dix derniers milliers d'années. L'analyse des bulles d'air de la glace du Grœnland et de l'Antarctique permet la mesure directe de la concentration en CO_2 ou en CH_4 tout au long des derniers cycles glaciaires-interglaciaires, car les variations des paramètres climatiques (températures, précipitations) sont associées à celles des paramètres chimiques. Plusieurs forages glaciaires d'une profondeur de plus de 2 500 m, réalisés à Vostok (Antarctique), par l'équipe de C. Lorius, ont ainsi permis de reconstituer les variations de la concentration en CO_2 et en CH_4 (Barnola *et al.*, 1987 ; Jouzel *et al.*, 1993...). Les derniers sondages permettent cette analyse jusqu'à environ 400 000 ans BP (*Before Present*), ce qui correspond à quatre cycles climatiques complets (Petit *et al.*, 1999).

Les relations de phase entre ces deux gaz et la température en Antarctique montre que durant les phases extrêmes de glaciation, alors que le CH_4 décroît en phase avec la température, le CO_2 est généralement en retard de plusieurs milliers d'années (Barnola, 2001). Par contre, durant chaque terminaison ces deux gaz commencent à augmenter en même temps que la température en Antarctique, mais l'augmentation du CO_2 est plus régulière que celle du CH_4, ce dernier étant lié au cycle hydrologique en milieu continental, or le rôle des marécages est encore mal évalué (fig. 57).

Il a environ 130 000 ans, la concentration en CO_2 et la température étaient sensiblement supérieures à celles des périodes pré-industrielles. La bonne correspondance entre température et concentration de l'air en CO_2 et en CH_4. n'indique pas cependant que c'est l'évolution de la concentration de ces gaz qui est responsable de la variation des températures, ou si, à l'inverse, l'évolution des températures modifie la composition de l'atmosphère. Houghton et Woodwell (1996) indiquent qu'aux variations de concentration en GES s'ajoutent probablement d'autres phénomènes qui amplifient la réaction thermique de l'atmosphère, par rétroaction positive. L'absorption de la chaleur par les nuages, ou la réflexion des rayonnements par les glaces continentales ou océaniques sont encore mal évaluées. Des travaux récents montrent que la transition glaciaire-interglaciaire aurait pour origine un changement de l'ensoleillement qui provoque un réchauffement en Antarctique, puis une augmentation de la concentration en CO_2, suivie ensuite par la déglaciation de l'hémisphère Nord (Bouchet, 2003 ; Caillon *et al.*, 2003). Le déphasage entre

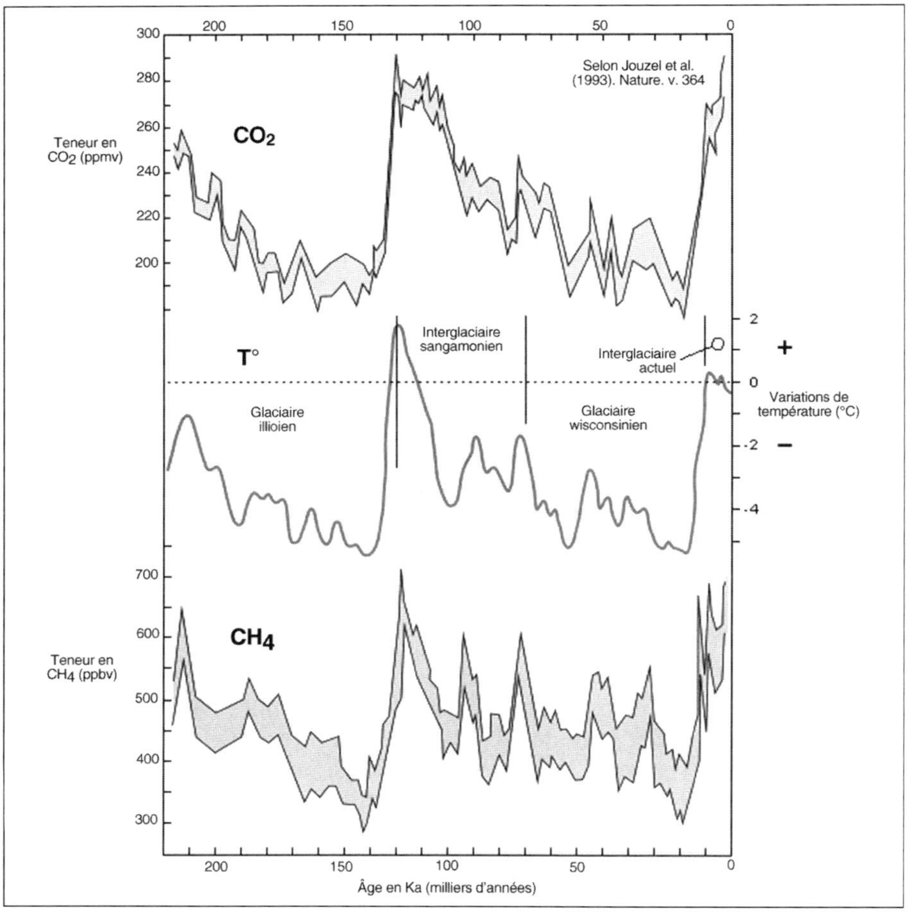

Durant les cycles climatiques glaciaires/interglaciaires, les quantités de CH_4 et de CO_2 présentes dans l'atmosphère oscillent entre les concentrations les plus élevées, lors des périodes interglaciaires (280 ppmv pour le CO_2 et 750 ppbv pour le CH_4) et les teneurs les plus basses, durant les maxima glaciaires (respectivement 190 ppmv et 350 ppbv).

Figure 57 : **Évolution du taux de CO_2, de CH_4 et de la température isotopique jusqu'à – 220 000 ans avant le présent. Données obtenues à partir d'un carottage à Vostok**

Source : d'après Jouzel *et al.*,1993, *Nature*, vol. 384

les courbes serait d'environ 800 ans, ce qui permet de suspecter l'océan d'être la source du CO_2, même si les mécanismes en jeu sont encore flous.

Les variations naturelles du climat peuvent être d'amplitude relativement importante et elles ne peuvent s'expliquer que partiellement par les variations des paramètres astronomiques. D'autres phénomènes pourraient expliquer l'évolution des températures par des processus de rétroaction positive, par exemple : l'absorption de la chaleur par les nuages ou la vapeur d'eau, la réflexion du rayonnement par les glaces… K. Alverson et F. Oldfield (2000) ont ainsi montré qu'il y a eu des changements brutaux au cours du dernier demi-million d'années. Plus près de nous, pendant la dernière phase glaciaire, des oscillations brutales et brèves de la température ont été mises en évidence, en particulier à la fin du Dryas, où elles sont estimées à environ 10 °C en un siècle. De la dernière glaciation (– 18 000 ans) au début de l'Holocène (– 10 000 ans) le taux de CO_2 est passé d'environ 190 ppm à 270 ppm.

Une des questions est de savoir si le réchauffement observé depuis quelques dizaines d'années est, pour l'essentiel d'origine anthropique, ou s'il est avant tout l'aboutissement naturel du Petit Âge glaciaire (1450-1850) ?

Spécificités climatiques des derniers siècles

L'utilisation des thermomètres a commencé au milieu du XIXe siècle et les longues séries concernent pour l'essentiel l'hémisphère Nord. Pour les périodes plus anciennes, les données sont issues d'archives historiques ou d'indicateurs paléoclimatiques divers. Ces températures reconstituées sont bien évidemment moins précises que celles mesurées avec des thermomètres (mais l'environnement des stations de mesures a aussi changé et l'îlot de chaleur urbain peut introduire un biais dans les mesures). Faute de mieux, elles constituent le meilleur moyen de reconstituer les températures depuis le début du deuxième millénaire (fig. 58).

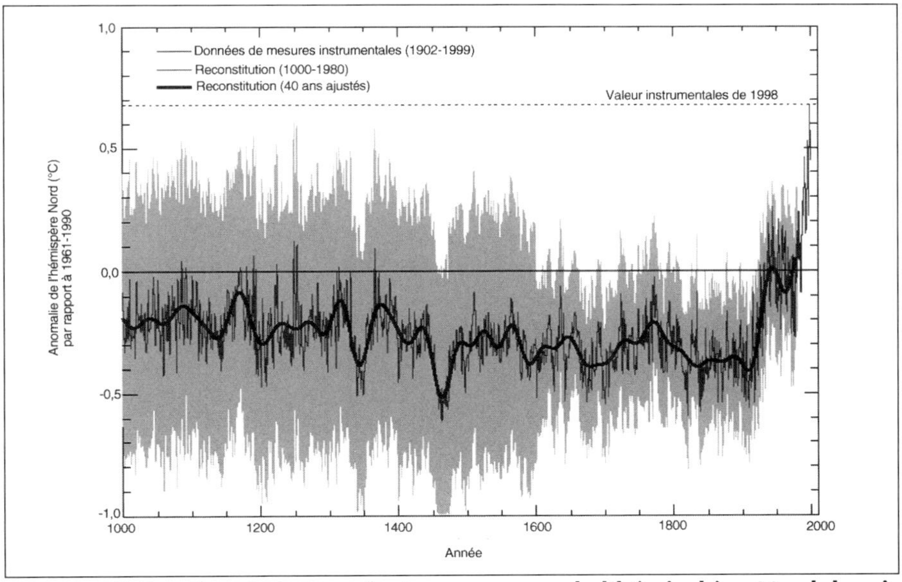

Figure 58 : **Estimation de la température moyenne de l'hémisphère Nord depuis l'An Mil**

Données exprimées par rapport à la moyenne 1961-1990

Source : d'après Mann *et al.*, 1999.

Les données montrent une tendance générale au refroidissement entre 1000 et 1900, avec des écarts négatifs notoires entre 1453 et 1502, demi-siècle le plus froid du millénaire. Plus généralement, la période entre le milieu du XVe et le milieu du XIXe a été globalement froide. Cet épisode, appelé Petit Âge glaciaire, est considéré comme l'un des plus froids de l'Holocène et de toute façon sans équivalent au cours de l'Holocène supérieur (Mann *et al.*, 1998, Godard, 2000). Il semble que cet épisode n'a pas eu partout la même intensité. Dans certaines régions de l'hémisphère Nord, comme la Sibérie au début du deuxième millénaire, le climat a manifestement été aussi chaud que celui que nous connaissons depuis deux ou trois décennies. Cette période est connue sous le nom de Petit Optimum médiéval (POM), mais manifestement ce phénomène n'a pas eu la portée planétaire du réchauffement actuel.

On peut bien sûr s'interroger sur la fiabilité des données pour préciser l'histoire climatique régionale. Mais cela ne remet pas en cause le possible changement climatique, bien au contraire, cela permet d'argumenter encore plus le principe de précaution, car si des oscillations naturelles s'ajoutent aux changements anthropiques, les conséquences seront encore plus difficiles à surmonter.

Le XXe siècle présente une tendance inverse, les températures moyennes au niveau du sol ont augmenté de 0,6 ± 0,2 °C (Jones *et al.*, 1999). Pour Houghton (Houghton *et al.*, 2001), comme pour la majorité des chercheurs, ce réchauffement est principalement d'origine anthropique, mais il n'est pas régulier dans le temps : avant 1940, le réchauffement est très net, puis entre le début des années 1940 et 1965, la température moyenne a baissé légèrement. Depuis cette époque, la tendance est au réchauffement, avec une succession d'années relativement chaudes à la fin du XXe siècle (l'année 1998 détiendrait le record depuis que les températures sont relevées à partir d'instruments). La plus forte croissance concerne les moyennes et les hautes latitudes des continents de l'hémisphère Nord. Seules les régions océaniques de l'Atlantique nord, au large du Groenland et de l'Islande ont enregistré une tendance opposée. Cette tendance positive concerne plus les températures nocturnes que les températures diurnes (l'amplitude quotidienne a diminué durant cette période). Mais ce résultat est peut-être faussé dans la mesure où la majorité des stations du réseau mondial sont installées dans les villes ou à leur périphérie qui n'ont cessé de s'urbaniser depuis trois ou quatre décennies. Cette augmentation incontestable des températures minimales en milieu urbain influence certainement la tendance observée à l'échelle mondiale.

Durant le XXe siècle, les précipitations ont augmenté de 5 à 10 % sur la plupart des régions continentales de l'hémisphère Nord. À l'échelle régionale, elles ont augmenté jusqu'à 35 % sur certaines parties du Canada par exemple. La fonte plus précoce de la neige au printemps, permettant l'accroissement de l'évaporation et par conséquent des précipitations, explique au moins en partie cette tendance. À l'opposé, depuis la fin des années 1960, les précipitations ont diminué aux latitudes tropicales de l'Afrique : la bande sahélienne, du Sénégal à l'Éthiopie, est particulièrement affectée (Janicot, 1990).

Les spécificités climatiques des dernières décennies apparaissent aussi dans d'autres séries de données et ce type de résultat est largement médiatisé. Pour les trois dernières décennies, on peut retenir que :

– la fréquence des froids extrêmes a diminué d'environ 2 % ;

– la couverture neigeuse a été réduite de 10 % ;

– de nombreux glaciers de montagne ont reculé, en particulier sous les basses latitudes ;

– l'extension de la glace de mer printanière et estivale a été réduite de 10 à 15 % dans l'Arctique (IPCC, 2001)

Pour le XXe siècle, en France, O. Mestre (2000), à partir de l'analyse de 70 séries homogénéisées (tests statistiques et calculs permettant de corriger les erreurs dans les séries brutes), montre que les températures minimales enregistrent les plus fortes tendances à la hausse (0,7 à 1,7 °C pour le siècle), et cette tendance est plus marquée à l'ouest qu'à l'est du pays. Quant aux températures maximales, elles augmentent de 0 à 1,3 °C sur tout le territoire métropolitain. Dans les Pyrénées, au Pic du Midi, où les données sont mesurées depuis plus d'un siècle, le niveau moyen de l'isotherme 0 °C ne s'est relevé que de 200 mètres au cours du XXe. Vers 2 500-3 000 mètres, la température moyenne a augmenté à toutes les saisons, mais le réchauffement maximal est enregistré en automne et celui-ci porte uniquement sur les températures nocturnes (Dessens, 2000). Dans l'ensemble, pour la deuxième moitié du XXe, ces résultats pour la France sont en accord avec ceux de Houghton (Houghton *et al.*, 1996) qui concerne l'échelle mondiale.

En ce qui concerne la fréquence et l'intensité des phénomènes extrêmes, il semble plus difficile d'établir des relations significatives avec les tendances climatiques observées sur le XXe siècle. Les phénomènes couplés océan-atmosphère du Pacifique (ENSO/LNSO) sont peut-être devenus plus fréquents, et c'est peut-être aussi le cas des tempêtes au sud du 30° S. Mais, comme ces phénomènes affectent des régions essentiellement océaniques peu pourvues de stations de mesures, il faut certainement rester prudent. Plusieurs synthèses climatologiques récentes montrent qu'il ne semble pas y avoir de tendances récentes et significatives pour les phénomènes extrêmes tels les tempêtes, et les comparaisons entre ces deux régions peuvent montrer des oppositions. En revanche, les pertes humaines et économiques ont souvent augmenté, mais cela est dû à la pression démographique et à la vulnérabilité des sociétés modernes dont les individus assurent beaucoup plus leurs biens que dans le passé (chap. 6).

C'est dans ce contexte qu'il faut replacer la problématique actuelle du changement climatique global, fortement influencée par cette tendance positive d'environ 0,6 °C des températures en un siècle. Le Groupe d'expert intergouvernemental sur l'évolution du climat (GIEC), admet « qu'il est vraisemblable qu'un changement climatique existe et que l'on peut au moins en partie l'attribuer aux activités humaines ».

La modélisation numérique du climat futur

C'est à la fin du XIXe siècle que le chimiste suédois S. Arrhénius a suggéré que les émissions de CO_2 en renforçant l'effet de serre naturel pourraient entraîner une hausse de la température moyenne de la Terre. Les premières mesures systématiques du taux de CO_2 ont débuté en 1958 (Hawaï, Alaska) et l'étude de l'évolution du (des) climat(s), à l'aide de modèles mathématiques utilisant les équations de la mécanique des fluides, ont commencé à la fin des années 1960 avec l'apparition des premiers ordinateurs. Mais ce n'est qu'à partir des années 1980, avec l'augmentation considérable de la puissance de ces outils, que des simulations sur plusieurs décennies ont pu être réalisées d'abord sur l'écoulement de l'atmosphère, puis en associant l'atmosphère et l'océan. Aujourd'hui, la plupart des modèles employés sont des modèles couplant les processus océaniques et atmosphèriques. Avec ces outils, les spécialistes de la modélisation numérique tentent d'élaborer des scénarios pour le futur en tenant compte de l'évolution socio-économique de la planète. L'exercice est complexe, car les résultats sont tributaires, d'une part, de la capacité des modèles à simuler un ensemble d'interactions extrêmement complexes et pas forcement bien identifiées ; d'autre part, des scénarios de croissance économiques et démographiques qui déterminent l'évolution de la concentration des GES dans l'atmosphère.

Les incertitudes sur l'évolution démographique et économique de la planète

Actuellement la population du monde est estimée à environ 6 milliards d'individus, pour le milieu du XXIe siècle, elle devrait être autour de 9 milliards. Bien évidemment la marge d'erreur peut être importante et cela constitue une première source d'imprécision dans la modélisation même si ce n'est manifestement pas la plus importante. Si des efforts sont déjà faits afin d'obtenir une meilleure efficacité énergétique (industrie, automobile…), il est difficile de prévoir les progrès qui verront le jour dans les décennies à venir, d'autant plus que ces évolutions technologiques ne seront probablement pas totalement mises à la disposition des pays les plus pauvres pour des raisons diverses (droits acquis, règles de concurrence internationale, brevets industriels…). Or, ces pays qui représentent déjà la part la plus importante de la population ont d'une manière générale les plus forts taux de croissance démographique. Par conséquent, dans les décennies à venir, ils auront légitimement les plus gros besoins pour améliorer leur condition de vie. En 1990, les États-Unis ont rejeté 22 % du total mondial des émissions de CO_2 (4,9 10^9 t. de CO_2 soit 1,3 Gt de C), le Japon 4,5 %, l'Inde 2,7 et le Congo 0,001 %). Ramenées au nombre d'habitants, les émissions de CO_2 sont 3 fois plus importantes aux États-Unis qu'en France, pays qui a des taux d'émission près de dix fois supérieurs à ceux de l'Inde…

Même si une partie de la population prend conscience du danger potentiel de l'effet de serre additionnel, les incertitudes sur l'évolution des comportements sont immenses. Ajoutées aux incertitudes sur l'évolution démographique de la planète, elles ne peuvent aboutir qu'à des estimations extrêmement grossières qui se répercutent sur la fiabilité des résultats de la modélisation numérique du climat futur. Comment évaluer aujourd'hui la quantité de CO_2 ou de CH_4 que rejettera l'homme dans un siècle ?

Pour tenter de répondre à cette question, les économistes ont proposé différents scénarios prenant en compte les émissions de l'ensemble des GES et des composants soufrés. Les plus pessimistes correspondent à un développement économique de type libéral avec utilisation libre des combustibles fossiles les plus optimistes correspondent à une économie de service, au développement de technologies alternatives (fig. 59). Dans les scénarios pessimistes, les émissions annuelles iraient vers un quadruplement alors que dans les plus optimistes, après une légère croissance, les émissions se stabiliseraient autour de 5 Gt. Le CH_4 et le N_2O verraient aussi leur taux augmenter, tandis que celle du SO_2, diminuerait dans presque tous les scénarios.

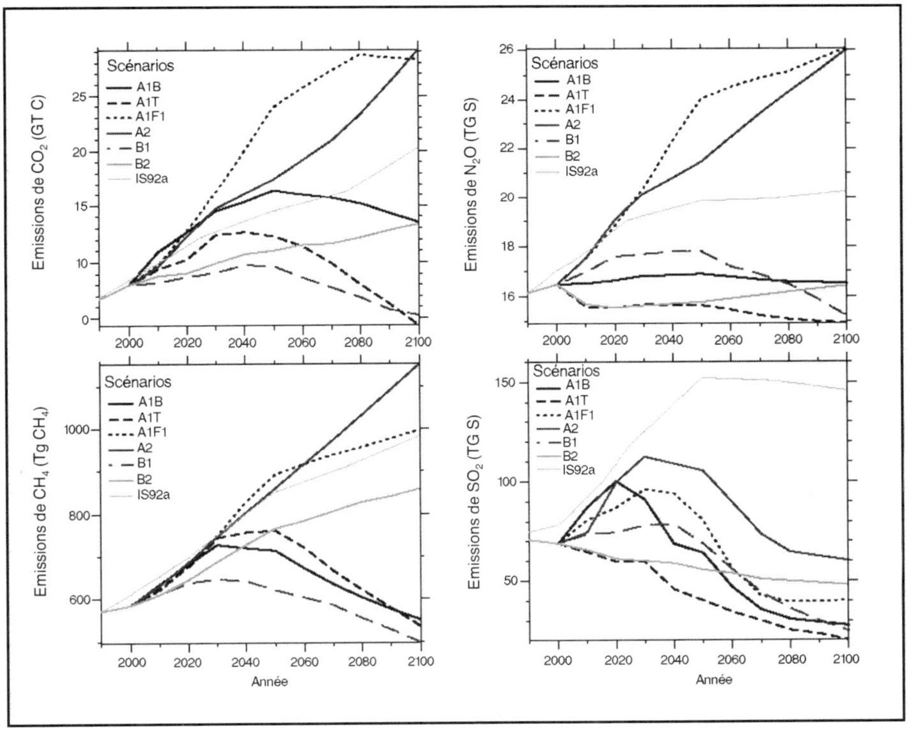

Figure 59 : **Émissions supposées de dioxyde de carbone, de méthane, de protoxyde d'azote et de dioxyde de soufre, dans différents scénarios récemment proposés par le GIEC pour la période 1990-2100**
Source : IPCC, 2001.

Aperçu et limites internes aux modèles numériques

Le principe de la modélisation numérique consiste à découper l'atmosphère et l'océan en volumes (maillage de quelques centaines de kilomètres de côté et de quelques kilomètres de haut) afin de créer une petite planète numérique sur laquelle on peut conduire des expérimentations variées à partir de calculs reposant sur des lois physiques afin d'estimer l'évolution de paramètres tels la température, le vent, les précipitations... La physique sur laquelle s'appuient les calculs permet de décrire deux grandes catégories de processus : les échanges d'énergie (en particulier sous forme de rayonnement électromagnétique) et la dynamique des écoulements de l'enveloppe fluide la planète. En s'appuyant sur l'évolution possible des activités humaines et par conséquent du rejet des GES additionnels tels le dioxyde de carbone ou le méthane, les modèles évaluent la réponse possible du système climatique. Les modèles calculent le nouvel équilibre climatique qui pourrait résulter de la nouvelle concentration des GES dans un « futur proche » (2050, 2100) : la différence entre l'état actuel et l'état futur correspond au « changement climatique » estimé.

Aujourd'hui, les modèles numériques de simulation du climat futur sont nettement plus sophistiqués que ceux des années 1980, mais des divergences persistent d'un modèle à l'autre. La plupart des physiciens, spécialisés sur ces outils complexes, indiquent que l'augmentation anthropique de l'effet de serre a pour effet premier de modifier la stratification de l'atmosphère. « Or, l'équilibre thermique de l'atmosphère résulte d'une compensation très fine entre des processus non linéaires : convection nuageuse, absorption du rayonnement solaire, émission infrarouge, turbulence de couche limite... » (Le Treut, 1997). En fait, il a trois grandes familles de problèmes auquel se heurte la modélisation numérique :

– la première est intrinsèque au système climatique lui-même, celui-ci n'est pas entièrement prévisible. À l'échelle météorologique, l'évolution ne peut être prédite au-delà de quelques jours, parce que le caractère instable de l'atmosphère a répercuté à l'ensemble du globe une toute petite erreur initiale. Cet effet, connu sous l'expression « effet des ailes de papillon », a été mis en évidence par E. Lorenz (1963). Mais cela ne veut pas dire que toute prévision est impossible, en particulier parce que le comportement de l'océan avec son inertie plus lente est plus facilement prévisible sur de longues périodes : aux échelles climatiques ;

– la deuxième source d'incertitude vient des inévitables simplifications apportées dans la construction des modèles. La difficulté de représenter la vapeur d'eau ou la variabilité éventuelle de l'activité solaire sont deux exemples qui illustrent bien cette complexité. Les nuages sont modulés par des phénomènes d'échelle spatiale fine que les modèles ne peuvent pas simuler correctement. Or leur rôle dans le bilan radiatif est très important (réflexion du rayonnement solaire, absorption du rayonnement infrarouge...). De même, la glace de mer ou la végétation interviennent sur le bilan radiatif. Leurs simulations, aux échelles fines, sont fortement simplifiées dans les modèles et l'évolution de l'occupation des sols par l'homme ne peut être évaluée correctement : le reboisement des moyennes latitudes pourrait, pas exemple, faire baisser significativement l'albédo et amplifier, à l'échelle régionale, le réchauffement ;

– la troisième famille d'erreur, vient du fait que les modèles ne représentent pas toutes les parties du système climatique. La circulation océanique profonde reste mal connue en partie parce que les scientifiques ne disposent pas d'un nombre suffisant de mesures pour ajuster leur modèle. De même, les composantes biologiques et chimiques du système climatique sont aussi insuffisamment comprises : puits et source de carbone, augmentation de l'ozone troposphérique, rôle des aérosols... – nous avons déjà signalé que de vastes régions terrestres pourraient passer de leur rôle actuel de puits à celui de source malgré l'accroissement de la fertilité par le CO_2. À eux seuls, les aérosols sont source d'incertitudes importante (fig. 56).

La recherche a progressé depuis deux décennies, mais, pour le moment et probablement aussi pour les années à venir, elle mettra avant tout en évidence la complexité des processus qui interviennent dans le système climatique. Une meilleure compréhension des rétroactions entre d'une part, les processus physiques, d'autre part les cycles biochimiques et la biosphère, permettra probablement d'affiner les résultats de la modélisation. Comment vont, par exemple, se comporter les sols et les forêts face à une augmentation de la concentration en CO_2 ou à un changement de leur taux d'humidité ?

Les modèles numériques sont des outils extrêmement complexes et seule une poignée de spécialistes dans le Monde est capable de comprendre leur fonctionnement. Malgré la rigueur de la démarche et les contrôles réalisés par validation des résultats sur des périodes connues, les prévisions sont parfois critiquées car la marge d'erreur sur l'intensité du changement climatique prévu reste importante. Une des difficultés supplémentaires vient peut-être du fait que la mémoire de l'océan est très longue : un forçage climatique survenu il y a plusieurs centaines d'années pourrait avoir une incidence sur le climat actuel ? Cependant, faute de mieux, les MCG restent aujourd'hui les outils principaux permettant de simuler l'éventuel changement climatique en cours ou à venir.

En conclusion, on peut donc raisonnablement penser que l'augmentation de la concentration des GES modifie l'effet de serre naturel, et peut donc perturber l'équilibre climatique naturel. Mais, il faut bien admettre que les chercheurs ont diffusé un peu vite les résultats de leur modélisation, alors que de nombreux processus étaient encore très mal simulés. Cependant, cela ne doit pas être un frein à la prévention, car, si le changement prévu se produisait de manière nette (augmentation des températures, nouvelle répartition des précipitations...), il pourrait, plus ou moins directement, perturber le fonctionnement des écosystèmes et les activités économiques.

De la prévision des modèles au principe de précaution

L'expertise scientifique du changement climatique n'est donc pas facile, malgré l'importance des capitaux mis à disposition et la multiplication des conférences internationales sur ce sujet (Stockholm en 1972, Genève en 1979, Toronto en 1988, Rio en 1992, Kyoto en 1997, Marrakech en 2001…). La création, en 1988, par l'Organisation météorologique mondiale (OMM) et le Programme des Nations unies pour l'environnement (PNUE) d'une organisation spécifique, le Groupe d'expert intergouvernemental sur l'évolution du climat (GIEC, en anglais, Intergovernmental Panel on Climate Change (IPCC) a permis de structurer la recherche au niveau mondial. L'IPCC s'intéresse aux aspects scientifiques de l'évolution des climats (groupe I), aux impacts socio-économiques et aux adaptations possibles (groupe II) ainsi qu'aux possibilités de limitation des émissions et d'atténuation du changement (groupe III). L'IPCC a déjà publié plusieurs rapports de synthèse volumineux et détaillés (1990, 1996 et 2001) auquel nous renvoyons le lecteur, et il existe aussi de très nombreux articles reprenant assez souvent certains points essentiels de ces rapports.

Les prévisions des modèles

La plupart des modèles couplés océan-atmosphère, actuellement opérationnels à l'échelle internationale, ont au minimum simulé l'évolution du climat pour un doublement du taux de CO_2 en 2100 par rapport à sa valeur d'avant le début de l'ère industrielle (1750). Les résultats montrent un certain nombre de changements dans les caractéristiques du climat (en particulier les températures et les précipitations), ce qui aura des conséquences sur d'autres composants du système physique (humidité des sols, érosion-sédimentation, niveau des océans…).

Une évolution des températures de l'air en surface

Dans l'hypothèse évoquée ci-dessus, les résultats donnent un réchauffement moyen d'environ 2 °C pour le milieu du siècle prochain (la fourchette va de 1 °C à plus de 4 °C) et de 1,4 à 5,5 °C à l'horizon 2100. De nombreux climatologues précisent qu'il y aura « davantage de vagues de chaleur, une réduction de la saison froide avec moins de jours de grand froid, ainsi qu'une diminution de l'amplitude des températures diurnes sur les continents… ». Cette augmentation globale ne serait pas incompatible avec une diminution de la température dans certaines régions du globe et une augmentation supérieures aux moyennes dans d'autres (par exemple, les régions à forte concentration en aérosols pourraient enregistrer une évolution différente des autres…). De même, la tendance au réchauffement pourrait aussi être irrégulière dans le temps, comme cela fut déjà le cas dans le passé car d'autres facteurs interviennent sur les températures (forçage externe et interne).

La figure 60 montre les résultats obtenus par Barthelet (Barthelet *et al.*, 1998) à partir de deux modèles couplés et en partant de l'hypothèse d'une augmentation de 1 % du taux de CO_2, mais sans changement du taux d'aérosols. Les deux modèles donnent un réchauffement de 1,6 à 2 °C.

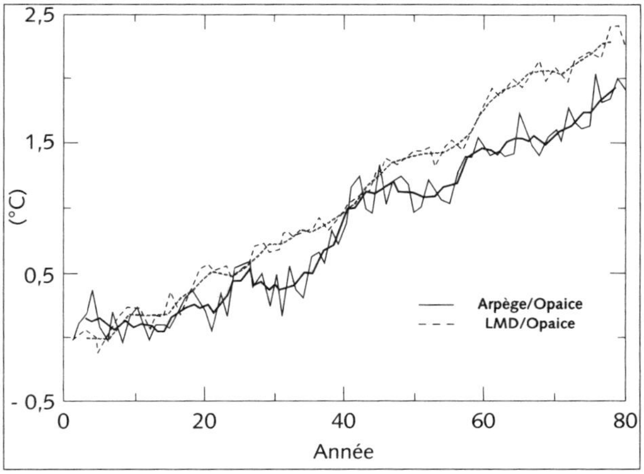

Figure 60 : **Évolution, pour les 80 prochaines années de la moyenne globale de la température de l'air à 2 m, en réponse à un accroissement de 1 % par an de la concentration en CO_2 atmosphérique, calculée selon deux modèles couplés Arpège/Opaice et LMD (tireté)**
Source : D'après Barthelet *et al.*, 1998, *in* Le Treut, 1999

Ainsi, les deux modèles français – celui de IPSL couplant les modèles atmosphériques du LMD et océaniques du LODYC et celui du CNRM/CERFACS – mettent en évidence un certain nombre de convergences. Le réchauffement serait plus intense aux hautes latitudes ou sur les vastes masses continentales et surtout en hiver ; par contre, il serait très faible ou nul au-dessus des zones de formation d'eau profonde.

Les températures maximales devraient augmenter légèrement, mais ce sont surtout les températures minimales qui devraient être moins rigoureuses, en particulier dans les régions où la neige et la glace seraient moins souvent présentes. Par conséquent, les vagues de chaleur qui affectent surtout les moyennes latitudes, pourraient être plus fréquentes.

D'un scénario d'émission à l'autre, les valeurs peuvent varier : pour la fin du XXIe siècle, la fourchette va de + 1,5 °C à 4, voire 6 °C. Si de tels chiffres présentent un intérêt évident pour sensibiliser l'opinion publique et les politiques, la prudence semble de mise chez certains scientifiques car l'intervalle de confiance très large, traduit la difficulté d'introduire toutes les interactions du système climatique.

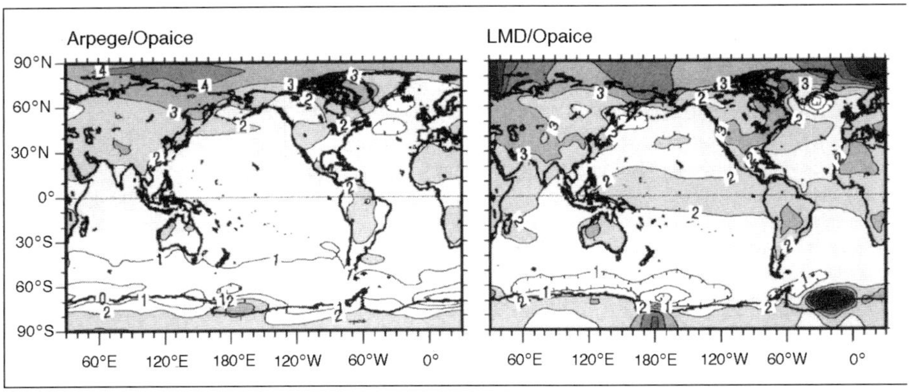

Figure 61 : **Variation de la température annuelle de l'air (à 2 m de la surface, en °C pour la période de doublement de concentration de CO_2) simulée par les modèles couplés du CNRM/CERFACS et de l'IPSL**
Source : d'après Barthelet *et al.*, 1998, *in* Le Treut, 1999

Un changement dans la répartition des précipitations

L'augmentation de la température peut se répercuter sur un changement du cycle de l'eau, au moins dans sa composante atmosphérique (évaporation, transferts par l'atmosphère, précipitations...). En partant du scénario de Barthelet (Barthelet *et al.* 1998), la modélisation donne une intensification moyenne d'environ 3 % du cycle de l'eau. L'augmentation serait plus importante dans les régions équatoriales et sous les moyennes et les hautes latitudes. À l'opposé, entre 20 et 45° de latitude, il y aurait un accroissement de l'évaporation par rapport aux précipitations.

Actuellement, plus de la moitié de la population du globe vit dans des régions où les ressources en eau sont déjà rares, ou le deviennent et les modélisateurs annoncent des sécheresses plus intenses, assorties d'incidences sur les sols et le stress des écosystèmes. Les changements prévus à l'échelle des modèles sont peu utilisables dans une optique de gestion des milieux à l'échéance de quelques décennies : en Europe, par exemple, il y aurait une diminution des précipitations autour du Bassin méditerranéen pendant l'été et une augmentation sur l'Europe du Nord, particulièrement autour de la mer Baltique. Ainsi, la Grèce pourrait être particulièrement affectée par une diminution du ruissellement et donc une augmentation du risque de sécheresse. En Asie, la mousson d'été serait probablement plus forte mais plus variable dans le temps et dans l'espace. En Chine, 10 % du pays pourraient, en 2030, présenter des pertes économiques dues à un déficit en eau. Les grandes régions peuplées de l'Amérique du Nord, pourraient avoir des difficultés pour leur approvisionnement en eau potable...

Une élévation du niveau de la mer

Une des conséquences de l'augmentation globale de la température est l'élévation du niveau de la mer, principalement par effet de dilatation thermique de l'eau et secondairement par variation du volume des glaces continentales (98 % des glaciers de la planète sont en récession). Cette augmentation, déjà observée sur l'ensemble du XXe siècle à partir des mesures conventionnelles, est confirmée par l'analyse des données altimétriques du satellite Topex-Poseidon pour les dernières années (Cazeneuve *et al.*, 1998). Dans les ports de Brest et de Marseille, la tendance du niveau de la mer est d'un peu plus de 1 millimètre par an, pour les deux derniers siècles. Mais à Marseille, comme dans d'autres sites du monde, une décélération apparaît depuis le début des années 60 (Pirazzoli, 1986 ; Simon, 2001). Ce changement peut s'expliquer par une augmentation de la densité de l'eau due à un déficit en apport d'eau douce par les fleuves (moins de précipitations), cependant, les marécages ne permettent pas de préciser si c'est l'élévation du niveau marin ou l'affaissement du continent qui explique les valeurs mesurées.

Dans un article qui a fait couler beaucoup d'encre G. S. Hoffman (Hoffman *et al.* 1983) annonçait pour la fin du XXIe siècle une élévation comprise entre 0,5 et 3,5 mètres. Depuis, les valeurs prévues pour cette période sont moins impressionnantes, mais la fourchette reste importante : entre + 15 et + 95 centimètres d'ici à 2100 (moyenne retenue par le GIEC en 2001 : + 33 à + 47 cm). L'expansion thermique des océans contribuera pour l'essentiel à cette élévation qui s'expliquera aussi par la fonte des glaciers continentaux (Grœnland en particulier). Cette élévation n'aurait pas partout la même amplitude et ses effets seraient plus forts dans les régions qui enregistrent des phénomènes de subsidence naturelle ou anthropique (deltas, lagunes, plaines littorales).

De la prudence des uns à la critique des autres

Devant les inévitables incertitudes, quelques scientifiques contestent la méthode et les résultats issus de la modélisation numérique. Il est vrai que la planète a déjà connu des concentrations en GES aussi importantes qu'aujourd'hui, mais il semblerait que ce qui caractérise la situation actuelle, c'est la rapidité avec laquelle les changements climatiques pourraient se faire durant le XXIe siècle. La rapidité des changements serait telle que certains écosystèmes pourraient subir des perturbations irréversibles et l'économie serait fortement affectée. Mais des études historiques et préhistoriques montrent que dans le passé certains changements climatiques ont aussi pu se produire de manière assez brutale, et par ailleurs le XXe siècle correspond à la sortie d'une période froide : le Petit Âge glaciaire. Les inévitables imprécisions de la modélisation numérique, par manque de connaissance des processus à simuler sont aussi source de controverses, comme nous l'avons déjà indiqué. L'évaluation du rôle des sols dans l'absorption du CO_2 est aussi manifestement difficile à quantifier à long terme.

Il est donc particulièrement difficile de quantifier la part de l'homme dans le changement climatique car les variations qu'il peut introduire se superposent à la variabilité naturelle qui résulte de facteurs internes et externes au système climatique (éruptions volcaniques, activité solaire...) qui agissent à diverses échelles. Les détracteurs du changement climatique imputable aux GES ont peut-être raison (ce qui arrangerait bien les tenants du laisser-faire, de l'accroissement sans contrôle de l'activité économique au non du développement de l'humanité et surtout du profit de quelques-uns), mais, ils peuvent aussi avoir tort. Aucune équipe de recherche n'a pu démontrer scientifiquement que l'accroissement des GES sera sans effet sur le changement climatique. Faudra t-il attendre un réchauffement significatif (quelques degrés) et irréversible à l'échéance de quelques décennies pour agir efficacement ?

Le risque est grand car, si la planète a déjà connu des taux de GES aussi élevés qu'aujourd'hui, cette croissance d'origine naturelle s'est manifestement mise en place plus lentement que celle que nous connaissons depuis peu. L'augmentation du taux de CO_2, d'environ 30 % en guère plus d'un siècle, n'a, semble-t-il, aucun équivalent au cours des derniers millénaires. Comment vont réagir les écosystèmes actuels ? Comment la végétation va réagir et s'adapter, à court et à long terme ? L'homme moderne, même devant les incertitudes de la science, peut-il jouer à l'apprenti sorcier et prendre le risque de compromettre l'avenir des générations futures ? Cela d'autant plus que les réserves de combustibles fossiles sont inévitablement limitées, au moins dans les conditions actuelles d'exploitation.

Les risques potentiels

Les risques de perturbation pour la vie des hommes, habitués à un climat relativement stable depuis quelques milliers d'années, sont divers. Cependant il n'est pas facile, à nouveau, de distinguer ce qui pourra être imputable au changement climatique de ce qui sera dû aux négligences de l'homme moderne qui prend parfois des risques importants et néglige trop souvent des précautions parfois élémentaires.

L'effet sur les sols à l'échelle zonale et l'adaptation des forêts

L'observation des relations sol-végétation, montre que l'évolution du taux de CO_2 entraîne des réponses différenciées selon les espèces et la disponibilité en lumière. Avec le temps, ces différentiations influenceront les processus écologiques et forcément la diversité biologique des écosystèmes. Pour la plupart des espèces, avec des concentrations plus élevées de CO_2, on constate une augmentation de la photosynthèse et une baisse des taux d'azote.

Dans les écosystèmes arides, la croissance végétale pourrait être importante lors des années les moins sèches, mais l'accroissement du taux de CO_2 n'aurait pas d'effet lors des années plus sèches. Et, comme nous l'avons déjà indiqué, les modèles prévoient plutôt une diminution du cycle de l'eau dans ces régions, ce qui pourrait induire une intensification de l'aridité. Dans les forêts humides des basses latitudes, là où le déboisement se poursuivra, les températures régionales pourraient augmenter de manière significative. Cela aurait des incidences sur le recyclage de l'eau et, par conséquent, sur les précipitations et sur l'humidité des sols. Dans les régions où la forêt n'est pas exploitée par l'homme, les effets pourraient être contraires.

À l'échelle zonale (qui est fortement simplificatrice), R. Brinkman et W. G. Sombroek (1997) ont montré que les changements potentiels sur les sols seraient dus à la fourniture de matière organique à partir de la biomasse, et à l'hydrologie.

– En climat équatorial, l'intensité accrue des événements pluvieux et des quantités annuelles plus importantes pourraient augmenter les crues ou la saturation en eau des sols, entraînant une diminution de la décomposition. Cela pourrait augmenter le ruissellement sur les sols en pente et, par conséquent, la sédimentation dans les parties en creux ou à l'aval des cours d'eau.

– En climat tropical, avec une saison sèche plus ou moins marquée, la productivité accrue et l'efficience de l'utilisation de l'eau tendraient à densifier la couverture végétale (forêt, savane). Cela permettrait de moduler l'augmentation des températures prévue par les modèles de circulation générale. Dans les zones plus arides, l'élévation des températures entraînerait une plus forte évaporation.

– Sous les moyennes latitudes (climat océanique et continental), les accroissements mineurs de la pluviométrie prévus (au moins au sud du 45e parallèle) pourraient aller de pair avec une augmentation de l'évapotranspiration accrue par des températures plus fortes. Pour Brinkman et Sombroek (1997), les effets hydrologiques ou chimiques sur les sols seraient faibles.

– Dans les régions froides autour du cercle polaire, là où d'importants changements sont attendus par les modèles, la modification des climats se traduirait par une diminution graduelle du permafrost et de la période de gel. Cela améliorerait sensiblement le drainage des vastes zones (moins d'embâcle) et pourrait ainsi modifier le cycle de l'eau de ces régions. L'activité microbienne serait plus intense et, selon ces deux experts de la FAO, elle mènerait à réduire les teneurs en matière organique qui ne seraient vraisemblablement pas tout à fait compensées par une production primaire accrue par une photosynthèse nette plus forte et une période de croissance plus longue.

Dans l'ensemble, le changement global conduirait à une plus grande productivité de la forêt. L'augmentation des précipitations serait en partie neutralisée par celle de l'évapotranspiration. Avec un accroissement de l'étendue des surfaces forestières, les sols seraient mieux protégés contre le ruissellement et l'érosion. Cependant, dans d'autres régions (ex. : le Bassin méditerranéen), la diminution des précipitations prévue par les MCG, conduirait à un effet contraire : dégradation de la structure des sols, intensification du ruissellement et de l'érosion sur les pentes, sédimentation des deltas. Sous les moyennes latitudes, les perturbations d'ouest seraient plus nombreuses et plus actives, et par conséquent les précipitations plus importantes (plus de 20 % d'augmentation vers le 60e parallèle nord et sud), ce qui améliorerait les rendements agricoles mais aggraverait les inondations, or l'homme occupe plus que dans le passé les zones submersibles.

La rapidité du changement annoncé pourrait avoir des répercussions majeures sur les couverts végétaux qui sont largement sous la maîtrise de l'homme (agriculteur, aménageur, forestier). L'Office national des forêts (France), dans un bulletin technique intitulé *Le* CO_2 *et la forêt,* a réalisé une synthèse des principales publications portant sur l'influence d'un doublement de ce gaz (Mortier, 1995). Les résultats des divers auteurs sont assez divergents car ils dépendent des espèces, mais ils sont aussi largement conditionnés par les protocoles expérimentaux : pour les érables, les gains seraient de + 7 à + 167 %, pour les Pins de + 16 à + 95 %. En moyenne, et toujours à partir de conditions expérimentales, les gains de croissance moyens seraient de 38 % pour les conifères et de 63 % pour les feuillus.

À court terme, l'augmentation du CO_2 stimule la photosynthèse et augmente la biomasse globale. Dans les sols à faible fertilité, cette augmentation est plus favorable aux racines qu'aux organes aériens, et lorsque les conditions du milieu le permettent cela augmente les prélèvements en eau et en matières minérales (Ceulemans et Mousseau, 1994). En revanche, en contexte de fertilité élevée, la productivité profite essentiellement aux organes aériens (ECO-CRAFT/ICAT, 1994).

À moyen et long terme, le manque de recul et les nombreuses divergences entre scientifiques ne permettent pas aujourd'hui de tirer des conclusions solides. L'effet stimulant de l'enrichissement en CO_2 pourrait progressivement se réguler ou se stabiliser. De nouveau, la science est loin de pouvoir répondre à toutes les questions que l'on peut se poser. Qu'elles seront, par exemple, les conséquences d'une nouvelle compétition entre les espèces ?

Dans l'hypothèse d'un réchauffement, l'effet sur les forêts devrait être plus évident sur les espaces où la température est actuellement un facteur limitant (moyenne et surtout hautes latitudes, haute montagne). F. Kienast (Kienast *et al.*, 1997) a simulé les effets d'un réchauffement sur la végétation en Suisse. Deux modèles ont été utilisés indépendamment : l'un, de type statique, permet d'indiquer le type de végétaux qui s'établiraient à long terme à certains endroits, l'autre, de type dynamique, prend en considération divers processus tels la régénération, la croissance et le dépérissement. Les deux modèles simulent unanimement une élévation de l'étage des feuillus en cas de réchauffement et une diminution de l'aire des résineux. En cas de fort réchauffement (entre 2,5 et 3 °C de plus à la fin du XXIe), l'étage des Chênaies à Charmes pourrait remplacer celui des Hêtraies qui domine actuellement sur le plateau suisse. Mais ces recherches ont aussi montré que 25 à 30 % des forêts actuelles sont éloignées de l'état naturel, c'est-à-dire que leur composition ne correspond pas à celle que l'on pourrait escompter dans les conditions naturelles. En simulant un réchauffement modéré (augmentation de 1 à 1,5 °C de la température, même pluviométrie), la part de peuplements mal adaptés augmenterait de 5 à 10 % et, pour un réchauffement plus important (augmentation de 2 à 2,5 °C, même pluviométrie), cette part augmenterait de 10 à 30 %. Si le changement climatique annoncé se produit, la priorité sera donc de reboiser ces espaces d'essences mieux adaptées au climat actuel. Mais cela n'est pas forcément dans l'intérêt des professionnels de la filière bois.

Les bouleversements agricoles : l'exemple de la viticulture européenne

Les modifications de la température et de la répartition des précipitations auront inévitablement des répercussions sur les activités agricoles que de nombreux programme de recherche tentent d'évaluer à l'échelle régionale à partir de modèles agronomiques. Un des facteurs difficiles à évaluer dans l'étude des relations entre le changement climatique et l'agriculture, concerne la capacité d'adaptation des agriculteurs. Dans les pays qui s'en donnent les moyens, la recherche agronomique pourra probablement aider les agriculteurs à sélectionner de nouvelles semences, à choisir les dates de semis ou d'optimisation les épandages d'engrais. Dans les autres pays, notamment ceux qui ont peu de moyen pour développer ce type de recherche, la situation pourrait être plus problématique.

La vigne possède un potentiel d'adaptation important aux changements de son environnement, au moins en ce qui concerne les températures et éventuellement le CO_2. Mais, le réchauffement climatique possible pourrait cependant avoir des effets plus ou moins directs, perturbant ainsi ce secteur agricole à forte valeur ajoutée, et source de revenus importants dans certaines régions rurales. Dans l'hypothèse d'un réchauffement autour de 2 °C d'ici au milieu du XXIe siècle, la frontière nord de la vigne se déplacerait de 10 à 30 kilomètres par décennies jusque dans les années 2020 et plus encore au-delà. Ce changement climatique modifierait aussi la répartition des cépages adaptés à l'Europe (Kenny et Harrison, 1993). H.R. Schultz (1998), utilisant l'indice héliothermique de Huglin (largement admis dans le milieu agronomique), indique que dans le vignoble de Geisenheim (Allemagne, 50° N) le merlot ou le cabernet pourraient se substituer au riesling ou aux pinots noir et blanc actuels. En Europe du Sud, la diminution des précipitations et l'élévation des températures pourraient réduire sensiblement l'humidité des sols. Une partie de la péninsule ibérique pourrait être particulièrement concernée par ce phénomène, or l'eau est une denrée déjà rare dans certaines régions et l'irrigation ne serait probablement pas possible partout.

Autre effet plus indirect, l'accroissement des précipitations, au-delà du 45e parallèle, pourrait nécessiter la mise en place de cultures de protection des sols pendant l'hiver afin de minimiser l'érosion et d'optimiser le stockage de l'eau (herbe entre les rangées de vigne). Ce type de protection passive est déjà fort utile et particulier sur les terroirs à topographie accidentée (Valais en Suisse, Alsace…), mais ces cultures de protection perdent leur efficacité lorsque l'eau vient à manquer…

Si, dans plusieurs régions européennes, la profession est bien organisée et si les services techniques d'aide aux viticulteurs sont souvent très efficaces, il n'en reste pas moins que, sur certains terroirs au moins, l'adaptation risque de ne pas être facile. Dans un contexte de concurrence internationale accru et avec de nouveaux pays producteurs, des perturbations économiques doivent être envisagées. Mais, là encore, les approches à partir de modèles, à une échelle spatiale trop globale, apportent des résultats très insuffisants. C'est à une échelle spatiale très fine (de l'ordre de la parcelle), et en tenant compte de la volonté des viticulteurs et de l'efficacité des organismes d'aide à la profession, que l'on peut tenter d'évaluer les bouleversements économiques imputables à un éventuel changement climatique qui lui-même est difficile à préciser aux échelles utiles pour l'agriculture.

L'élévation du niveau de la mer : entre retrait des hommes et protection démesurée, un choix politique

L'élévation progressive du niveau des mers pourrait fragiliser les plages de sable et les côtes basses, et tout particulièrement les deltas peuplés de l'Asie du Sud et certaines îles (Pacifique, Caraïbes…). L'érosion des plages, phénomène quasi général dans le Monde, est due à une pénurie de sédiments. Ce processus d'origine naturelle a commencé à se manifester à la fin de la transgression post-glaciaire, mais il s'est fortement accentué à l'époque moderne par les actions directes de l'homme : mise en place de barrages sur les fleuves (pièges à sédiments) et prélèvement massif des matériaux sur les plages (sable, galets…) pour des constructions diverses amplifient localement la pénurie sédimentaire (Paskoff, 1998). L'accroissement prévu du niveau de l'océan accentuera l'érosion des plages déjà concernées par ce processus et, éventuellement, il pourra le déclencher là où l'érosion ne se manifeste pas encore.

L'homme dispose d'une technologie permettant de protéger les plages de l'érosion, soit par des ouvrages implantés en bord de plage (murs, cordons d'enrochement), soit par l'apport artificiel de sable ou de galets permettant de palier le déficit sédimentaire. Mais ces actions sur le milieu posent des problèmes : la protection, par ouvrage d'art, constitue une gêne environnementale évidente et elle contribue à accélérer l'érosion par réflexion des vagues sur l'obstacle que constitue cet ouvrage. L'apport de matériaux est une formule plus naturelle mais elle nécessite la proximité d'un gisement et l'opération doit être reconduite régulièrement (coût). Avant toute action, se pose la question de savoir si l'on doit protéger systématiquement le trait de côte avec des crédits publics sans tenir compte de la valeur des biens à protéger et de leur intérêt pour la communauté ? La meilleure réponse, tant sur le plan environnemental que financier, est le retrait des aménagements partout où l'urbanisation n'est pas encore très importante, afin de limiter l'étendue du linéaire qu'il faudra protéger, si l'élévation devenait importante. Il reste à convaincre les décideurs et les propriétaires de terrain en bord de mer de l'intérêt d'une telle démarche.

Dans les marais maritimes et les polders, les aménagements sont aussi possibles (surélévation et renforcement des digues, pompage des eaux de drainage, réaménagement des ouvrages de contrôle des écoulements à la mer...), mais ils posent aussi le problème des coûts qui sont bien souvent au-dessus des possibilités financières des collectivités concernées. La question est de savoir s'il faut faire appel à la solidarité nationale ou abandonner à la mer des terres endiguées (cette solution est déjà adoptée dans quelques secteurs) ?

L'augmentation de la température de surface des océans aura peut-être aussi des incidences sur les perturbations atmosphériques des latitudes tropicales (plus de transfert de chaleur latente) qui pourraient être plus intenses et/ou plus fréquentes, comme cela semble déjà être le cas depuis quelques décennies. Une des hypothèses avancée est que le réchauffement pourrait repousser vers des latitudes plus élevées la trajectoire moyenne des perturbations tropicales. Au-delà des dégâts dus aux vents violents et aux fortes précipitations, les surcôtes littorales pourraient aussi générer des dégâts nouveaux sur des littoraux épargnés actuellement.

L'élévation possible du niveau de la mer devrait inciter les décideurs à choisir, par anticipation, l'emplacement des installations de sorte que celles-ci ne soient pas affectées avant la fin de leur durée de vie prévue par l'érosion ou la submersion marine. Dans ce domaine, le principe de précaution devrait pouvoir s'imposer sans qu'il se traduise par un coût financier excessif pour la communauté.

Conséquences sur la santé et sur la fréquence des aléas extrêmes : un manque de recul

Sous les moyennes latitudes, même si le cumul des degrés-jours de chauffage devrait baisser (moins de dépense pour le chauffage), en contrepartie le nombre de degrés-jours de climatisation pourrait augmenter. Il va de soit que le bilan entre les deux dépendra des possibilités financières des populations qui devront intégrer cette donne dans leur habitat (isolation, climatisation...) et l'urbanisme devra être repensé.

En dehors des hautes latitudes, le réchauffement de l'air pourra avoir des conséquences préjudiciables et directes sur la santé humaine. L'intensification et la plus grande fréquence des vagues de chaleur, notamment en milieu urbain, pourra augmenter la mortalité des personnes les plus vulnérables, par exemple celles souffrant d'affections cardiorespiratoires (voir chap. 6). En été à Paris, la valeur de 20 °C qui n'est observé que dans 2 % des cas pour la température minimale quotidienne (fin de nuit) se retrouve dans le scénario A2 (voir fig. 59, ce scénario correspond à celui pour lequel les rejets de CO_2 et de CH_4 serait maximal en 2100), avec une probabilité de 25 % (Dequé, 2003). Même si cette hypothèse correspond au schéma extrême, on peut facilement imaginer que la fréquence d'apparition des températures minimales au-dessus de 20 °C pourra être plus élevée sous les moyennes latitudes, et l'on sait que c'est un des facteurs qui explique la mortalité des personnes vulnérables.

Les effets sur la santé sont extrêmement variés et, à nouveau, il n'est pas facile de distinguer ce qui relèvera directement d'un changement climatique de ce qui résultera d'autres actions de l'homme sur son environnement pour lesquelles le climat n'est pas directement en cause. L'accroissement de la population dans les zones à risque, la promiscuité de vie des populations défavorisées, l'évolution de l'occupation des surfaces, l'apparition de vecteurs hors des zones d'extension actuelles, l'intensification des migrations de population ou l'industrialisation de la production agricole sont des exemples de facteurs qui pourraient être à l'origine de pathologies nouvelles ou de la re-émergence de pathologies plus anciennes, sans que le climat soit le premier agent.

Aujourd'hui la recherche médicale est bien souvent confrontée à un manque de données épidémiologiques et environnementales permettant d'évaluer précisément la dynamique de certaines pathologies qui sont étroitement liées aux conditions environnementales. Par exemple, la fièvre de la vallée du Rift, identifiée en Afrique de l'Est, s'est propagée en Égypte (1977) en raison de conditions climatiques peu habituelles et de la migration d'animaux infectés ; puis en Afrique de l'Ouest (1987), région où elle semble associée à la construction d'un barrage sur le fleuve Sénégal (Meslin et Formenty, 2002). En général, les maladies à vecteurs ne coïncident pas avec l'aire de ce vecteur, ce qui signifie que d'autres facteurs sont à prendre en compte (déforestation, implantation de barrages-réservoir…). Rodhain (2002) précise aussi « qu'il n'existe pas nécessairement de proportionnalité entre la densité du vecteur et le nombre de piqûres infectantes, ni entre ce nombre et la morbidité et encore moins la mortalité ». Le lien entre augmentation de la température régionale et augmentation des vecteurs est donc loin d'être évident. On peut cependant penser qu'une évolution des températures peut avoir un impact sur les marges actuelles, altitudinales et latitudinales, des zones endémiques.

Le cas du paludisme est souvent évoqué, mais ses relations avec le changement climatique sont loin d'être simples. L'histoire du paludisme en Europe du Sud permet de s'interroger sur le manque de relations évidentes entre l'élévation des températures et l'extension de cette maladie. Le paludisme est connu dans l'Antiquité et il a été considéré comme l'une des causes de la décadence de l'Empire romain. Plus tard, le paludisme a, semble t-il, peu inquiété les populations du Moyen Âge avant de revenir en force durant le Petit Âge glaciaire. Son déclin en Europe méditerranéenne a commencé au milieu du XIXe siècle (sauf en Italie du Sud). En France, les derniers cas connus sont en Camargue au début des années 1940 (Mouchet, 2002 ; Bricaire, 2002). L'amélioration des conditions de vie (séparation entre étable et habitat par exemple) et, plus tard, l'arrivée des insecticides de synthèse (DDT) ont été déterminants, l'aire d'expansion du paludisme a été réduite de plus du tiers. L'ambiance climatique est un facteur essentiel, mais l'environnement quotidien de l'homme est probablement tout aussi important. La présence d'eau stagnante est un facteur d'explication de l'existence du palùdisme, jusque dans le nord de l'Europe et, ces dernières années, les cas déclarés s'expliquent surtout par l'importation à partir d'aéroports.

En France, le retour du paludisme est prévu par quelques scientifiques, mais, s'il réapparaît, pourra-t-on objectivement l'expliquer par le changement climatique ? L'extension des zones humides ou des surfaces irriguées, et la présence plus permanente que dans le passé des hommes dans les aires littorales où les anophèles peuvent vivre (littoral languedocien...) seront probablement des facteurs d'explication de premier ordre. En Europe, l'intervention des services de santé pourrait probablement freiner la propagation de toute épidémie, mais dans les régions où ces services sont désorganisés ou inexistants, le changement climatique et environnemental pourrait avoir des conséquences plus désastreuses.

Conclusion

Devant les inquiétudes et les peurs suscitées par la question du changement climatique, la recherche scientifique de ces deux dernières décennies a bénéficié de moyens importants qui ont permis de mieux connaître l'extrême complexité des interactions et des rétroactions au sein de l'atmosphère. Si la preuve formelle de la responsabilité des GES additionnels rejetés par l'homme parait évidente, il faut bien reconnaître que le fonctionnement de l'atmosphère est loin d'être parfaitement connu. Par conséquent, les simulations, à partir de modèle numérique, du climat futur peuvent être critiquées. Mais, à l'opposé, aucune preuve n'a pu être fournie sur l'absence d'influence des GES et l'augmentation de leur concentration dans l'atmosphère est indiscutable. Si dans l'avenir ce changement se confirme durablement, il pourra avoir des conséquences importantes sur le fonctionnement de nos sociétés. La plupart des secteurs économiques sont concernés et les mesures ne pourront être efficaces que si l'ensemble de la société – des acteurs économiques à l'individu – les applique dans son mode de vie quotidien. Mais, malgré la multiplication des conférences internationales et les engagements de nombreux états, la situation a finalement peu évolué. Ces mesures de limitation, pouvant aller à l'encontre du développement des sociétés (limitation du transport routier ou aérien, réduction de la production industrielle...), sont d'autant plus difficiles à prendre qu'elles se heurtent aux lobbies de certains groupes industriels puissants (chantage à l'emploi...). De même, comment inciter les pays les plus pauvres à prendre des mesures draconiennes, alors que les pays plus riches rejettent beaucoup plus de GES ?

L'espoir de solutions efficaces repose certainement sur une meilleure prise de conscience des individus, sur leur manière de consommer, de se déplacer, d'aménager leur espace... Indirectement, les compagnies d'assurances pourraient jouer un rôle dans ce processus de sensibilisation, car si les hommes assurent de plus en plus leur bien et leur personne, au moins dans les pays riches, les indemnisations augmentent en conséquence et cela se répercute, en retour, sur les cotisations.

Finalement, on peut s'interroger sur la manière dont a été posée la problématique du possible changement climatique. Aujourd'hui encore, nombreux sont ceux qui pensent pouvoir la résoudre par le superposition de résultats issus de modèles physiques et de modèles économiques. Le lien entre ces formes de modélisation devra être établi de manière plus efficace qu'il ne l'est aujourd'hui. C'est manifestement au niveau de cette articulation que devra prioritairement se faire l'effort de la recherche des prochaines années. Cela demandera certes plus de moyens financiers, mais surtout une plus grande collaboration entre tous les secteurs scientifiques intéressés par ce sujet. Les sciences sociales devront jouer un rôle plus grand que celui qu'elles ont actuellement.

Conclusion

L'étude de la dynamique des climats montre la grande complexité et la grande diversité des mécanismes atmosphériques qui agissent à toutes les échelles d'espace et de temps. Des facteurs externes (rotation de la Terre autour du Soleil, activité solaire...) et internes à la planète (circulation océanique, composition de l'air...) expliquent la variabilité du temps et du climat. Mais les rétroactions entre les composants du système climatique sont loin d'être totalement comprises, et l'atmosphère réagit à un jeu subtil d'influences dont les origines sont très majoritairement naturelles. L'homme, en modifiant certaines entrées du système climatique (couverture végétale, chimie de l'air...), intervient aussi sur ce fonctionnement, et donc finalement sur le climat, mais il n'est pas facile de distinguer la part des changements qui peuvent s'expliquer par ses activités de celle due à des phénomènes naturels. Il est aussi bien difficile, pour le moment, de conclure sur l'existence de tendances significatives à long terme de la fréquence et de l'intensité des phénomènes extrêmes, car les informations diffusées sur les catastrophes font parfois l'amalgame entre les aléas et les sinistres enregistrés par les compagnies d'assurance. Certes le nombre de sinistrés a augmenté ces dernières décennies, mais cela semble surtout traduire une augmentation de la valeur des biens assurés et une meilleure comptabilité des événements.

L'hypothèse de stationnarité du climat, admise à l'échelle humaine, permet de décrire les caractéristiques moyennes, et surtout d'établir des statistiques sur la fréquence des conditions météorologiques dont le climat est la synthèse. La variabilité du temps au quotidien, avec des journées plus ou moins agréables (chaudes ou froides, pluvieuses ou sèches...), est tout à fait naturelle et elle est nécessaire au maintien de l'équilibre climatique. Or l'homme moderne semble supporter de plus en plus mal les aléas du temps et du climat : la pluie gêne l'urbain dans ses vacances ; quelques jours de chaleur suffisent à anéantir des milliers de personnes, certes fragiles, mais qui auraient pu, dans certains cas, passer le cap difficile avec quelques précautions. Nos sociétés modernes sont probablement plus vulnérables vis-à-vis des aléas atmosphériques que celles qui les ont précédées. Pourtant, trop souvent les hommes gèrent et aménagent l'espace de manière peu prudente et oublient vite, entre deux événements extrêmes, les forces et les violences de la nature. Même dans ces manifestations moins extrêmes, les fluctuations du temps peuvent perturber les activités économiques, car l'homme, plus ou moins consciemment prend des risques, il parie sur le climat. Il supporte mal de perdre certaines années, même si, d'autres années, il tire des profils substantiels de la nature.

Malgré les progrès de la recherche sur la compréhension du fonctionnement de l'atmosphère, les catastrophes humaines et les dommages économiques restent très souvent importants. Plusieurs facteurs peuvent expliquer cela, mais l'augmentation des densités humaines dans les espaces à risque, et le manque de prise en compte des enseignements du passé semblent jouer un rôle de première importance. Certes, dans certaines régions du globe, les habitants n'ont pas toujours les moyens d'assurer un niveau de protection efficace sans aide matérielle extérieure, mais dans d'autres régions plus riches, les recommandations des scientifiques pourraient être mieux prises en compte.

La peur d'un possible changement climatique, annoncé depuis deux ou trois décennies, et largement médiatisé, a permis des avancées significatives dans la compréhension des processus atmosphériques. Cependant, les résultats de la recherche ne permettent pas d'obtenir, à l'échéance de quelques décennies, des prévisions aux échelles de l'espace vécu par les hommes. Quelques scientifiques ont peut-être aussi brouillé les esprits, car les scénarios apocalyptiques, annoncés il y a une vingtaine d'années pour l'époque actuelle, ne se sont pas produits. Certes, la plupart des scientifiques sont devenus plus prudents dans leurs conclusions, mais cela n'incite guère la prise de décisions réellement efficaces pour tenter de contenir ce possible changement climatique. Les recherches actuelles, visant à superposer les résultats des modèles numériques sur le changement climatique à des modèles économiques, ne permettront probablement pas à elles seules de préparer l'humanité à un possible changement climatique.

Les questions posées par l'étude des climats sont nombreuses et elles touchent une multitude de domaines, qui, bien souvent, s'éloignent des sciences de l'atmosphère. Pour tenter d'y répondre, la recherche devra inévitablement être davantage pluridisciplinaire qu'elle ne l'est actuellement, et la problématique du possible changement climatique ne devra pas non plus occulter les études plus classiques, que ce soit sur la compréhension des processus atmosphériques, sur la variabilité du climat dans le temps et dans l'espace ou sur l'étude des liens mouvants que l'homme entretien avec le climat.

Bibliographie

Académie des Sciences, *L'effet de serre*, Paris, Rapport, n° 31, éd. TEC et DOC Lavoisier, 1994, 88 p.

Alverson K. et Oldfield F., « Abrupt Climate Change », *Pages Newsletter*, 2000, n° 8 (1), p. 7-10.

Amat J.-P., Dorize L. et Le Cœur C., *Éléments de géographie physique*, Bréal, *Collection Grand Amphi*, 2002, 448 p.

André J.-C. et Royer J.-F., « Les fluctuations à court terme du climat et l'intensification des observations récentes en terme d'effet de serre », *La météo*, 8e série, n° 28, p. 12-22 (tiré de C.R Acad. des Sciences, 1999, série II, tome 328, p. 261-272).

Antoine J.-M., Desilly B. et Gazelle F., « Les crues meurtrières, du Roussillon aux Cévennes », *Ann. Géo.*, 2001, n° 622, p. 597-623.

Arnaud Fassetta G., Ballais J.-L. et *al.*, « La crue de l'Ouvèze à Vaison-la-Romaine », *R. Géom. Dyn.*, 1993, n° XLII, p. 34-48.

Aullo G., Santurette P., Ducrocq V., Sénéquier D., Bessemoulin P., Jacq V., Bourdette N. et Guillemot F., « L'épisode de pluies diluviennes du 12 au 14 novembre 1999 sur le Sud de la France », *Phénomènes remarquables*, 2002, n° 8, Météo-France, 79 p.

Barnola J.M., Raynaud D., Korotkevich Y.S. et Lorius C., « Vostok ice core provides 160 000 years records of atmospheric CO_2 », *Nature*, 1987, n° 239, p. 408-414.

Barry R.G. et Chorley R.J., *Atmosphere, weather and climate*, London, Routledge, 1992 (6e éd.), 392 p.

Barthelet P. Bony S., Braconnot P et *al.*, « Global coupled simulations of climate cahnge due to increased atmospheric CO_2 concentation », *C.R. Acad. Sci. Paris*, 1998, n° 326, p. 677-684.

Beltrando G., « Space-time Variability of rainfall over East Africa », *Int J. of Climatology*, 1990, Vol. 10, p. 691-702.

Beltrando G. et Camberlin P., « Les sécheresses en Éthiopie et dans l'est de l'Afrique », *Sécheresse*, 1995, n° 1, vol. 6, p. 87-94.

Beltrando G., Chémery L., *Dictionnaire du climat*, Paris, Larousse, *coll. Références*, 1995, 344 p.

Berger A., *Le climat de la Terre. Un passé pour quel avenir ?*, Bruxelles, éd. De Boeck Université, 1992, 479 p.

Berger A., Mélice J.-L. et van der Mersch I., « Evolutive spectral analysis of sunspot data over the last 300 years », *Phil. Tr. Royal Soc.*, A330, 1990, p. 529-541.

Besancenot J.-P., « L'organisme humain face à la chaleur », *Sécheresse,* 1990, n° 1, p. 30-35.

Besancenot J.-P., « Les fortes chaleurs sont-elles dangereuses ? », *La Recherche,* 1990, n° 223, p. 930-933.

Besancenot J.-P., « Vagues de chaleur et mortalité dans les grandes agglomérations urbaines », *Environ., Risques et Santé,* 2002, n° 4, p. 229-240.

Besleaga N., « La sécheresse en France : 1976-1990 », *Phénomènes remarquables,* 1990, n° 1, Météo-France, 46 p.

Besleaga N., « Vagues de froid sur la France et les pays voisins », *Phénomènes remarquables,* 1991, n° 2, Météo-France, 41 p.

Blanchet G., « L'épisode de pollution atmosphérique de janvier 1997 dans l'agglomération lyonnaise », *La Météorologie,* 2002, n° 36, p.31-41.

Blanchet G., « Les chutes de neige de novembre 1999 dans la moyenne vallée du Rhône et l'ouest de la Provence », *La Météorologie,* 2002, n° 38, p. 57-63.

Bouchet O., « Il y a 240 000 ans, l'augmentation de la température de l'air a précédé celle de sa teneur en CO_2 », *La Météorologie,* 2003, n° 43, p. 2-3.

Bousquet P. Peylin P., Ciais P. et *al.,* « Regional change in carbon dioxide fluxes from atmospheric CO_2 measurements », *Sciences,* 2000, n° 290, p. 1342-1346.

Bravard J.-P. et Petit F., *Les cours d'eau : dynamique du système fluvial,* Paris, Armand Colin, 1997, 222 p.

Brinkman R. et Sombroek W.G., « Les effets du changement global sur les conditions du sol en relation avec la croissance végétale et la production alimentaire, in *Changement du climat et production agricole,* chap. 3 (p. 57-74), Paris, éd. Polytechnica, 1997, 406 p.

Budyko M.I., *The earth's climate : past and future,* Academic Press, New York, 1982, 307 p.

Caillon N., Severinghaus J.P., Jouzel J., Barnola J.-M., Kang J. et Lipenkov V.Y., « Timing of atmospheric CO_2 and Antarctic temerature changes across Terminaison III », *Science,* 2003, n° 209, p. 1728-1731.

Carrega P., « Topoclimat et habitat. Analyse spatiale appliquée, thèse de doctorat de l'université de Nice Sophia-Antipolis », *Revue de Géo, du Laboratoire R. Blanchard,* 1994, n° 35-36, 408 p.

Casenave A., « Les variations du niveau moyen de la mer », *C.R. Acad. Sci.,* Paris, 1999, n° 329, p. 457-469.

Ceulemans R. et Mousseau M., « Effects of elevated atmospheric CO_2 on woody plants, a reviev », *The new phytologist, Tansley review paper,* 1994, n°3, 58 p.

Charney J.G., « Dynamics of Deserts and Drought in the Sahel », *Quaterly J. of the Royal Meteor. Soc.,* 1975, p. 193-202.

Clément V, « Les milieux forestiers méditerranéens », in J.-J. Dubois (coord.), *Les Milieux forestiers : aspects géographiques,* SEDES, *coll. DIEM,* 2000, 336 p.

Cortijo E., « Les variations rapides du climat dans l'océan Atlantique nord au cours des 60 000 dernières années », *La Météorologie,* 1998, 8e série, n° 21, p. 19-29.

Courel M.-F., *Étude de l'évolution récente des milieux sahéliens à partir des images fournies par les satellites,* thèse d'État, univ. Paris I, 1985, 407 p.

Dansgaard W., Johnsen S.J., Clausen H.B., Dahl-Jensen D., Gundestrup N.S., Hammer C.U., Hvidberg C.S., Steffensen J.P., Sveinbjörnsdottir A.E., Jouzel S. et Bond G., « Evidence for general instability of past climate from a 250-kyr ice core record », *Nature,* 1993, n° 364, p. 218-220.

Dauphiné A., *Risques et catastrophes,* Paris, Armand Colin, *coll. U,* 2001, 288 p.

De Marsily G., *L'eau,* Paris, Flammarion, coll. « Dominos », 1995, 126 p.

Dessens J., « Les trombes en France : climatologies et caractéristiques physiques », Paris, *Comm à l'Étude et à la Prévention des Risques Naturels Majeurs,* 1984, 31 p.

Dhonneur G., *Nouvelle approche des réalités météorologiques de l'Afrique occidentale,* Thèse Doct.-Ing., université de Dakar, 1974.

Dolffus O. et d'Ercole R., « Les mécanismes des catastrophes au service de la prévision et de la prévention des risques naturels », *Risques naturels, risques de sociétés* (sous la direct. de S. Bailly), éd. Economica, 1996, p. 7-18.

Dhonneur G., « Tornades et trombes », in *Dictionnaire des Sciences de la Terre,* Encycl. Universalis et Albin Michel, 1998, p. 839-846.

Ducrocq V., Aullo G. et Santurette P., « Les précipitations intenses et les inondations », *La Météorologie,* vol. 8, n° 42, p. 18-27.

Duplessis J.C. et Morel P., *Gros temps sur la planète,* Paris, éd. Jacob, 1990.

Duplessy J.-C., « États des connaissances et incertitudes sur le changement climatique induit par les activités humaines », *C.R. Acad. Sci.* Paris, Sciences de la terre et des planètes, Elsevier, 2001, p. 765-772.

Duplessy J.-C, *Quand l'océan se fâche,* éd. O. Jacob, 1996.

Durand-Dastès F., « Les mécanismes des sécheresses », *Hérodote,* 1985, n° 39, p. 111-142.

Durand-Dastès F., « Fluide en mouvements, la dynamique des climats », in *Géographie Universelle* (sous la direct. de R.Brunet) ; Belin-Reclus, 1990, p. 324-335.

ECOCRAFT/ICAT, *Response of trees and forests to global change. International symposium,* Dourdan (France) université de Paris Sud-Orsay, Écologie végétale, 1994, 100 p.

Ercole R. (d'), *La vulnérabilité des populations face aux risques volcaniques. Le cas de la région du volcan du Cotopaxi,* Grenoble, Équateur, thèse U.J. Fourier, 1991.

Ercole R. (d') et Pigeon P., « L'expertise internationale des risques dits naturels : intérêt géographique », Paris, *Annales de Géographie,* 1999, n° 608, p. 339-357.

Escourou G., « Chaleur et mortalité », *Bull. Sect. Géogr.,* 1978, n° 83, p. 59-73.

Escourou G., *Le climat et la ville,* Nathan, 191 p.

Estienne P. et Godard A., *Climatologie,* Paris, Armand Colin, 1970, 368 p.

Facy L, « Précipitations », in *Dictionnaire des Sciences de la Terre,* Encyclopædia Universalis, Albin Michel, 1996, 922 p.

Félice P. (de), *La pluie au Sahel,* Paris, L'Harmattan, 1998, 144 p.

Félice P. (de), *L'effet de serre : un changement climatique annoncé,* Paris, L'Harmattan, 2001, 176 p.

Fort M., « Développement et aléas naturels en Himalaya du Népal », *Géomorphologie,* 1997, n° 1, p. 43-58.

Foucher M., « L'Éthiopie : à qui sert la famine », *Hérodote,* 1985, n° 39, p. 89-110.

Gallais J., *Une géographie politique de l'Éthiopie,* Paris, Economica, 1989, 213 p.

Godard A., « Changement climatique et effet de serre additionnel d'origine anthropique : un débat parfois obscur », *Ann. de Géogr.,* 2001, vol. 617, p. 79-89.

Gosset B., Atmosphère, in *Dictionnaire des Sciences de la Terre,* Encycl. Universalis et Albin Michel, 1998, p. 33-53.

Gout J.-P., *Prévention et gestion des risques majeurs. Les risques d'origine naturelle,* Paris, éd. de l'Environnement, 1993.

Grousset F., « Les changements abrupts du climat », *Lettre pigb-pmrc*, 2003, n° 15, p. 4-8.

Henderson-Sellers A. et Robinson P., *Contemporary climatology*, New York, Longman Scientific et Technical, 1992 (4e ed), 439 p.

Hoffman G.S., Keys D. et Titus J.D., *Projecting Future Sea Level Rise ; Methodology, Estimates to the Year 2100 and Research Needs*, Washington, DC, US Environmental Protection Agency, 1983, 121 p.

Houghton R. et Woodwell G., « Le réchauffement de la terre », *Pour la Science*, Hors série, 1996, p. 100-107.

Houghton R.A., Skole D.L., Nobre C.A. et *al.*, « Annual fluxes of carbon from deforestation and regrowth in the Brazilian Amazon », *Nature*, 2000, vol. 403, p. 301-304.

Hufty A., *Introduction à la climatologie*, Liège, De Boeck Université, 2001, 542 p.

IPCC, *Climate Change, the IPCC Scientific Assessment*, édité par J.T. Houghton, G.J. Jenkins et J.J. Ephraums, Cambridge Univer. Press, 1990.

IPCC, *Climate Change the Science of climate Change*, Cambridge Univer. Press, 1995.

Ito A. et Oikawa T., « The large carbon emission from terrestrial ecosystems in 1998. A model simulation », *J. Meteorol. Soc. Japan*, 2000, n° 78, p. 103-110.

IVS (Institut de Veille Sanitaire), *Impact sanitaire de la vague de chaleur en France survenu en août 2003*, Rapport d'étape 29/08/03, 2003, 75 p.

Joly A., « Le front polaire : un concept dépassé qui a la vie dure », *La Recherche*, 1995, n° 273, p. 128-135.

Joly A., « La dépression météorologique », *Dossier pour la Science*, L'atmosphère, 1996, p. 48-50.

Joussaume S., *Climat d'hier et de demain*, éd du CNRS, 1993, 143 p.

Jouzel J., Lorius C., Petit J.R., Genthon C., Barkov N.I., Kotlyakov V.M. et Petrov V.M., « Vostok ice record, a continuous isotope temperature record over the last climate cycle (160 000 years) », *Nature*, 1987, n° 239, p. 403-408.

Kandel R. et Fouquart Y., 1992, « Le bilan radiatif de la Terre », *La Recherche*, vol. XXIII, n° 241, p. 316-324.

Kandel R., 1998, *Les eaux du ciel*, Paris, Hachette, *coll. Sciences*, 332 p.

Kay Berner E. et Berner R., 1987, *The Global Water Cycle : Geochemistry and Environment*, Pretice-Hall, Englewood Cliffs, 397 p.

Kebbede G., « Cycles of famine in a country of plenty : the case of Ethiopia », *Geojournal*, 1988, n° 17, p. 125-132.

Kenny G.H. et Harrison P.A., « The effects of climatic variability and change suitability in Europe », *J. of Wine Research*, 1993, n° 4, p. 163-183.

Kiehl J.T. et Trenberth K.E., « Earth's annual global mean energy budget », *Bull. Amer. Meteor. Soc.*, 1997, n° 78-2, p. 197-208.

Kienast F., Wildi O., Lemm R., Zimmermann N., « Autre climat – Autre végétation ? Les réponses données par la modélisation », *Arguments de la Recherche*, 1997, n° 13, p. 1-8.

Kilbourne E.M., « Heat waves and hot environments », in Noji Ej ed., *The public health consequences of disasters*, Oxford Univ. Press, 1997, p. 245-269.

Korner C., « Biosphere responses to CO_2 enrichment », *Ecological Applications*, 2000, n° 10, p. 1590-1613.

Lamarre D., « Le concept de risque lié au climat : une tentative de clarification », in *Les risques liés au climat*, sous la direction de D. Lamarre, Publ. Univ. de Bourgogne, 1997, p. 7-28.

Lambert G., *L'air de notre temps*. Paris, Le Seuil, 1995, 247 p.

Le Treut H., « Climat : pourquoi les modèles n'ont pas tort », *La Recherche*, 1997, n° 298, p. 68-73.

Le Treut H., « Les variations anthropiques du climat sont-elles prévisibles ? », *Lettre pigb-pmrc France*, 1999, n° 9, p. 5-10.

Lee D.O., « Urban influence on wind direction over London », *Weather*, 1977, n° 32-5, p. 162-170.

Leprun J.-C., Molinier M. et *al.*, « Les sécheresses de la région Nordeste du Brésil et leurs conséquences », *Sécheresse*, 1995, n°1, vol. 6, p. 23-33.

Leroux M., *La dynamique des précipitations en Afrique occidentale*, Dakar, ASECNA, 1970 (2e ed.), 281 p.

Le Roy Ladurie E., *Histoire du climat depuis l'an mil*, Champs Flammarion, 1983, 2 volumes, p. 287 et 255.

Lindzen R.S., « Some coolness concerning global warming », *Bull. Amer. Meteor. Soc.*, 1990, n° 71, p. 98-110.

Madec G., « La machine océan-atmosphère », *Sciences et Avenir*, Hors série, n° 98, p. 18-23.

Man M.E et *al.*, « Northern Hemisphere Temperatures during the past Millennium », *Geo. Phys. Research Letters*, 1998, n° 26, p. 759-762.

Mégie G. et Jouzel J., « Le changement climatique : histoire scientifique et politique, scénarios futurs », *La Météorologie*, 2003, n° 42, p. 37-47.

Meher-Homji V.M., « Sécheresse, aridité et désertification, Le cas du sous-continent indien », *Sécheresse*, 1995, vol. 6, p. 145-155.

Meslin F.-X. et Formenty P., « Les maladies infectieuses émergentes et ré-emergentes : quelle relation avec le changement climatique ? », *Envir., Risques et Santé*, 2002, n° 1, n° spécial, p. 26-31.

Milankowich M.I., *Canon of insolation and ice-Age Problem (traduction en Anglais d'un ouvrage de 1941 de l'Académie Royale Serbe)*, US department of Commerce and the National Science fondation, 1969.

Moriniaux V. (Coord.), *Les risques, Question de géographie*, éd. du Temps, 2003, 255 p.

Mortier F., *Le CO_2 et la forêt*. Office National des Forêts, Bull technique, 1995, n°29, 159 p.

Oke T.R., « Canyon geometry and the nocturnal urban heat island : comparaison of scale model and fields observations », *J. Climat*, 1981, n° 1, p. 237-254.

Oke T.R., *Boundary Layer Climate*, London, Second édition, Methuen, 1987, 372 p.

Oke T.R., « City Size and Urban Heat Island », *Atmospheric Environment*, 1973, n° 7, p. 769-779.

Pagney P., *Les climats de la terre*, Paris, Masson, 1976, 151 p.

Pagney P., *Les catastrophes climatiques*, Paris, PUF, *coll. « Que sais-je ? »*, 1994, 127 p.

Pankhurst R., « The great ethiopian famine of 1888-92 », *J. of History of Medicine and all Sci.*, 1966, n° XXI, p. 95-124.

Parcevaux S. (de) (Coord.), Dictionnaire encyclopédique d'agrométéorologie, CILF, INRA, Météo-France, 1990, 318 p.

Paskoff R., *Les littoraux, impacts des aménagements sur leur évolution*, Paris, Armand Colin, 1998, 260p.

Paul F., « A Developing Inventory of Tornadoes in France », *Atmospheric Reaseach*, 2000, n° 56, p. 269-280.

Peixoto J.P. et Oort A.H., « Le cycle de l'eau et le climat », *La Recherche*, 1990, n° spécial, n° 221, p. 570-579.

Philander S.G., *El Niño, La Niña and the Southern Oscillation*, Academic Press, 1990, 293 p.

Philippon N., *Une nouvelle approche pour la prévision statistique des précipitations saisonnières en Afrique de l'Ouest et de l'Est : méthodes, diagnostics (1968-1998) et applications (2000-2001)*, thèse de doctorat, université de Bourgogne, 2002, 241 p.

Picaut J., Masia F. et du Penhoat Y., « An advective-reflective conceptual model for the oscillatory nature of the ENSO », *Science*, 1997, vol. 277.

Pigeon P., 2002, Réflexions sur les notions et les méthodes en géographie des risques dits naturels. *Ann. Géo.*, n° 627, p. 542-470.

Pirazzoli P.A., « Secular trends of relative sea-level Changes indicated tide-gaude records », *J. of Coastal Research*, 1986, S1, n° 1, p. 1-26 ; *Oceanologica Acta*, n° 22, p. 153-166.

Plet A., Arnaud-Fassetta G., Beltrando G., Fort M. et Zanoni M., « Contraintes hydrologiques et gestion des territoires dans le Minervois. Retour d'expérience après la crue de novembre 1999 », *Coll. Hydrosystèmes, Paysages et Territoires*, Lille (Fr) Cédéron, 2001, 05-08 Sept.

Prentice C., Heimann M. et Sitch S., « The carbon balance of the terrestrial biosphere , ecosystem models and atmospheric observations », *Ecological Applications*, 2000, n° 10, p. 1553-1573.

Raynaud D., Jouzel J., Barnola J.M., Chapellaz J., Demal J.R., Lorius C., « The ice record of greenhouse gases », *Sciences*, 1993, n° 259, p. 926-934.

Reshetnikov A., Paramonova N. et Shashkov A., « An evaluation of historical methane emissions from the Soviet gas industry », *J. of Geophys. Research*, 2000 , 105D, p. 3517-3529.

Roussel I., « La pollution de l'air, risque climatique ou risque anthropique ? », in *Les Risques liés au climats* (dir. D. Lamarre), Éd Univers. de Dijon, 1997, p. 163-174.

Salomon J.-N., *L'Homme face aux crues et aux inondations*, Presses univ. de Bordeaux, Coll. « Scienteren », 136 p.

Sauvageot H., *Radar meteorology*, Paris, Artech House, Eyrolles, 1992, 366p.

Schimel J., « Rice, microbes and methane », *Nature*, 2000, n° 403, p. 375-376.

Schneider M., « Caractérisation météorologiques de la crue de 1910 en région parisienne », *La Météorologie*, 1999, n°28, p. 35-44.

Simon B., « Les niveaux marins extrêmes le long des côtes de France et leur évolution », in *Le changement climatique et les espaces côtiers*, La Documentation Française, 2001, p. 6-9.

Slaymaker O. et Spencer T., *Physical Geography and Global Environmental Change*, Longman, 1999, 292 p.

SMC (Service Météorologique du Canada), « L'année 2000 en revue : évaluation des progrès de la recherche en science des changements climatiques », Compilation de H. Hengeveld, *Le CO_2 et le climat*, 2002, 34 p.

Smith K., *Environmental Hazards : Assessing Risk and reducing Disaster*, Éd Routledge, 1996, 389 p.

Sultan B., *Étude de la mise en place de la mousson en Afrique de l'Ouest et de la variabilité intra-saisonnière de la convection : applications à la sensibilité des rendements agricoles*, thèse de doctorat de l'université D. Diderot, 2002, 283 p.

Tabary P., Scialom G. et Protat A., « Un radar météorologique Doppler : pour quoi faire ? », *La Météorologie*, 2002, n° 38, p. 30-44.

Tabeaud M. (dir.), *Île-de-France avis de tempête force 12,* Publication de la Sorbonne, 2003, 206 p.
Thouret J.-C., Les phénomènes naturels dommageables : approche globale, bilan et méthodes de prévention, in *Risques naturels, risques de sociétés* (sous la direction de S. Bailly), éd. Economica, 1996, p. 19-33.
Triplet J.-P. et Roche J., *Météorologie générale.*, Paris, École de la météorologie, 1987 (3e ed.), 317 p.
UNESCO, Carte de la répartition mondiale des régions arides, *Note technique du MAB7,* 1979, 55 p. + cartes hors texte.
Veyret Y. et Pech P., *L'Homme et l'environnement,* Paris, PUF, 1993, 423 p.
Vigneau J.P., *L'eau atmosphérique et continentale,* SEDES, coll. DIEM, 1996, 191 p.
Vigneau J.P., *Géoclimatologie,* Paris, Ellispes, 2000, 344 p.
Vinet F., *Le risque-grêle en France,* Thèse de doctorat de l'université de Lille 1, 1998, 650 p.
Vinet F., *Crues et inondations dans la France méditerranéenne,* éditions du Temps, 2003, 224 p.
White A., Cannell M.G. and Friend A.D., « CO_2 stabilization, climate change and the terrestrial carbon sink »,*Global Change Biology,* 2000, n° 6, p. 817-833
Wood C.A., « A preliminary chronology of Ethiopian droughts », *In* Dalby D. et *al., Drought in Africa,* Londres, International African Institute, 1977, p. 38-53.
Yoshino M.M., *Climate in a small area,* univ. of Tokyo Press, 549 p.

Liste des figures

Liste des tableaux

Index

Table des matières

Illustrations
Tom Sam You
pages 12, 13, 21, 38, 46, 49, 51, 55,
64, 71, 86, 90, 125, 126, 141

N° d'éditeur : 10091248 – C2000 – D.L. : mars 2004
Imprimé en France par EUROPE MEDIA DUPLICATION S.A.
53110 Lassay-les-Châteaux
N° dossier : 11834 – Dépôt légal : mars 2004